FANUC 数控系统装调及实训

第 2 版

主 编 王 悦
副主编 左 维
参 编 王春光 王文彦

机 械 工 业 出 版 社

本书围绕如何高效使用FANUC 0i系统所提供的功能，通过图解及实例对FANUC 0i系列数控系统的硬件连接、机床数控系统调试及系统常见故障诊断与排除所需的常用机床参数含义、PLC编程指令及相关操作方法、FANUC辅助PLC编程软件FAPT LADDERⅢ的使用方法、常用加工程序编制指令及操作等进行了说明。为便于读者学习，可联系296447532@qq.com获取课件。

本书既可以作为职业院校数控维修专业的教材，又可以作为工程技术人员从事维修工作的辅助指导材料。

图书在版编目（CIP）数据

FANUC数控系统装调及实训/王悦主编. —2版. —北京：机械工业出版社，2015.7

ISBN 978-7-111-50879-3

Ⅰ.①F… Ⅱ.①王… Ⅲ.①数控机床－安装②数控机床－调试方法 Ⅳ.①TG659

中国版本图书馆CIP数据核字（2015）第162641号

机械工业出版社(北京市百万庄大街22号 邮政编码100037)
策划编辑:周国萍 责任编辑:周国萍 杨明远
版式设计:赵颖喆 责任校对:刘怡丹
封面设计:马精明 责任印制:刘 岚
北京富生印刷厂印刷
2015年8月第2版第1次印刷
184mm×260mm·15.25印张·378千字
0001—2500册
标准书号:ISBN 978-7-111-50879-3
定价:46.00元

凡购本书，如有缺页、倒页、脱页，由本社发行部调换

电话服务	网络服务
服务咨询热线：010-88361066	机工官网：www.cmpbook.com
读者购书热线：010-68326294	机工官博：weibo.com/cmp1952
010-88379203	金书网：www.golden-book.com
编 辑 热 线：010-88379733	教育服务网：www.cmpedu.com

第2版前言

近年来，随着装备制造业自动化水平的不断提升，数控技术得到了迅速发展，已广泛应用在金属加工、汽车制造、航空航天、消费电子、模具制造、木工机械、注塑机械等行业，并且已经达到一个引人瞩目的市场规模。随着数控机床使用规模的不断扩大，对数控系统调试与维修人员的需求量和技能要求都有了显著提升，因此编写此书，以期对从事 FANUC 数控系统应用、调试与维修工作的技术人员进行指导。

本书围绕如何高效使用 FANUC 0i 系统所提供的功能，通过图解及实例对 FANUC 0i 系列数控系统的硬件连接、机床数控系统调试及系统常见故障诊断与排除所需的常用机床参数含义、PLC 编程指令及相关操作方法、FANUC 辅助 PLC 编程软件 FAPT LADDER Ⅲ的使用方法、常用加工程序编制指令及操作等进行了说明。

目前在职业教育领域，越来越多的院校开设了“数控系统调试与维修”课程，针对数控维修专业课程注重实际操作的特点，本书强化了课程的实践教学，实训课题典型、实用，以期达到强化使用者实际技能的目的。本书为第 2 版，相对于第 1 版，本书在内容组织上增强了任务驱动向导性，旨在更方便直接地服务于数控系统装调维修实践教学。为便于读者学习，本书配有课件，可联系 296447532@ qq. com 获取。

本书尤其适用于指导刚进入数控设备应用与维护岗位的技术人员，以及数控维修、机电一体化等专业高校学生，掌握数控系统结构和调试技术，并完成简单机床电气系统故障的诊断与维修。

本书绪论、第 1 章由天津海运职业技术学院王文彦编写，第 3 章由天津中德职业技术学院左维编写，第 5 章由天津中德职业技术学院王春光编写，第 2 章和第 4 章由中德职业技术学院王悦编写。全书由王悦统稿。

虽然本书是在多年工程实践应用的基础上编写的，但限于编者的水平，书中错误和不妥之处在所难免，敬请读者批评指正。

编　者

目　录

绪　论

0.1　数控系统的组成

在数控机床行业中，数控系统是指计算机数字控制装置、可编程序控制器、进给驱动与主轴驱动装置等相关设备的总称。有时仅指其中的计算机数字控制装置，并将计算机数字控制装置称为数控装置。

数控系统的组成如图 0-1 所示。

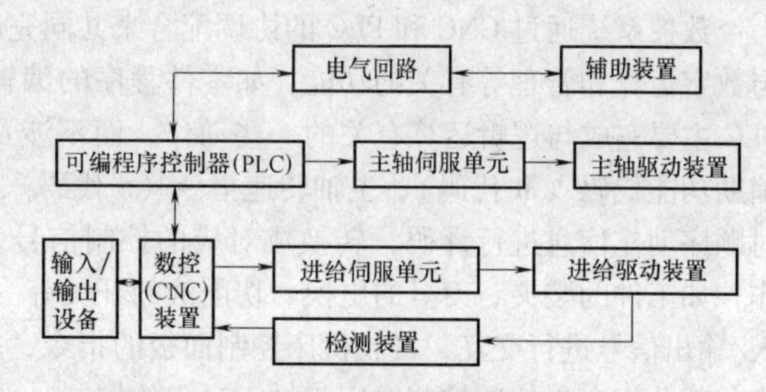

图 0-1　数控系统的组成

0.1.1　输入/输出设备

输入设备的作用是将控制介质（信息载体）上的数控代码传递并存入数控系统内。根据控制介质的不同，输入设备可以是光电阅读机、磁带机或软盘驱动器等。数控加工程序、数控系统参数、PMC 程序不仅可以通过键盘用手工方式直接输入数控系统，还可以由计算机用 RS232C 或采用网络通信方式传送到数控系统中。

零件加工程序输入过程有两种不同的方式：一种是边读入边加工，另一种是一次将零件加工程序全部读入数控装置内部的存储器，加工时再从存储器中逐行调出进行加工。

各种类型的数控机床中最直观的输出设备是显示器，有 CRT 显示器或彩色液晶显示器两种。输出设备的作用是为操作人员提供必要的信息。显示的信息可以是正在编辑的程序、坐标值、报警信号等。

总之，输入/输出设备是机床数控系统和操作人员进行信息交流、人机对话必须具备和必要的交互设备。

0.1.2　数控装置

数控装置就是通常所说的计算机数控系统，它由专用或通用计算机硬件加上系统软件和应用软件组成，完成数控系统的运动控制功能、人机交互功能、数据管理功能和相关的辅助控制功能，是数控系统功能实现和性能保证的核心组成部分，是整个数控体系的中枢。

数控装置从内部存储器中取出或接受输入设备送来的一段或几段数控加工程序，经过数控装置的逻辑电路或系统软件进行编译、运算和逻辑处理后，输出各种控制信息和指令，控制机床各部分的工作，使其进行规定的有序运动和动作。这些信号中最基本的信号是经插补运算决定的各坐标轴的进给速度、进给方向和位移量指令（送到伺服驱动系统以驱动执行部件作进给运动）。其他信号还包括主轴的变速、换向和起停信号，选择和交换刀具的刀具指令信号，控制切削液、润滑油起停、工件和机床部件松开、夹紧、分度工作台转位的辅助指令信号等。

数控装置主要由中央处理单元（CPU）和总线、存储器（ROM、RAM）、内置 PLC、输入/输出（I/O）接口电路、与 CNC 系统其他组成部分联系的接口等组成。

0.1.3 可编程序控制器

可编程序控制器亦可称为可编程序逻辑控制器（Programmable Logic Controller）。

数控系统通过 CNC 和 PLC 的协调配合来共同完成数控机床的控制，其中 CNC 主要完成与数字运算和管理等有关的功能，如零件程序的编辑、插补运算、译码、位置伺服控制等。PLC 主要完成与逻辑运算有关的一些动作，而不涉及轨迹上的要求。PLC 处理 CNC 送来的辅助功能代码（M 代码）、主轴转速指令（S 代码）、刀具指令（T 代码）等顺序动作信息，对顺序动作信息进行译码，转换成对应的控制信号，控制辅助装置完成机床相应的开关动作，如工件的装夹、刀具的更换、切削液的开关等一些辅助动作。PLC 还可以与机床侧的输入/输出信号进行交互，接收机床控制面板的指令，一方面直接控制机床的动作，另一方面将一部分指令送往数控装置用于加工过程的控制。

用于数控机床的 PLC 一般分为两类：一类是内装式 PLC，将 CNC 和 PLC 综合起来设计，也就是说，PLC 是 CNC 装置的一部分；另一类是独立型 PLC。

0.1.4 伺服驱动单元

伺服驱动系统是数控机床的重要组成部分，它是机床工作的动力装置，CNC 装置的指令要靠伺服驱动系统付诸实施。驱动装置接受来自数控装置的指令信息，经功率放大后，将控制器数字量的指令输出转换成各种形式的电动机运动，带动执行元件实现其所规划出来的运动轨迹。因此，它的伺服精度和动态响应性能是影响数控机床加工精度、表面质量和生产率的重要因素之一。

伺服驱动系统包括驱动放大器和执行机构两个主要部分，其任务实质是实现一系列数模或模数之间的信号转化，表现形式就是位置控制和速度控制。执行机构包括步进电动机、直流伺服电动机、交流伺服电动机，相应的驱动系统分别为步进驱动系统、直流伺服驱动系统、交流伺服驱动系统。目前使用的主要是直流伺服驱动系统和交流伺服驱动系统。

检测装置是伺服系统的一个重要组成部分。检测装置将数控机床各坐标轴的实际位移量检测出来，经反馈系统输入到数控装置中。数控装置将反馈回来的实际位移量值与设定值进行比较，控制运动部件按指令设定值运动。

0.2 数控系统的分类

0.2.1 按控制运动的方式分类

1. 点位控制数控系统

点位控制数控系统的特点是机床移动部件只能实现由一个位置到另一个位置的精确定位，在移动和定位过程中不进行任何加工。机床数控系统只控制行程终点的坐标值，不控制点与点之间的运动轨迹，因此几个坐标轴之间的运动无任何联系。可以几个坐标同时向目标点运动，也可以各坐标依次向目标点运动。

这类数控系统主要用于数控冲床、数控钻床等。

2. 点位直线控制数控系统

点位直线控制数控系统的特点是，机床移动部件不仅要实现由一个位置到另一个位置的精确移动定位，而且要控制工作台以一定的速度沿平行坐标轴方向或45°斜率直线方向进行直线切削加工。

这类数控系统主要用于简易数控车床、数控镗铣床等。

3. 轮廓控制数控系统

轮廓控制数控系统不仅可以完成点位及点位直线控制数控系统的加工功能，而且能够对两个或两个以上坐标轴进行插补，因而具有各种轮廓切削加工能力。它不仅能够控制机床移动部件的起点与终点坐标，而且能控制整个加工轮廓每一点的速度和位移，将工件加工成指定的轮廓形状。轮廓控制数控系统的结构要比点位直线控制系统复杂，在加工过程中需要不断进行插补运算，从而实现相应的速度与位移控制。

常用的数控车床、数控铣床、数控磨床都采用轮廓控制数控系统。

0.2.2 按驱动装置的特点分类

数控系统按有无检测装置可分为开环数控系统和闭环数控系统。对于闭环数控系统，根据检测装置所检测的位移量又可分为全闭环数控系统和半闭环数控系统。

1. 开环数控系统

开环数控系统即无位置反馈的系统，其驱动元件主要是功率步进电动机或电液脉冲马达。这两种执行元件工作原理的实质都是进行数字脉冲到角度位移的变换，它不用位置检测元件实现精确定位，而是靠驱动装置本身的精度实现定位，转过的角度正比于指令脉冲的个数；转速由控制脉冲的频率决定。开环数控系统的工作原理如图0-2所示。

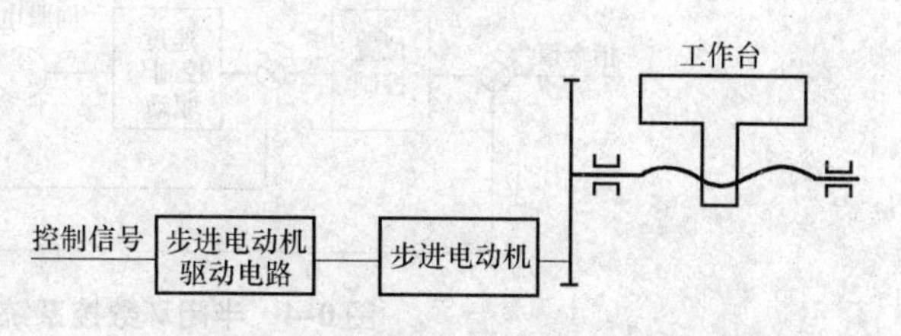

图 0-2　开环数控系统的工作原理图

开环数控系统结构简单，成本较低。但由于系统对移动部件的实际位移量不进行检测，也不能进行误差校正，所以步进电动机的失步、步距角的误差、传动链上齿轮与丝杠等的传动误差都将影响被加工零件的精度。开环数控系统仅适用于加工精度要求不高的简易经济型数控机床。

2. 闭环数控系统

闭环数控系统是利用位置检测元件测出机床进给传动链的执行元件（如机床工作台）的实际位移量或实际所处位置，并将测量值反馈给数控（CNC）装置，与指令值进行比较，求得误差，依此驱动执行元件运动以补偿误差，即构成闭环位置控制。可见，闭环数控系统是误差控制随动系统。闭环数控系统的工作原理如图 0-3 所示。

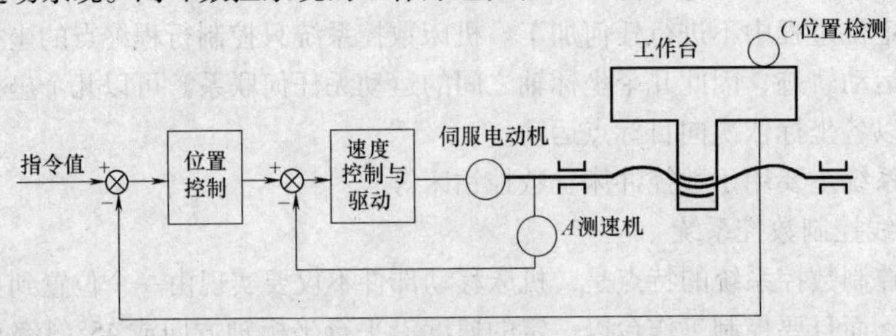

图 0-3　闭环数控系统的工作原理图

由于闭环数控系统是反馈控制，反馈检测装置精度很高，所以系统传动链的误差（包括传动链中各元件的误差和传动过程中出现的误差）可以得到补偿，从而大大提高了跟随精度和定位精度。系统精度与传动元件制造精度无关，只取决于检测装置的制造精度和安装精度。

通常机械传动环节中会出现一些可变的误差，如丝杠与螺母、工作台与导轨的摩擦特性；各部件的刚性；位移测量元件安装的传动链间隙等。这些都将直接影响伺服系统的调节参数，并且在闭环系统中对这些非线性参数进行调整和设计有较大难度，设计和调整得不好很容易造成系统的不稳定。

3. 半闭环数控系统

大多数数控机床采用半闭环数控系统。半闭环数控系统中位置检测元件不直接安装在进给坐标的最终运动部件上，而是在伺服电动机的轴或数控机床的传动丝杠上装有角度检测装置，通过检测丝杠的转角间接地检测进给坐标上最终运动部件的实际位移，然后反馈到数控装置中，对误差进行修正。半闭环数控系统的工作原理如图 0-4 所示。

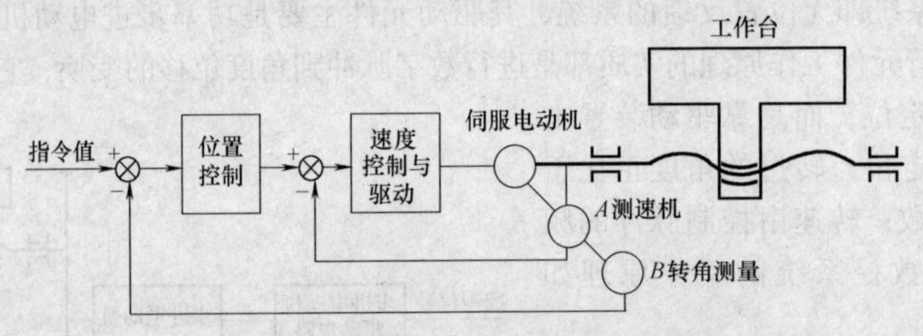

图 0-4　半闭环数控系统的工作原理图

由于这种系统的闭环环路内不包括滚珠丝杠螺母副及工作台，因此可获得稳定的控制特性，而且由于采用了高分辨率的测量元件，可以获得比较满意的精度。但是环外的传动误差没有得到系统的补偿，因而这种数控系统的精度低于闭环系统。

4. 反馈补偿型开环控制及反馈补偿型半闭环控制

反馈补偿型开环控制的特点是基本控制采用开环伺服系统，另外附加一个校正电路。通过装在工作台上的直线位移检测元件测得的反馈信号输入到校正电路，补偿进给系统误差。

指令脉冲既供给到驱动系统控制步进电动机按指令运转，又供给到感应同步器的检测系统。工作在鉴幅方式的感应同步器既是位置检测器，又是比较器，将正弦、余弦发生器给定的滑尺励磁信号与由步进电动机驱动的定尺移动位置进行比较。反馈补偿型开环数控系统原理如图 0-5 所示。

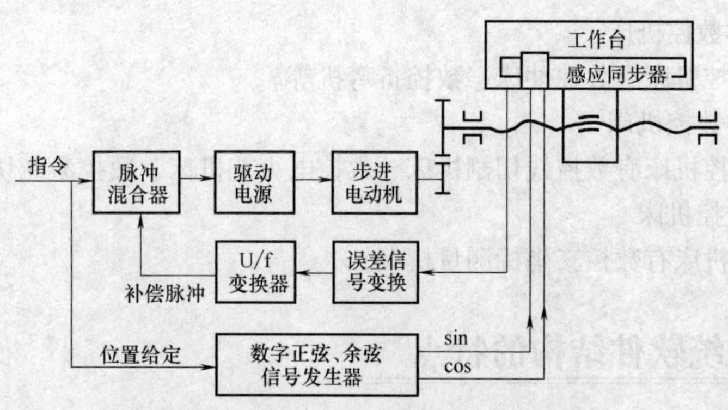

图 0-5　反馈补偿型开环数控系统原理图

误差信号经过一定处理，由电压频率变换器产生变频脉冲，把它与指令脉冲相加减，实现对开环系统进行位置误差补偿的目的。

反馈补偿型开环控制具有开环的稳定性和闭环的精确性，不会因为机床的谐振频率、爬行、死区、失动等因素引起系统振荡，不需间隙补偿和螺距补偿。

反馈补偿型半闭环控制的特点是用半闭环控制方式取得高速度控制，再用装在工作台上的直线位移检测元件实现全闭环误差修正。反馈补偿型半闭环数控系统的工作原理如图 0-6 所示。

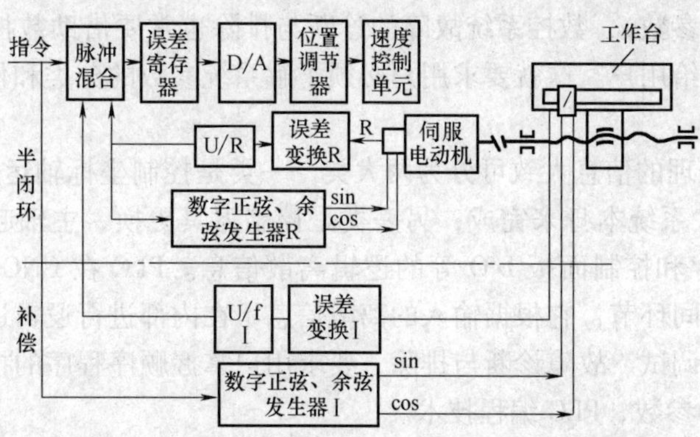

图 0-6　反馈补偿型半闭环数控系统工作原理图

半闭环控制的检测元件旋转变压器 R 检测系统的正弦、余弦励磁信号由其反馈脉冲自动修改，故转角始终按指令值变化；直接位置检测的感应同步器 I 检测系统的正弦、余弦励磁信号的电气角由数控装置给定。感应同步器不断比较指令转角与实际转角，若出现偏差，产生误差信号，经变换后产生补偿脉冲加到脉冲混合电路，对指令脉冲进行随机补偿，提高整个系统的定位精度。反馈补偿型半闭环控制系统比全闭环系统容易调整，稳定性好，适用于高精度大型数控机床的进给驱动。

0.2.3 按加工方式分类

1. 金属切削类数控机床

金属切削类数控机床有数控车床、数控铣床及数控加工中心、数控钻床、数控镗床、数控磨床等。

2. 板材加工类数控机床

板材加工类数控机床有数控冲床、数控折弯机等。

3. 特种加工类数控机床

特种加工类数控机床有数控线切割机床、数控电火花机床、数控激光切割机床等。

4. 其他类型数控机床

其他类型数控机床有数控三坐标测量机等。

0.3 数控系统软件结构的特点

CNC 系统软件可分为管理软件与控制软件两部分。管理软件包括零件程序的输入、输出，显示，诊断和通信功能软件；控制软件包括译码、刀具补偿、速度处理、插补运算和位置控制等功能软件。

数控（CNC）装置的存储器中除了存储有上述系统软件外，还存储有用户软件、各种系统参数等。系统软件是数控系统正常工作必不可少的，数控系统会按照工作过程顺序调用，无需用户设置。从应用的角度，对数控系统的软件应该主要了解数控系统的参数和 PLC 程序。

参数的主要作用表现在，数控机床在出厂前，对所采用的 CNC 系统设置许多初始参数来配合、适应相配套的数控机床的具体状况，部分参数还要经过调试来确定（例如，某些用于补偿机床误差的参数），数控系统故障的诊断与排除也常要借助数控系统的参数。参数表或参数纸带会交付给用户。这就要求用户必须了解系统参数的分类和作用、主要参数的含义以及设置方法。

CNC 系统内部处理的信息大致可分为两大类，一类是控制坐标轴运动的连续数字信息，这种信息主要由 CNC 系统本身来完成；另一类是控制刀具更换、主轴起停、换向变速、零件装卸、切削液开/停和控制面板 I/O 等的逻辑离散信息。PLC 在 CNC 系统中是介于 CNC 装置与机床之间的中间环节，它根据输入的离散信息，在内部进行逻辑运算，并完成输出功能。对数控系统进行调试、故障诊断与排除，要求用户掌握顺序程序的接口以及顺序程序的执行、与 PLC 有关的参数、PLC 编程技术。

0.4 FANUC 数控系统

0.4.1 FANUC 数控系统产品系列及其主流系统的特点

FANUC 公司始建于 1956 年，1959 年首先推出了电液步进电动机，在后来的若干年中逐步发展并完善了以硬件为主的开环数控系统。进入20世纪70年代，微电子技术、功率电子技术，尤其是计算机技术得到了飞速发展，FANUC公司毅然舍弃了使其发家的电液步进电动机数控产品，一方面从GETTES公司引进直流伺服电动机制造技术，另一方面加强了与SIEMENS公司的合作关系，学习其先进的硬件技术。1976年，FANUC公司研制成功数控系统5，随后又与SIEMENS公司联合研制了具有先进水平的数控系统7，从这时起，FANUC公司逐步发展成世界上最大的专业数控系统生产厂家，产品日新月异，年年翻新。

目前国内市场常见的FANUC数控系统有FANUC 0C/D系列、FANUC 0i-A/B/C/D系列、FANUC 21/21i系列、FANUC 16/16i系列、FANUC 18/18i系列、FANUC 15/15i系列、FANUC 30i/31i/32i系列、FANUC Power-Mate系列、FANUC Open CNC（FANUC 00/210/160/180/150/320等）。其中，FANUC 0C/D系列、FANUC 0i-A/B/C系列以及FANUC 21i系列适用于4轴（数控轴）联动及以下的普及型数控机床。

FANUC 0C/D系列是20世纪90年代的产品，早已停产，但目前在国内有一定的保有量。FANUC 0D是北京FANUC公司生产的早期产品，硬件结构是双列直插型的芯片，大板结构，CPU是Intel486系列，驱动采用全数字伺服。

FANUC 0i-A/B/C系列是2000年后北京FANUC公司的新一代产品，硬件采用SMT表面贴装技术，驱动采用α及αi系列或β及βi系列全数字伺服，特别是αi系列采用FSSB（FANUC Series Servo Bus）总线结构，光缆传输，具有HRV（High Response Vector，高精度矢量控制）1~3功能，可以实现高速高精度轮廓加工。

FANUC 0i-D系列是2007年前后北京FANUC公司推出的最高可以实现5轴联动控制的新型数控系统，其性能及更加用户友好型的设计理念主要体现在：

（1）方便地完成用户定制界面　利用FANUC PICTURE软件，用户可以在PC上方便快捷地创建机床操作画面，然后将画面数据通过存储卡存储到CNC的F-ROM中。使用带触摸屏的机床操作显示器，减小了机床操作面板的尺寸。利用FANUC PICTURE编辑用户界面示意图如图0-7所示。

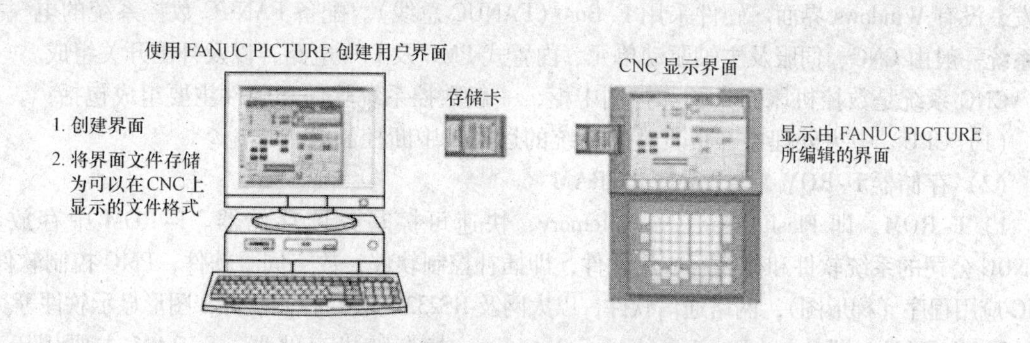

图0-7　利用FANUC PICTURE编辑用户界面示意图

（2）先进的伺服功能　通过极其平滑旋转的伺服电动机、高精度的电流检测、高响应和高分辨率的脉冲编码器等硬件和伺服HRV3控制技术的有机结合，可以实现高速、高精度的进给控制，并且通过自动跟踪的HRV3滤波器，可以避免因频率变化而造成的机床共振；通过使用高速DSP和先进的主轴HRV3控制技术，提高了电流控制的快速响应和高稳定性，此外通过缩短速度回路的取样时间和高分辨率的检测电路，实现了高响应、高精度的主轴控制，还提高了 C 轴轮廓控制的性能。

（3）伺服调试指南功能　软件编制了伺服和主轴调整所需的测试程序、参数的设定值、数据的测量等完整的调试环境，通过 SERVO GUIDE（伺服调试工具）的帮助，可以在短时间内完成主轴和伺服相关参数的最优化。

（4）实用的磨床控制功能　系统提供了磨床控制常用的圆柱磨削的加工循环、连续砂轮修正补偿、斜轴控制、在摆动终点的进刀磨削、砂轮的垂直修正控制等功能，使得 FANUC 0i-D 系统可以应用于磨床，从而扩大了该系统的应用范围。

FANUC 21/21i 系列数控系统与 FANUC 0i-C 是同类系统，FANUC 公司本土生产，主要在海外市场销售。

FANUC 16i/18i 系列数控系统属于 FANUC 公司的中档系统，适用于 5 轴以上的卧式加工中心、龙门镗铣床、龙门式加工中心等。

FANUC 15/15i 系列数控系统是 FANUC 公司的全功能系统，主要体现在软件丰富、可扩充、联动轴数多。

FANUC 30i/31i/32i 是新一代数控系统，采用新一代数控系统 HRV4，可以实现纳米级加工，被用于医疗器械、大规模集成电路芯片模具加工等。

FANUC Open CNC 包括 FANUC 210/160/180/150/320 等，从名称上看，Open CNC 是开放式数控系统，即在系统系列标志后面加“O”。它可以在 FANUC 公司产品平台上，灵活挂接非 FANUC 公司的产品，如工业 PC + Windows 软件平台 + FANUC NC 硬件 + FANUC 驱动，或 FANUC 硬件平台 + Windows 软件平台。使用开放式数控系统，便于机床制造厂开发工艺软件和操作界面。

FANUC i 系列性能比较如图 0-8 所示。

0.4.2　FANUC 数控系统的组成

通用型 FANUC 系统（即非 Open CNC），其 CNC 系统平台及各种软件完全由 FANUC 公司开发，没有 Windows 界面。硬件采用 F-Bus（FANUC 总线）。配备 FANUC 数控系统的电气控制系统一般由 CNC、伺服及主轴驱动单元、内置式 PMC 及 I/O 电路，以及外围开关组成。

CNC 系统是数控机床的大脑和控制中枢，一般数控系统软件和硬件主要组成包括：

（1）CPU　中央处理器，负责整个系统的运算、中断控制等。

（2）存储器 F-ROM、S-RAM、D-RAM

1）F-ROM，即 Flash Read Only Memory，快速可擦写只读存储器。F-ROM 中存放着 FANUC 公司的系统软件和机床厂应用软件，即插补控制软件，数字伺服软件，PMC 控制软件，PMC 应用程序（梯形图），网络通信软件，以太网及 RS232、DNC 控制软件，图形显示软件等。

2）S-RAM，即 Static Random Access Memory，静态随机存储器。S-RAM 主要用于存放机床厂及用户数据，主要包括系统参数及数字伺服参数、加工程序、用户宏程序、PMC 参数、刀具补偿及工件坐标补偿数据、螺距误差补偿数据。

3）D-RAM，即 Dynamic Random Access Memory，动态随机存储器。D-RAM 是工作存储器，在控制系统工作时，起缓存作用。

（3）数字伺服轴控制卡　目前数控系统广泛采用全数字伺服交流同步电动机控制技术。全数字伺服的运算以及脉宽调制已经以软件的形式打包装入 CNC 系统内（存储在 F-ROM），

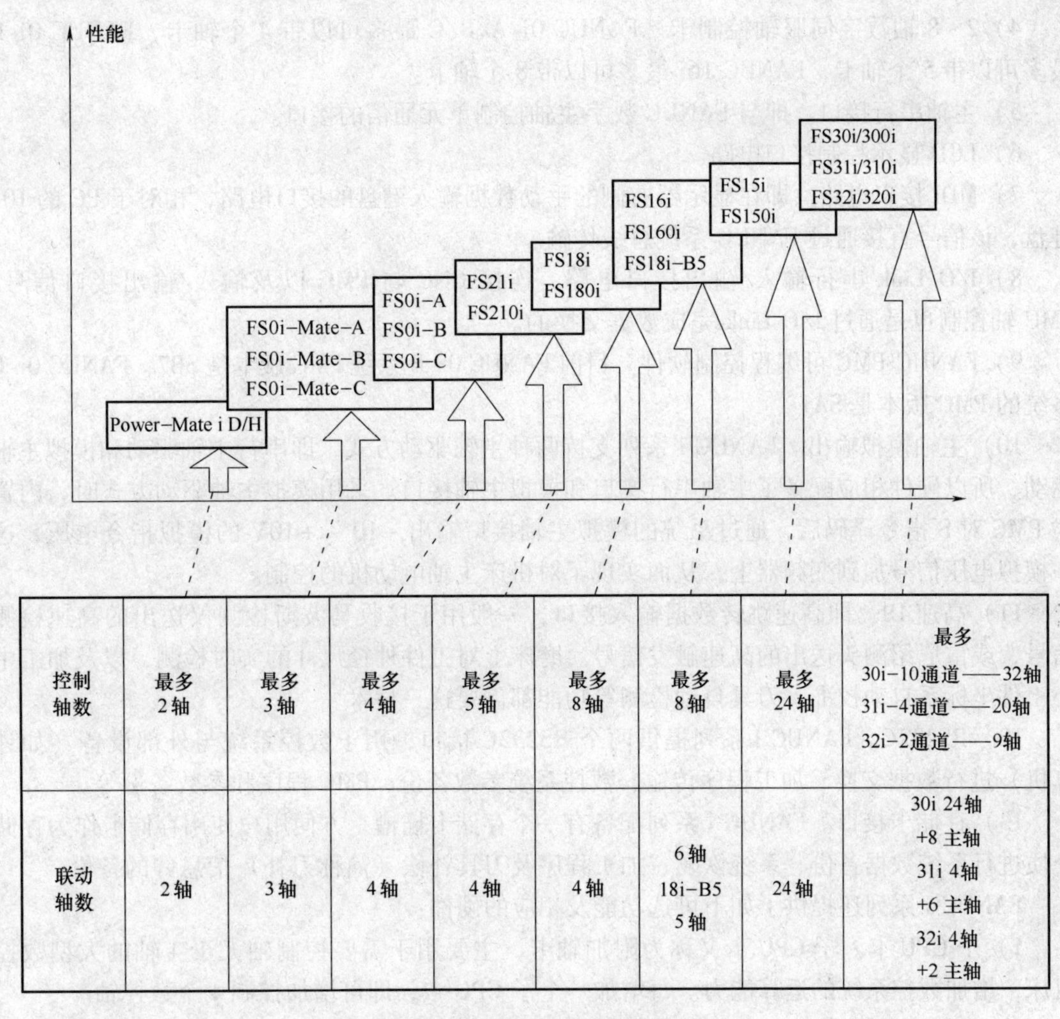

控制轴数	最多2轴	最多3轴	最多4轴	最多5轴	最多8轴	最多8轴	最多24轴	最多 30i-10通道——32轴 31i-4通道——20轴 32i-2通道——9轴
联动轴数	2轴	3轴	4轴	4轴	4轴	6轴 18i-B5 5轴	24轴	30i 24轴 +8主轴 31i 4轴 +6主轴 32i 4轴 +2主轴

图0-8 FANUC i系列性能比较

支撑伺服软件运算的硬件环境由DSP，即Digital Signal Processor（数字信号处理器），以及周边电路组成，这就是“轴控制卡”，简称轴卡。

（4）主板 包含CPU外围电路、I/O Link（串行输入/输出转换电路）、数字主轴电路、模拟主轴电路、RS232数据输入/输出电路、MDI手动数据输入接口电路、High Speed Skip（高速跳转）信号接口电路、闪存卡接口电路等。

（5）显卡 包含子CPU以及字符图形处理电路。

0.4.3 FANUC i系列数控系统的组成

FANUC i系列数控系统的软硬件基本组成包括：

1）CPU。

2）电源回路。其主要功能是将24V直流电转换为+3.3V、+5V、+/-12V、+/-15V，以供给系统芯片和各接口电路用电。

3）F-ROM、S-RAM、D-RAM存储器。

4）2~8 轴数字伺服轴控制卡。FANUC 0i-A/B/C 最多可以带 4 个轴卡，FANUC 0i-D 最多可以带 5 个轴卡，FANUC 16i 最多可以带 8 个轴卡。

5）主轴串行接口。即与 FANUC 数字主轴控制单元通信的接口。

6）LCD 显示控制接口电路。

7）MDI 接口电路。即在显示器右侧的手动数据输入键盘的接口电路，相对于 PC 的 101 键盘，该信号直接通过 FANUC 系统总线传输。

8）I/O Link 串行输入/输出接口电路，连接 CNC 与 PMC 以及输入/输出接口信号。PMC 轴控制也是通过 I/O Link 完成数据交换的。

9）FANUC PMC 可编程控制软件。目前 FANUC 0i-B 系统 PMC 版本是 SB7，FANUC 0i-C 系统的 PMC 版本是 SA1。

10）主轴模拟输出。FANUC i 系列支持两种主轴驱动方式，即串行主轴驱动和模拟主轴驱动，所以硬件相应配备了主轴串行接口和模拟主轴接口。采用模拟主轴驱动方式时，内置式 PMC 对 S 指令译码后，通过系统的模拟主轴接口输出 -10~+10V 的模拟指令电压，这一模拟电压信号加到变频器上，从而实现了对机床主轴电动机的控制。

11）高速 DI。即高速跳转数据输入接口，一般用于接收马波斯检测仪送出的高速检测信号，或雷尼绍测头送出的高速触发信号。磨床上对工件外径尺寸的实时检测，以及加工中心工件坐标系自动校准、刀具自动检测等功能都需要这一技术。

12）RS232C。FANUC i 系列提供两个 RS232C 接口，用于数控系统与外部设备（如计算机）进行数据交换、加工程序传输、数控系统参数备份、PMC 程序和参数备份等。

13）存储卡接口。FANUC i 系列配备有一个存储卡插槽，方便用户使用存储卡作为存储介质进行系统数据备份、系统恢复、加工程序及刀具补偿（简称刀补）信息等的备份。

FANUC i 系列还提供了如下可选功能及相应的硬件：

1）子 CPU 卡。子 CPU 卡又称为附加轴卡，主要用于需要控制轴大于 4 轴的大型数控机床，增加数控系统的运算能力。每增加一个子 CPU 卡，即可增加控制 4 个数控轴。

2）数据服务器卡。FANUC 系统的基本内存容量非常有限，S-RAM 容量根据订货不同一般为 512KB~2MB。如果需要加大内存，提高缓存容量，可以通过使用数据服务器卡来扩容提速。数据服务器卡作为选项卡插在 CNC 上，CNC 内存中的 NC 程序可以作为主程序，调用存储在数据服务器卡（硬盘或 Flash 卡）上的 NC 程序，并且数据服务器卡上的 NC 程序是经以太网与主机进行高速输入输出数据传输的。

3）RISC 卡，即高精度轮廓控制功能卡。RISC 卡采用简易指令集运算，可以实现微小程序段的插补，即将 CAD/CAM 的后置处理程序分为细小的加工段，并以高速高精度方式加工。

4）HSSB。主要用于改善数控系统与计算机的通信功能。在 FMS（柔性制造系统）或 CIMS（计算机集成制造系统）中，需要通过 HSSB 协议构成自动化工厂管理。用户也可以根据所用机床的特点，开发自己的 PCU，编制特制的人机界面，然后将处理后的数据通过 HSSB 送到 FANUC 的 CNC 单元。

5）C 语言板。如果不习惯使用梯形图语言编程，可以安装 C 语言板，使用 FANUC 公司提供的语言类编程工具软件，以 C 语言形式编制 PLC 程序。

6）Symbolic CAP i，即 Symbolic Conversation Automatically Programmable，符号输入自动

对话编程。利用符号输入自动对话编程方式，即使不会 G 代码语言，通过图形对话方式，也可完成加工程序的编制。

0.4.4 FANUC 数控系统的特点

FANUC 数控系统的特点包括：

1）FANUC 公司数控系统的产品结构上长期采用大板式结构，但在新的产品中已采用模块化结构。

2）采用专用 LSI，以提高集成度、可靠性，减小体积和降低成本。

3）产品应用范围广。每一 CNC 装置上可配多种控制软件，适用于多种机床。

4）不断采用新工艺、新技术，如表面安装技术 SMT、多层印制电路板、光导纤维电缆等。

5）CNC 装置体积减小，采用面板装配式、内装式 PMC。

6）在插补、加减速、补偿、自动编程、图形显示、通信、控制和诊断方面不断增加新的功能：

① 插补功能：除直线、圆弧、螺旋线插补外，还有假想轴插补、极坐标插补、圆锥面插补、指数函数插补、渐开线插补、样条插补等。

② 切削进给的自动加减速功能：除插补后直线加减速，还有插补前直线加减速。

③ 补偿功能：除螺距误差补偿、丝杠反向间隙补偿之外，还有坡度补偿、线性度补偿以及各种新的刀具补偿功能。

④ 故障诊断功能：采用人工智能，系统具有推理软件，以知识库为根据查找故障原因。

7）CNC 装置面向用户开放的功能，以用户特定宏程序、MMC 等功能来实现。

8）支持多种语言显示，包括日本、英国、德国、中国、意大利、法国、荷兰、西班牙、瑞典、挪威、丹麦等国语言。

9）备有多种外围设备，如 FANUC PPR、FANUC FA Card、FANUC FLOPPY CASSETE、FANUC PROGRAM FILE Mate 等。

10）已推出 MAP（制造自动化协议）接口，使 CNC 通过该接口实现与上一级计算机通信。

0.4.5 FANUC 数控系统型号命令原则

FANUC 系统的型号名称与该系统适用的机床类型紧密相关，以 FANUC 0 系列为例：

F0-MA/MB/MEA/MC	适用于加工中心、镗床和铣床
F0-MF	适用于加工中心、镗床和铣床的对话型 CNC 装置
F0-TA/TB/TEA/TC	适用于车床
F0-TF	适用于车床的对话型 CNC 装置
F0-TTA/TTB/TTC	适用于一个主轴双刀架或两个主轴双刀架的四轴控制车床
F0-GA/GB	适用于磨床
F0-PB	适用于回转头压力机

0.5 FANUC 驱动技术的发展

从 20 世纪至今，FANUC 公司伺服系统的发展主要经历了：

1. 电液脉冲电动机

20世纪50年代末60年代初，采用电液脉冲电动机作为数控机床进给驱动系统，为开环控制。

2. 晶闸管直流伺服驱动

20世纪70年代中期，采用晶闸管（SCR可控硅整流器）直流伺服驱动，反馈采用旋转变压器（作为位置反馈）和测速机（作为速度反馈）。

3. 晶体管PWM脉宽调制直流伺服驱动

20世纪70年代末，采用功率晶体管PWM脉宽调制DC伺服控制，反馈采用脉冲编码器（A/ * A相、8/ * B相及Z/ * Z相一转信号）作为速度和位置反馈。主轴控制采用DC调速电动机。该直流装置的控制均为模拟控制，这种控制方法受模拟器件特性和环境温度影响大，参数漂移、精度差；另外，直流电动机有电刷和换向器，需要维护，故障率高。

4. 交流数字伺服驱动

20世纪80年代中期，FANUC又成功地把交流伺服电动机应用在数控机床上，首先采用模拟接口AC数字伺服驱动技术，即CNC输出到伺服驱动器的指令为0～10V指令电压，伺服驱动器上含有数字电路，进行数—模转换处理。反馈装置带有格雷码编码器，输出C1、C2、C4、C8格雷码信号跟踪电动机转子同步位置。主轴同样采用模拟接口AC数字主轴电动机，指令仍为0～10V指令电压，主轴单元上含有数字电路进行处理，由于交流异步电动机变频调速容易实现恒转矩、恒功率的输出，因此很快就被应用在数控机床的主轴上。由于交流电动机没有电刷和换向器，免于维护，故障率低，所以其很快被广泛用于数控机床主轴和伺服驱动。

5. 全数字伺服驱动

20世纪90年代中后期采用全数字伺服，早期的数字伺服（FANUC 0-Mate）采用的全数字电路是CNC各轴（X、Y、Z、4TH等）分别向各伺服放大器输出PWM信号（CNC轴卡输出PWM a～PWM f脉宽调制信号到各伺服放大器），驱动电路采用绝缘栅三极管IGBT。主轴电动机同样采用全数字指令控制技术，全数字主轴电动机可以实现双轴同步，C轴定位（实现位置控制）。

6. α/β系列和αi/βi系列伺服装置

2000年前后，FANUC公司先后推出α/β系列和αi/βi系列伺服装置，CNC至伺服采用总线结构连接，称之为FSSB（FANUC Serial Servo Bus——FANUC串行伺服总线），反馈装置采用高分辨率编码器，电子倍频后分辨率可达100万脉冲/r。各伺服轴挂在FSSB总线上，实现总线控制结构。目前FANUC公司新推出的αi系列伺服控制器，采用HRV～HRV4高响应矢量控制技术，大大提高伺服控制的刚性和跟踪精度，适宜高精度轮廓加工。主轴也引入HRV技术，实现高响应矢量控制，提高主轴速度和位置控制精度。HRV是“高响应矢量”（High Response Vector）控制技术的英文缩写，其目的是对交流电动机矢量控制从硬件和软件方面进行优化，以实现伺服装置的高性能化，从而使数控机床的加工达到高速和高精度。

主轴装置的HRV控制特点：

1）设置HRV滤波器，减少机械谐振影响，加大速度增益，提高系统稳定性。

2）精调加减速，提高同步性。

3）降低高速时绕组温升。

7. 其他形式伺服装置

FANUC 公司也不断推出其他形式的驱动装置，如直线电动机、高速内装电主轴、低速力矩电动机（数控转台用直接驱动电动机）等。

低速力矩电动机直接作为旋转工作台的驱动电动机是伺服技术的又一个发展。传统的旋转工作台一般是通过伺服电动机带动蜗轮、蜗杆副进行驱动，制造成本高，机械磨损不可避免，维护性差。在采用直接驱动的力矩电动机后，由于加大了电动机转子直径，采用稀土金属作为磁极材料，因此可以获得大转矩，并对磁路进行最佳设计，以减少低速的转矩脉动。目前 FANUC 工作台的内装式伺服电动机 D3000/150is 具体规格如下：最大输出转矩可达 3000N · m，连续额定转矩可达 1200N · m，最大转速为 150r/min，外形高度为 160mm，外径为 565mm。

8. “Servo Guide” 软件工具

另外，FANUC 为伺服调整开发了“Servo Guide”软件工具，通过相应的软件菜单可自动向 CNC 发出插补指令，并诊断出实际动态转矩，生成自调整参数，同时还可以显示运转的波形，便于伺服驱动的维修和调试。

0.6 数控机床典型机电部件

1. 直线电动机

传统数控机床工作台的移动是通过伺服电动机的旋转→联轴器→滚珠丝杠→滚珠丝母带动工作台移动。20 世纪末，直线电动机逐渐开始在数控机床中使用，从直线电动机结构中我们可以看到，使用直线电动机的数控机床已经不再需要滚珠丝杠了。它已不再是由电动机旋转运动通过机械传动链转变为直线运动，取而代之的是直线电动机直接完成直线运动传递。直线电动机的应用使机床在结构上发生变化，机械传动链中又少了一个传动链，结构更加简洁。

图 0-9 直线电动机

直线电动机如图 0-9 所示，配有直线电动机的机床进给系统示意图如图 0-10 所示。

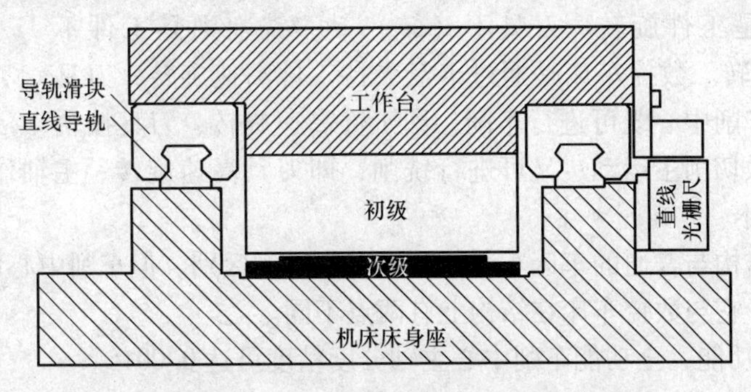

图 0-10 配有直线电动机的机床进给系统示意图

2. 力矩电动机

传统的转台，特别是高精度数控转台是由蜗轮、蜗杆以及轴承、箱体等组成。传统的机构要求是既要让电动机在最佳速度工作区工作又要让工件低速大转矩转动，承受大的切削力。蜗轮、蜗杆的大速比、自锁性、力矩放大等特点正好满足了这一要求。但是蜗轮、蜗杆属于齿轮类机构，工作过程中齿面必然存在磨损和间隙，一旦齿面、齿型、齿距磨损严重，将会导致整个蜗杆副精度降低、机床转台定位精度降低。另外，蜗杆副磨损后的修复和调整非常困难，修复成本非常高，对于800mm×800mm的加工中心，一对高精度蜗杆副（定位精度小于6弧度秒）更换成本在10万元以上。

现代电动机控制技术已经可以实现直接控制、驱动负载低速大转矩转动，这种直接驱动用低速大转矩转台电动机在数控机床应用中被称为“力矩电动机”，它是由转子和定子线圈组成，这种技术大大降低了数控转台的制造成本，并且转台精度保持时间长，维护成本低。

图0-11　力矩电动机

力矩电动机如图0-11所示。

3. 电主轴

传统的机械主轴是由主轴电动机以及齿轮箱组成的。传统的主轴电动机大都采用异步交流电动机变频调速，其最佳工作速度范围在250～2000r/min，而加工工艺要求铣刀的工作范围（机械主轴转速范围）在120～6000r/min，那么，如何满足工艺速度要求呢？可以通过不同的齿轮比切换，扩大机械主轴变速范围，这样既可以使电动机在理想的速度区间工作，又能满足工艺上的速度和转矩范围要求。但这样做的弊病是机械结构复杂，成本高。

而电主轴调速范围宽、高速特性好，可以省去主轴齿轮箱，直接将刀柄插入电主轴转子中，机床结构简洁，主轴及立柱受力好。目前，电主轴采用陶瓷或油雾润滑、主轴转速可达20000～50000r/min，特别适宜磨具或铝制品加工。

电主轴如图0-12所示。

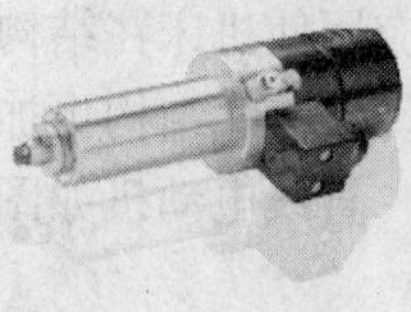

图0-12　电主轴

4. 车削中心及FANUC对Cs轴和Cf轴的定义

通常的车削是工件旋转、刀具不（转）动，铣削则是工件不（转）动、刀具旋转。数控车床是通过卡盘夹持工件高速旋转，刀具不主动切削。而车削中心既可进行车削，即工件高速旋转、刀具按轨迹运行，刀具不做切削主运动；又可进行铣削，即刀具高速旋转、主轴作为C轴夹持工件与X轴或Z轴插补。

数控车床的结构与普通的车床车削原理没有本质的区别。但车削中心可以完成车、铣两个功能，这是由于它与数控车床在结构上有两点不同。

1）主轴分度功能，全功能车削中心主轴分度精度可达0.001°。

2）刀塔具有“动力头”刀位，目前常用的几种动力头形式有：异步电动机变频调速、液压马达驱动、伺服电动机控制（用PLC控制的PMC轴）。

车削中心动力头如图0-13所示，带动力头刀塔如图0-14所示。

图 0-13　车削中心动力头

图 0-14　带动力头刀塔

普通的数控车床主轴采用异步电动机。变频调速只有速度环和电流环控制，无法实现位置控制，只能夹持工件高速旋转。而车削中心的主轴必须同时具有高速旋转和低速定位两个功能。

早期的车削中心，由于主轴高精度定位的技术尚不成熟，所以采用两个电动机及复杂的离合机构切换控制两种不同的方式，即主轴电动机高速旋转和伺服电动机低速高精度定位。一个电动机是异步变频调速电动机，另一个是同步伺服电动机，这种结构在 FANUC 系统中被称之为 Cf 轴，其含义是用进给（feed）轴电动机控制 C 轴（即主轴）定位。

20 世纪 90 年代以后，随着现代数控技术及电动机驱动技术日趋成熟，特别是矢量控制技术在异步电动机驱动中的应用，实现了一个电动机既可控制主轴高速旋转，又可低速高精度定位。而不同公司又各有不同的解决方案，FANUC 公司仍采用异步电动机，但是在反馈形式和控制方式上做了改进，其采用高精度位置反馈装置，如高分辨率磁性脉冲编码器（通称 Cs 传感器），可达 90000 脉冲/r，同时融入矢量控制技术，既保留了变频调速高速大功率输出的特性，又可实现位置控制。FANUC 公司将这种形式的主轴驱动方案称为 Cs 轴控制，其含义是用主轴（spindle）电动机控制 C 轴（即主轴）定位。

西门子公司对高精度主轴分度推荐使用同步伺服电动机作为主轴电动机，由于西门子伺服驱动的高速特性非常好，所以既可以满足低速大转矩高精度定位，又可以满足高速恒功率输出的特性，不过成本比较高。

由上述几种典型的新技术应用可见：数控机床的结构越来越简单，传动链越来越少，电到机的转换（电能转换为动能）、旋转运动到直线运动的转换越来越直接，电动机与拖动以及控制技术的进步带动数控机床整体技术进步。

机械装调工作量减少，但工艺要求提高，如针对直线电动机和力矩电动机的安装和调整、电主轴气雾轴承间隙的调整、陶瓷轴承的更换和预紧力等均是传统机床没有遇到过的工艺问题，同时对数控机床装调与维修人员电气知识的要求越来越高。

0.7　本书的学习方法

数控机床集机械制造、计算机、传感检测、气动、液压、光机电技术等于一体。数控技术是一门综合性极强的技术，在机械方面，需要机械零件、机械设计、金属切削机床等学科的理论基础知识；在电工电子技术方面，需要数字电路、微机原理、控制理论等学科的理论基础知识。同时，数控技术又是一门实用性的技术，需要紧密结合工程实践，做到理论与实践相结合。本书是实验教材，用于指导读者进行数控系统实验，实验前读者必须认真复习涉及实验内容的基础知识，认真学习相关知识概述的内容。只有这样才能用理论指导实践，通过实践加深读者对已学过理论基础的理解。

第 1 章

数控系统调试控制基本操作

本章以配备 FANUC 0i-C 系统的数控铣床为例，说明数控系统调试的基本操作。

1.1 FANUC 0i-C 数控系统操作面板

数控系统操作面板又称 MDI（Manual Data Input，即手动数据输入）面板。数控系统的 MDI 面板及显示单元是选购数控系统的必选设备，厂家提供了多种显示单元及 MDI 面板尺寸供用户选择。如显示单元分为 9in⊖、7.2in 单色 CRT/MDI 装置，8.4in、10.4in 彩色 LCD/MDI 装置等。MDI 面板分为小 MDI 面板和大 MDI 面板。小 MDI 面板即一个字母和数字键代表两个字符，输入时用 SHIFT 键切换。FANUC 系统显示单元及 MDI 面板如图 1-1 所示。

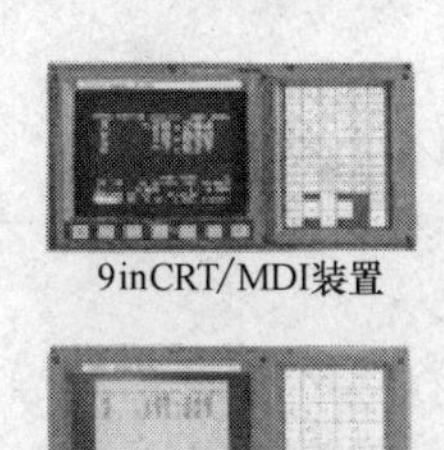

9inCRT/MDI装置

7.2in单色CRT/MDI装置

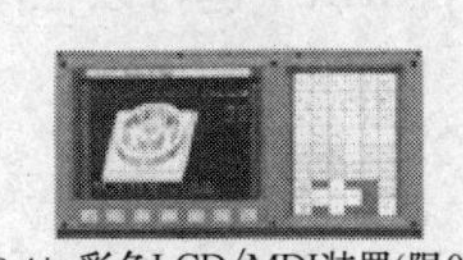

8.4in 彩色LCD/MDI装置(限0i)

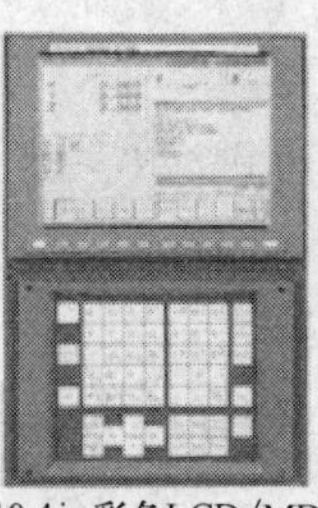

10.4in 彩色LCD/MDI 装置(限0i)

具有计算机功能的显示单元(限0i)

图 1-1　FANUC 系统显示单元及 MDI 面板

MDI 面板分为手动数据输入面板和功能选择面板两大部分，如图 1-2 所示。MDI 面板上各键的功能介绍如下。

1.1.1 字母键/数字键

字母键/数字键主要用于程序指令输入、参数设置。对于有多个字母的按键，通过 SHIFT 键切换输入内容，如 X_U 键，直接按下输入 X，然后先按 SHIFT 键再按字母键输入 U。字母键/数字键中 EOB_E 用于加工程序输入时，输入每个程序段的结束符。

1.1.2 程序编辑键

程序编辑键是在程序编辑模式下进行程序编辑。

⊖ 1in = 0.0254m。

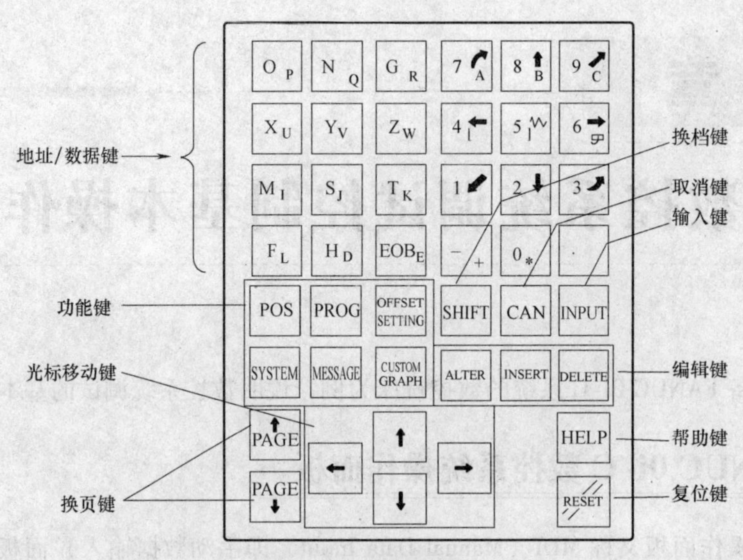

图 1-2　MDI 面板

替换键 ALTER：对程序中光标指定位置进行修改。

插入键 INSERT：在程序中光标指定位置插入字符或数字。

删除键 DELETE：删除程序中光标指定位置的字符或数字。

1.1.3　换档键 SHIFT

对于那些有两个字符的字母键/数字键，按下 SHIFT 键可以在两个字符之间切换。

1.1.4　取消键 CAN

取消键 CAN 用于删除写入续存区的字符。

1.1.5　输入键 INPUT

当按下一个字母键或数字键时，该键数据被输入到缓存区，并且显示在屏幕上，若要将输入到缓存区的数据复制到偏置寄存器中，需按下 INPUT 键。该键的功能与屏幕底端的操作软键中的［INPUT］软键功能相同。

1.1.6　功能键

功能键用于选择将要显示的屏幕的种类。MDI 面板上的功能键包括：

1. 位置屏幕显示功能键 POS

按该键并结合扩展功能软键，可显示当前位置在机床坐标系、工件坐标系、相对坐标系中的坐标值，以及在程序执行过程中各坐标轴距指定位置的剩余移动量。图 1-3 所示为按下功能键“POS”，再按下软键［综合］系统显示的界面。

2. 程序屏幕显示功能键 PROG

在 EDIT（编辑）模式下，功能键 PROG 可进行程序的编辑、修改、查找，结合扩展功能软键可进行 CNC 系统与计算机的程序传输。图 1-4 所示为按下“PROG”，再按下［列表 + ］系统显示的界面。在 MDI 模式下，功能键 PROG 可写入指令值，控制机床执行相应的操作；在 AUTO（程序自动运行）模式下，功能键 PROG 可显示程序内容及其执行进度。

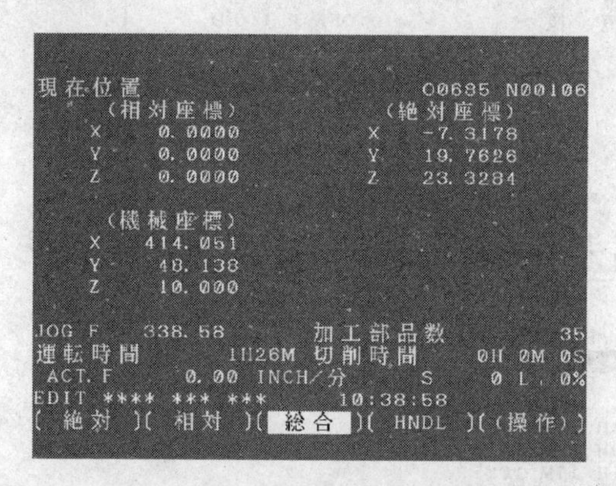

图 1-3 当前位置坐标值界面

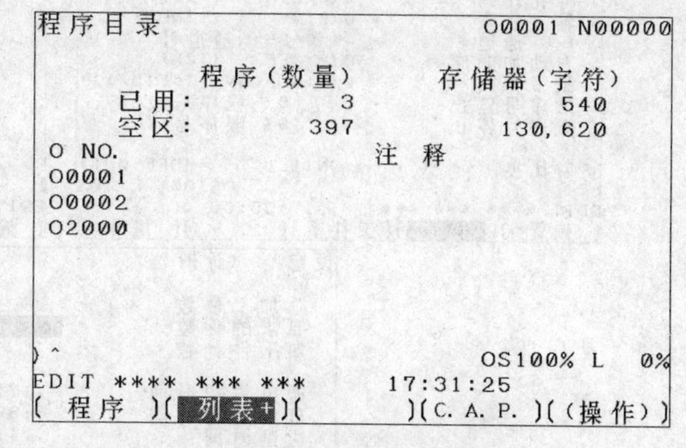

图 1-4 程序列表界面

3. 偏置/设置屏幕显示功能键 OFFSET SETTING

功能键 OFFSET SETTING 设定加工参数，结合扩展功能软键可进入刀具长度补偿、刀具半径补偿值设定页面（图 1-5 所示为按下功能键 OFFSET SETTING，再按下软键［偏置］，系统显示的刀补值设置界面），系统状态设定页面（图 1-6 所示为按下功能键 OFFSET SETTING，再按下［设定］软键并按▶软键向后翻页键，系统显示的与系统运行方式有关的参数设定界面），工件坐标系设定页面（图 1-7 所示为按下 OFFSET SETTING 功能键，再按下［工件系］软键系统显示的界面）。

偏置 O0001 N00000

NO.	外形(H)	磨损(H)	外形(D)	磨损(D)
001	0.000	0.000	3.000	0.000
002	0.000	0.000	0.000	0.000
003	0.000	0.000	0.000	0.000
004	0.000	0.000	0.000	0.000
005	0.000	0.000	0.000	0.000
006	0.000	0.000	0.000	0.000
007	0.000	0.000	0.000	0.000
008	0.000	0.000	0.000	0.000

实际位置（相对坐标）
X 64.090 Y 27.400
Z 49.260
) ^ OS100% L 0%
MDI **** *** *** 17:31:47
[偏置][设定][工件系][ ][(操作)]

图 1-5 刀补值设置界面

4. 系统屏幕显示功能键 SYSTEM

功能键 SYSTEM 用于设置、编辑参数，显示、编辑 PMC 程序等，如图 1-8 所示。这些功能仅供维修人员使用，通常情况下禁止修改，以免出现设备故障。

5. 信息屏幕显示功能键 MESSAGE

数控系统可对其本身以及与其相连的各种设备进行实时的自诊断。当机床出现异常状态时，数控系统就会出现报警，并在报警屏幕中显示相关的报警内容和处理对策，以便机床操作者采取相应的措施。

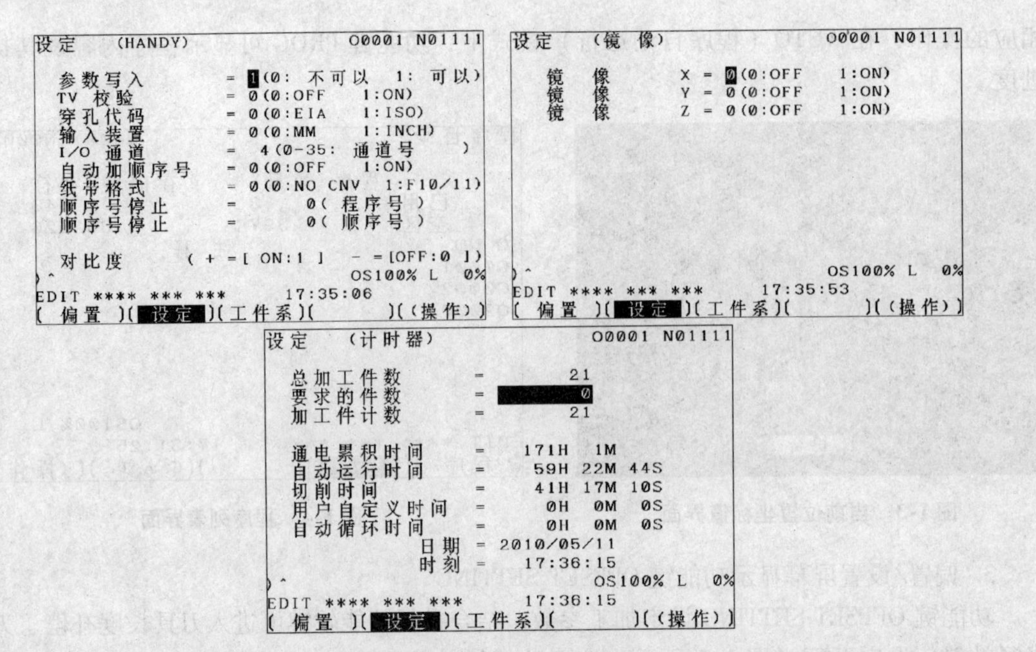

图1-6 系统状态设定界面

工件坐标系 O0001 N00000
(G54)

NO.		数据	NO.		数据
00	X	-64.090	02	X	0.000
(EXT)	Y	-27.400	(G55)	Y	0.000
	Z	-49.260		Z	0.000
01	X	0.000	03	X	0.000
(G54)	Y	0.000	(G56)	Y	0.000
	Z	0.000		Z	0.000

OS100% L 0%
MDI **** *** *** 17:31:00
[偏置][设定][工件系][ ][(操作)]

图1-7 工件坐标系设定界面

参数 (SETTING) O0001 N00000

0000			SEQ			INI	ISO	TVC
	0	0	0	0	0	0	0	0
0001							FCV	
	0	0	0	0	0	0	0	0
0002 SJZ								RDG
	0	0	0	0	0	0	0	0
0012 RMV								MIR
X	0	0	0	0	0	0	0	0
Y	0	0	0	0	0	0	0	0
Z	0	0	0	0	0	0	0	0

OS100% L 0%
MDI **** *** *** 17:22:47
[参数][诊断][PMC][系统][(操作)]

图1-8 系统调试界面

一般情况下，出现报警时，屏幕显示会跳转到报警显示屏幕，显示相关报警信息。FANUC 0i 系统提供了报警履历显示功能，最多可存储并在屏幕上显示 50 条最近出现的报警信息，如图 1-9 所示。

有些情况下，出现故障报警时，不会直接跳转到报警显示屏幕，按下 MDI 面板上的信息屏幕显示功能键 MESSAGE，可将显示界面切换为报警信息显示界面。

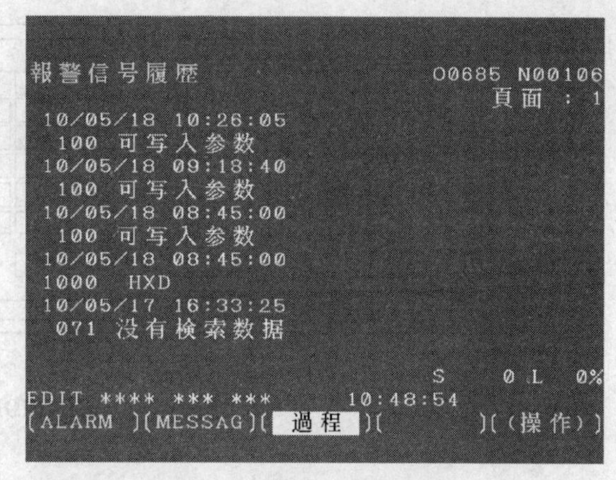

图 1-9 报警信息显示界面

6. 刀具路径图形模拟页面功能键 CUSTOM GRAPH

功能键 CUSTOM GRAPH 结合扩展功能软键可进入动态刀具路径显示、坐标值显示以及刀具路径模拟有关参数设定页面，如图 1-10所示。

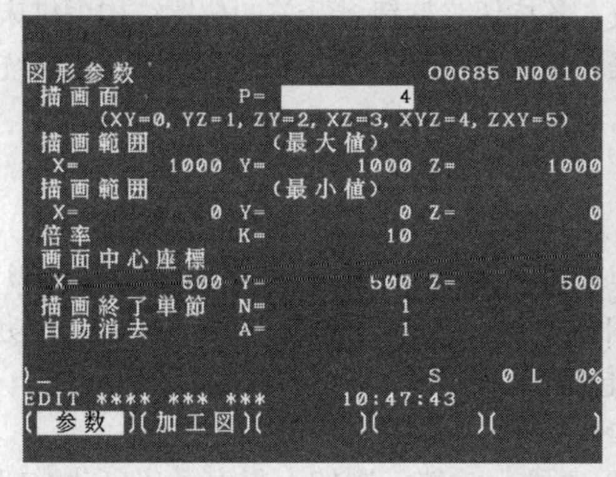

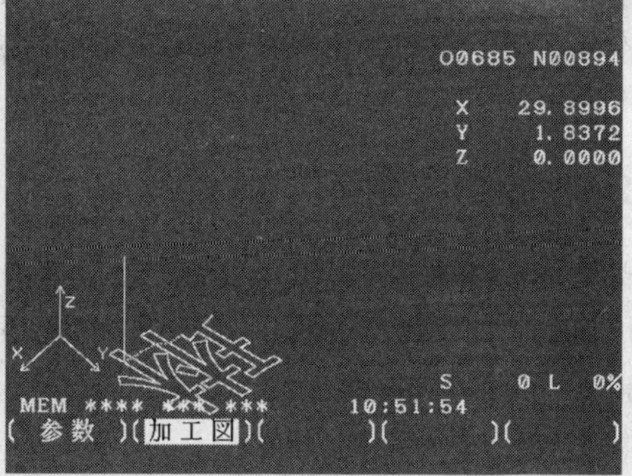

图 1-10 图形显示设定界面

1.1.7 复位键 RESET

复位键 RESET 用于系统热启动或取消报警等。有些参数要求热启动系统才可使其修改生效。

1.1.8 帮助键 HELP

帮助键 HELP 提供 MDI 键操作方法的帮助信息。

1.1.9 操作软键

操作软键位于屏幕的底端。在不同的画面下，软键有不同的功能。按下某一功能键，属于所选功能的一组软键就会出现，如图 1-11 所示。按下一个功能选择软键（屏幕下方会出现对应每个软键的操作提示），所选功能的屏幕就会显示出来，若目标章节的屏幕没有显示出来，可按下菜单继续键进行搜索，直到目标章节显示后，按操作选择键以显示要进行操作的数据。

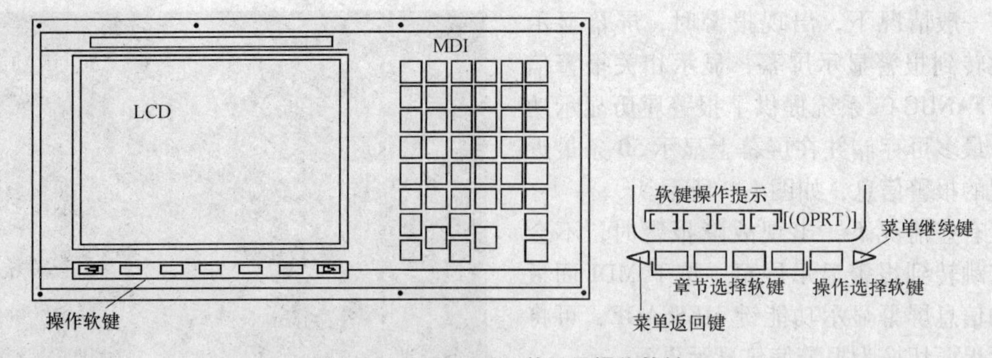

图 1-11　LCD/MDI 单元及操作软键

1.2　配备 FANUC 0i-C 系统的数控机床的操作面板

机床操作面板主要由操作模式开关、主轴转速倍率调整旋钮、进给速度调节旋钮、各种辅助功能选择开关、手轮、各种指示灯等组成。各按钮、旋钮、开关的位置结构由机床厂家自行设计制作，因此各机床厂家生产的机床操作面板各不相同。下面介绍 FANUC 系统标准的操作按钮的功能和操作方法。

1.2.1　自动运行方式（MEM）

FANUC 标准操作面板自动运行 MEM 操作按钮为[→]，自动执行加工程序。在 MEM 自动运行状态下，按下操作面板上各种机床功能开关（搬动功能开关的同时，其对应的功能灯将点亮），可使该功能起作用。这些功能开关包括：

1. 单程序段（Single Block）

在自动运行方式（MEM）下，启动“单程序段”功能，则按下程序循环启动按钮，执行完一段指令后程序暂停，机床处于进给保持状态；继续按下程序循环启动按钮，执行下一段程序后又停止。该功能可以检查程序。

2. 选择跳段（Block Delete）

在自动运行方式（MEM）下，当“选择跳段”功能起作用时，如果程序执行中遇到带有“/”语句，则跳过这个语句不执行。

3. 选择停止（Option Stop）

在自动运行方式（MEM）下，当“选择停止”功能起作用时，如果程序执行到 M01 指令，程序暂停，机床处于进给保持状态。

4. 试运行（Dry Run）

试运行功能不装夹工件只检查刀具的运动。通过设定系统参数，控制刀具运动的速度。该功能用于检验程序。

5. 机床闭锁状态

在自动运行方式（MEM）下，当“机床闭锁状态”功能起作用时，如果执行某一段程序，机床坐标轴处于停止状态，而只有轴的位置显示在改变。可以将机床闭锁功能与试运行功能同时使用，用于快速检测程序。

6. 辅助功能闭锁

在机床锁住状态中，当自动运行被置于辅助功能锁住方式时，所有的辅助功能（主轴旋转、刀具更换、切削液开/关等）均不执行。

1.2.2 编辑方式（EDIT）

FANUC 标准操作面板编辑方式（EDIT）操作按钮为[按钮]。选择编程功能 PROG 和编辑方式[按钮]，可以输入及编辑加工程序。

1.2.3 手动数据输入方式（MDI）

FANUC 标准操作面板手动数据输入（MDI）操作按钮为[按钮]。在 MDI 方式下，通过 MDI 面板，可以编制最多 10 行的程序并被执行，程序格式和通常程序一样。MDI 方式适用于简单的测试操作。

1.2.4 DNC 方式

FANUC 标准操作面板 DNC 运行操作按钮为[按钮]。

现在的数控系统功能已非常完善，一般都支持 RS232C 通信功能，即通过 RS232 口接收或发送加工程序。有很多 CNC 系统可实现一边接收 NC 程序一边进行切削加工，这就是所谓的 DNC（Direct Numerical Control，直接数控）。除此之外，还可以先将接收的加工程序存储在系统内存里，而不同时进行切削加工，这种传输形式一般叫块（Block）传输。术语 DNC 最早是指分布式数控系统（Distributed Numerical Control），其含义是用一台大型计算机同时控制几台数控机床。后来随着科学技术的进步，数控系统由 NC（Numerical Control）发展为 CNC（Computer Numerical Control），每一台数控机床由一台计算机（CNC 系统）来控制，所以过去的 DNC 概念已失去意义。

1.2.5 返参方式（REF）

FANUC 标准操作面板返参（REF）操作按钮为[按钮]。参考点是确定坐标位置的一个基准点，有时将参考点设置为换刀点。检测系统使用相对位置编码器的机床通电后应执行返回参考点，以建立机床坐标系。用操作面板上的开关或按钮将刀具移动到参考点位置即手动回参考点；用程序指令将刀具移动到参考点位置即自动返回参考点。

1.2.6 手动连续运行方式（JOG）

FANUC 标准操作面板手动连续运行（JOG）操作按钮为[按钮]。

1.2.7 手轮操作方式（HANDLE）

FANUC 标准操作面板手轮（HANDLE）操作按钮为[按钮]。

1.3 NC 状态显示

利用 NC 状态显示栏可以对系统运行状态作一个基本的监控。NC 状态显示栏在屏幕中的显示位置如图 1-12 所示。

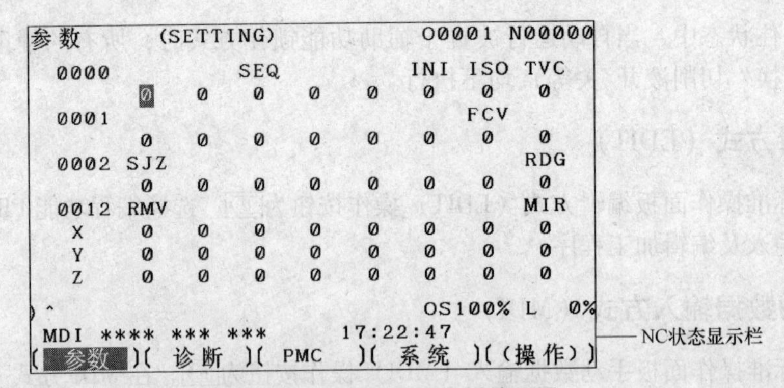

图 1-12 NC 状态显示栏的位置

NC 状态显示栏的信息分类如图 1-13 所示。

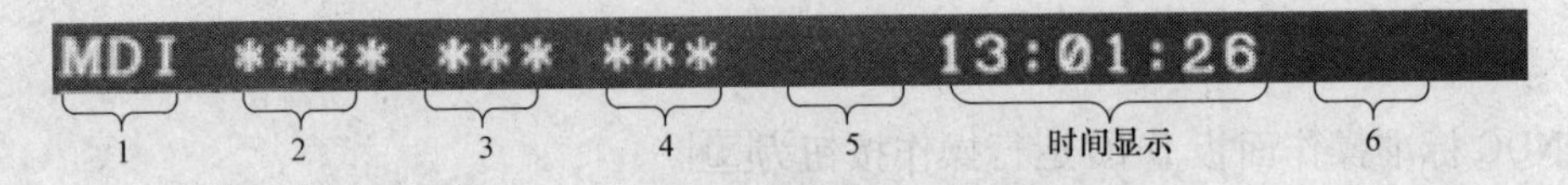

图 1-13 NC 状态显示栏的信息分类

1—机床运行状态显示 2、3—自动运转中的状态显示 4—紧急停止或复位状态显示
5—报警状态显示 6—加工程序编辑状态或运转中的状态

1. 机床运行状态显示

MEM：自动运行方式。

EDIT：程序编辑方式。

MDI：手动数据输入方式。

RMT：直接数控方式。

REF：返回参考点方式。

JOG：手动连续进给方式。

HND：手轮进给方式。

2. 自动运转中的状态显示

STRT：自动运行程序中的执行状态。

HOLD：自动运转中暂停状态。

STOP：自动运转停止状态。

* * * *：其他状态。

3. 自动运转中的状态显示

MTN：根据加工程序进行轴移动的状态。

DWL：执行程序中的暂停指令（G04）状态。

* * * *：其他状态。

4. 紧急停止或复位状态显示

--EMG--：紧急停止状态。

-RESET-：NC 复位状态。

5. 报警状态显示

ALM：系统发出报警信号的状态。

BAT：数据保存用和绝对型位置编码器数据保存用电池电压低。

6. 加工程序编辑状态或运转中的状态

输入：数据输入中。

输出：数据输出中。

SRCH：数据检索中。

EDIT：执行插入、变更等编辑。

LSK：数据输入时的标记跳跃（读取有效信息）状态。

1.4 数控机床的基本操作

操纵数控机床经常使用的状态包括手动操作、加工参数设置、程序检查、程序自动运行。

1.4.1 手动操作

手动操作主要指手动返回参考点和手动连续进给、手轮进给。

1. 通电

机床的通电操作一般应按照机床制造厂提供的说明书中描述的步骤操作。

在通电前要注意检查机床的外观是否正常，如电气柜的门是否关好等。

通电后，系统执行自检并显示插槽状态界面、模块设置状态界面和软件配置状态界面，如图1-14所示。如果发生了硬件错误或安装错误，系统显示三种屏幕中的一种后停止。显示各插槽中安装的印制电路板的信息和发光二极管的状态对故障诊断很有用。

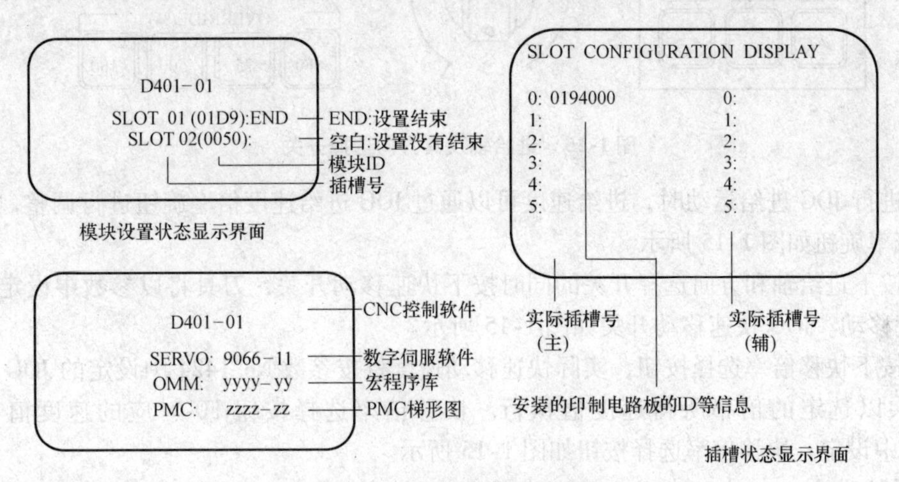

图1-14 软件配置显示界面

2. 手动返回参考点

（1）手动返参操作步骤

1）按下方式选择开关的参考点返回开关[◈]。

2）按下轴和方向选择开关，指定要返回参考点的轴和方向。然后按下程序循环启动按钮直到刀具返回到参考点。刀具返参运动方向在系统参数No. 1006. 5中进行设置。刀具将以快速移动的速度移动到减速点，然后以参数No. 1425中设置的FL速度移动到参考点。

3）可通过系统参数 No. 1002. 0 设置返回参考点时是各轴分别返参，还是三个坐标轴同时运动返参。

（2）机械坐标系的设定　执行手动返回参考点时，系统会自动设定机械坐标系。

在参数 No. 1240 中设置了参考点在机械坐标系中的坐标值，返回到参考点就等于到达了机械坐标系中的一个固定点，于是系统就可以自动识别机械坐标系原点的位置，也就建立了机械坐标系。

（3）关闭参考点返回指示灯　一旦返回到参考点，参考点返回完成指示灯亮，可通过两种途径使返参指示灯熄灭：关闭返参开关，将刀具从参考点移开；进入急停状态。

3. 手动连续进给

在手动连续进给（JOG）方式中，持续按下操作面板上的进给轴名及其方向选择开关，刀具将沿着所选轴的选定方向连续移动。

手动连续进给操作步骤如下：

1）按下方式选择开关的手动连续进给（JOG）开关。

2）按下进给轴及其方向选择开关，刀具将以参数 No. 1423 中设定的速度沿指定轴的选定方向连续移动。释放开关，刀具运动停止。进给轴及其方向选择开关如图 1-15 所示。

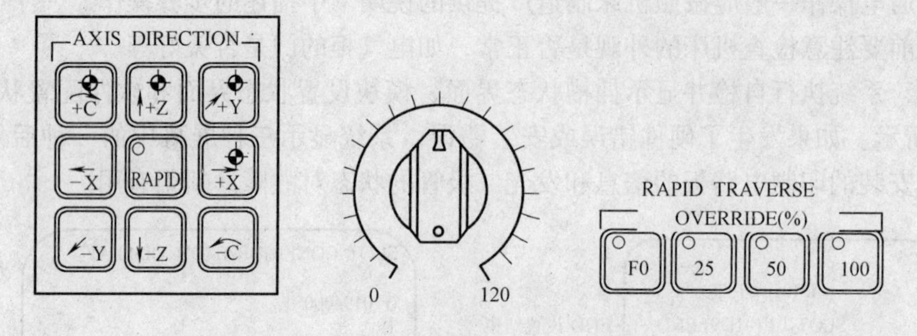

图 1-15　进给轴及其方向选择开关

3）进行 JOG 进给运动时，进给速度可以通过 JOG 进给速度倍率旋钮进行调整。JOG 进给速度倍率旋钮如图 1-15 所示。

4）按下进给轴和方向选择开关的同时按下快速移动开关，刀具将以参数中设定的 JOG 快移速度移动。JOG 快速移动开关如图 1-15 所示。

5）按下快移倍率选择按钮，实际快速移动速度将按参数 No. 1424 中设定的 JOG 快速进给速度乘以选定的倍率所得速度值执行。快移倍率选择按钮 F0 对应的速度值在参数 No. 1421 中设定。快移倍率选择按钮如图 1-15 所示。

4. 手轮进给

在手轮进给方式下，可以通过旋转机床操作面板上的手摇脉冲发生器使刀具进行微量移动。

手轮进给操作步骤如下：

1）按下方式选择的手轮方式选择开关。

2）按下手轮进给轴选择开关，选择要移动的轴向。

3）通过手轮进给量选择开关，设定旋转手摇脉冲发生器一个刻度时，刀具移动的距离。

手摇脉冲发生器旋转一个刻度时，刀具移动的最小距离与最小输入增量相等。通过参数No. 7113和No. 7114设定手轮旋转一个刻度时，刀具移动距离是最小输入增量的10倍或指定数字倍。

4）转动手轮的方向将影响刀具的移动方向。利用参数No. 7102. 0切换手轮回转方向与坐标轴正负向的关系。

5）手轮旋转360°，刀具移动的距离相当于100个刻度的对应值。

5. 断电

机床的断电操作一般应按照机床制造厂提供的说明书中描述的步骤操作。在断电前，注意检查操作面板上表示循环启动的LED是否关闭；CNC机床的移动部件是否都已经停止。如果有外部输入/输出设备连接到机床上，应先关掉外部输入/输出设备的电源。

1.4.2　加工参数设置

1. 工件坐标系设定

在完成了返参操作后，按功能键POS进入坐标显示页面。选择JOG方式或手轮方式，将装在主轴上的测量头沿各进给轴方向移动，使主轴中心与工件坐标系原点重合。按功能键OFFSET SETTING，按下扩展功能［工件系］软键，进入工件坐标系设定界面。按PAGE上下翻页键可显示全部6个坐标系（G54～G59）设置页面，如图1-16所示。

```
工件坐标系                              O0001 N00000
 (G54)
  NO.       数据              NO.      数据
  00     X   -64.090          02    X      0.000
 (EXT)   Y   -27.400         (G55)  Y      0.000
         Z   -49.260                Z      0.000

  01     X     0.000          03    X      0.000
 (G54)   Y     0.000         (G56)  Y      0.000
         Z     0.000                Z      0.000

) ^                                 OS100% L    0%
 MDI **** *** ***         17:38:49
(  偏置  )(  设定  )( 工件系 )(        )( (操作) )
```

图1-16　工件坐标系设定界面

工件坐标系的设定有两种途径：

1）将光标移动到要设定的该坐标轴原点位置，输入坐标轴名称（X、Y、Z）及当前位置在工件坐标系中的坐标值，如X-5.0，再按［测量］软键，系统自动计算该轴方向工件坐标系的原点在机床坐标系中的坐标值，即完成工件坐标系设定。

2）根据位置显示界面中显示的当前位置在机械坐标系中的坐标值，计算出工件坐标系的原点在机械坐标系中的坐标值，将光标移动到要设定的坐标轴处，直接输入工件坐标系的原点在机械坐标系中的坐标值，按MDI面板的INPUT键或扩展功能软键的［输入］键，即完成工件坐标系的设定。

数控铣床工件坐标系Z轴设定需使用Z轴定位器。

2. 对刀及刀具补偿值设定

无论是手工编程还是自动编程，首先要在零件图上确定编程坐标系，这由编程者设定。设定原则是，便于计算和表达轮廓上的特征点。在确定了零件的安装方式后，要选择好工件坐标系，工件坐标系应当与编程坐标系相对应。在机床上，工件坐标系的确定是通过对刀的过程实现的。

数控铣床的常用对刀设备如图 1-17 ~ 图 1-19 所示。

图 1-17　机械式寻边器

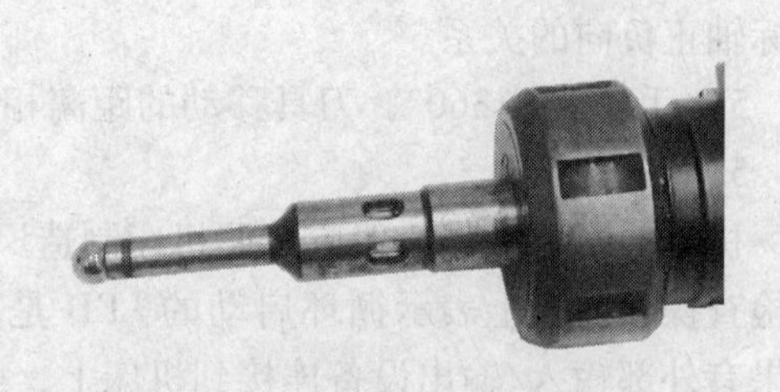

图 1-18　光电式寻边器

对刀的方法如图 1-20 所示。对刀点可以设在工件上，也可以设在与工件的定位基准有一定关系的夹具某一位置上。其选择原则是对刀方便，对刀点在机床上容易找正，加工过程中检查方便以及引起的加工误差小等。

图 1-19　Z 轴定位器

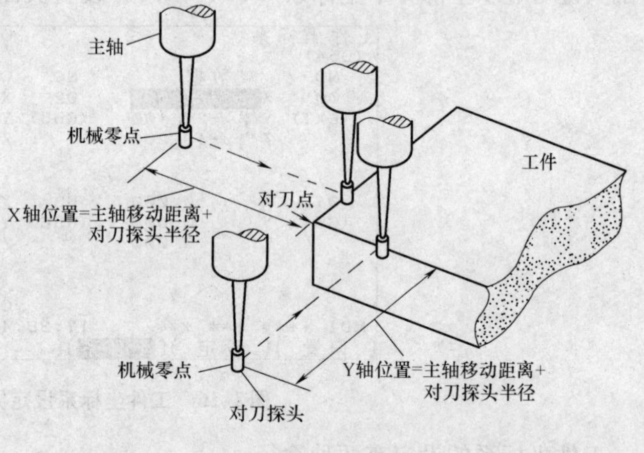

主轴
机械零点
工件
对刀点
X轴位置=主轴移动距离+对刀探头半径
机械零点
Y轴位置=主轴移动距离+对刀探头半径
对刀探头

图 1-20　对刀方法

对刀过程的操作步骤包括：

1）将机床运行方式置为返回参考点状态，手动 X 轴、Y 轴、Z 轴返回参考点。

2）将机床运行方式置为手动连续进给及手轮状态，将对刀仪移动到工件坐标系 X 轴、Y 轴、Z 轴原点位置。

3）根据所用对刀仪的尺寸及对刀数据，按上文所述建立工件坐标系的方法，设定工件坐标系。

按下功能键 OFFSET SETTING，再按下［偏置］软键，系统显示的刀补值设置界面如图 1-21所示。

刀具补偿表中刀具长度补偿值用在 G43、G44 指令中；刀具半径补偿值用在 G41、G42 指令中。补偿值（刀具几何尺寸）由两个分量组成：基本尺寸和磨损尺寸。控制器处理这

偏 置　　　　　　　　　　　　O0001 N00000

NO.	外形（H）	磨损（H）	外形（D）	磨损（D）
001	0.000	0.000	3.000	0.000
002	0.000	0.000	0.000	0.000
003	0.000	0.000	0.000	0.000
004	0.000	0.000	0.000	0.000
005	0.000	0.000	0.000	0.000
006	0.000	0.000	0.000	0.000
007	0.000	0.000	0.000	0.000
008	0.000	0.000	0.000	0.000

实际位置 （相对坐标）

X　64.090　　　Y　27.400

Z　49.260

)^　　　　　　　　OS100% L　0%

MDI **** *** ***　　17:31:58

（偏置）（设定）（工件系）（　）（（操作））

图1-21　刀补值设置界面

些分量，计算最后尺寸（如总和长度、总和半径）。在激活补偿存储器时，这些最终尺寸有效。

1.4.3　程序检查

程序检查可以在空运行、单段运行、机床锁住状态下进行，还可以通过调整进给速度倍率旋钮检查程序。

如图1-22所示，按下机床操作面板上的机床锁住开关，刀具不再移动，但显示器上每轴运动的位移在变化，就像刀具在运动一样。有些机床的每个轴都有机床锁住功能，在这种机床上，按下机床锁住开关，选择要锁住的轴。在机床锁住的情况下，可以执行M、S、T指令，可通过辅助功能锁住禁止M、S、T指令的执行。

如图1-23所示，在单程序段方式中，按下循环启动按钮后，刀具在执行完当前段后停止；再次按下循环启动按钮，执行下一程序段。通过单段方式的一段一段地执行程序，可以仔细检查程序。

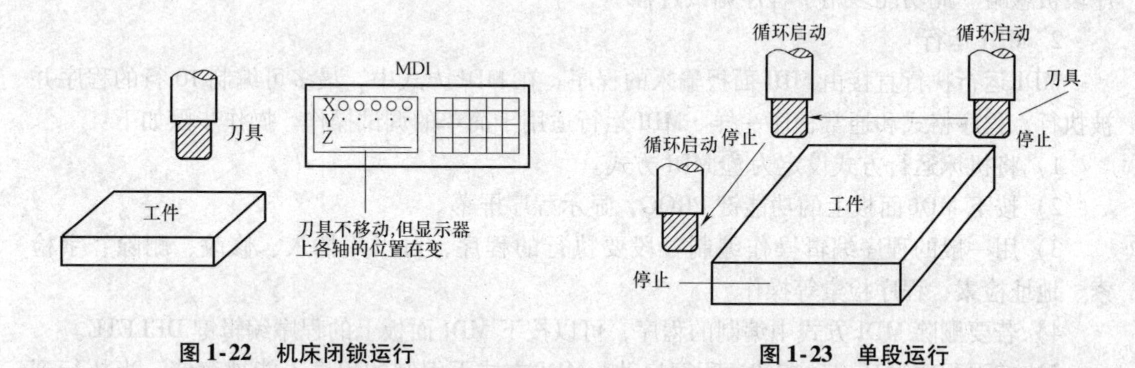

图1-22　机床闭锁运行　　　图1-23　单段运行

如图1-24所示，空运行时，刀具按参数设定的速度移动，而与程序中指令的进给速度无关。该功能用来在机床不装工件时检查刀具的运动。

1.4.4　程序自动运行

程序自动运行可以在存储器运行状态、MDI状态、DNC状态下进行。

1. 存储器运行

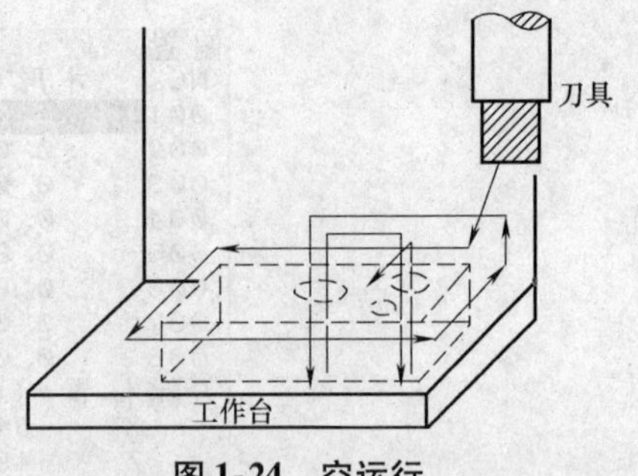

图 1-24　空运行

执行存储在 CNC 存储器中的程序。

操作步骤如下：

1）将机床运行方式设定为自动运行方式。

2）从存储的程序中选择一个程序，具体步骤为

① 按下功能键 PROG，显示程序屏幕。

② 用 MDI 面板输入程序名，例如 O321。

③ 按下［O 检索］软键。

3）按下操作面板上的循环启动按钮，程序自动运行，并且循环启动指示灯亮。当自动运行结束时，指示灯熄灭。

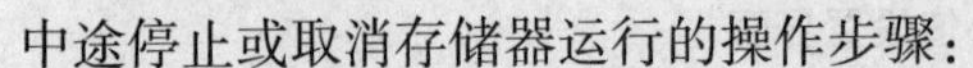

中途停止或取消存储器运行的操作步骤：

1）按下操作面板上的进给暂停按钮，循环启动指示灯熄灭而进给暂停指示灯点亮，若机床正在移动，则进给减速直至停止；若机床正在执行 M、S、T 指令，待该指令执行完毕后，停止运行。再次按下循环启动按钮，程序将在停顿处继续执行后面的程序段。

2）按下 MDI 面板上的 RESET 键，自动运行被终止，机床进入复位状态。再次按下循环启动按钮，程序将从头开始执行。

在执行到含有 M00、M01、M02、M30 的语句时：

1）当执行到包含有 M00 指令的程序段时，自动运行暂停。程序运行停止后，所有模态信息保持不变，与单段运行类似，再次按下循环启动按钮，自动运行重新启动。

2）如果操作面板上的选择停止开关处于通的状态，当执行到含有 M01 指令的程序段时，与 M00 类似，自动运行暂停。

3）M02、M30 指令在主程序结束时使用，但执行到 M02 或 M30 时，自动运行结束并返回程序最顶部，进入复位状态。

4）如果操作面板上的选择跳段开关接通，当执行到注释中有“/”的程序段时，该程序段被忽略。此功能多用于程序调试过程中。

2. MDI 运行

MDI 运行执行直接由 MDI 面板输入的程序。在 MDI 方式中，最多可编制 10 行的程序并被执行，程序格式和通常程序一样。MDI 运行适用于简单的调试操作。操作步骤如下：

1）将机床运行方式设定为MDI 方式。

2）按下 MDI 面板上的功能键 PROG，显示程序屏幕。

3）用一般的程序编辑操作编制一段要执行的程序，可以用插入、修改、删除、字检索、地址检索、程序检索等操作。

4）若要删除 MDI 方式中编制的程序，可以按下 MDI 面板上的程序编辑键 DELETE。

5）按下程序循环启动按钮，程序启动。MDI 方式下编制的程序不能被存储。当执行到结束语句（M02 或 M30 或%）后，运行结束并自动清除程序。

中途停止或结束 MDI 运行的操作步骤：

1）按下操作面板上的进给暂停按钮，循环启动指示灯熄灭而进给暂停指示灯点亮，若机床正在移动，则进给减速直至停止；若机床正在执行 M、S、T 指令，待该指令执行完毕后，停止运行。再次按下循环启动按钮，程序将在停顿处继续执行后面的程序段。

2）按下 MDI 面板上的 RESET 键，机床进入复位状态。

3. DNC 运行

DNC 运行是系统同步执行从输入/输出设备读入的程序。

随着技术的发展，利用 CAM 系统进行自动编程越来越普及，常利用 CAD/CAM 系统进行 3D 形式的曲面造型并生成相应的 NC 代码，这些加工 3D 曲面的 NC 代码一般都很长，利用串行通信技术将这些程序传输至数控系统内存中既费时又浪费系统资源，这时用 DNC 方式最为经济。

操作步骤如下：

1）分别在存储准备运行的加工程序的计算机和数控系统上设置好通信参数（通信端口、传输速率、停止位、数据位、代码格式等）。

2）在计算机的通信软件中，指定要执行的程序为传输内容。

3）将机床运行方式设定为[图标]DNC 方式。

4）按下程序循环启动按钮。在 DNC 运行时，当前正在执行的程序会被显示在程序屏幕上。

1.5　数控系统基本操作实训

1.5.1　手动操作实训课题

1）系统通电。注意操作顺序并观察系统的运行状态。

2）将系统显示切换成位置显示界面，执行各轴手动返回参考点的过程，观察移动速度。

3）用手动连续进给及手轮进给控制各轴，将工作台定位于（X500，Y400，Z300）。利用进给速度倍率调节旋钮调节进给速度。

4）各轴超程报警的解除。

1.5.2　MDI 运行实训课题

执行直接由 MDI 面板输入的程序，适用于简单的调试操作。

在 MDI 方式中，最多可编制 10 行的程序并被执行，程序格式和通常程序一样。

1）MDI 方式控制各轴进给到（X－500，Y－400，Z－300）。

2）MDI 方式控制换刀：T4 为目标刀具号。

3）MDI 方式控制主轴正向旋转：S500。

第2章

FANUC 0i 系统硬件

2.1 FANUC 0i 系列数控系统的硬件简介

FANUC 0i 系列按推出的时间顺序分为：FANUC 0i-A、FANUC 0i-B、FANUC 0i-C、FANUC 0i-D。结构上的区别主要表现在：

1）FANUC 0i-A 系统和伺服系统的指令信号以及电动机的编码器的反馈信号，采用电气连接。

2）FANUC 0i-B 系统与伺服的信息交换通过光缆进行。

3）FANUC 0i-C 系统在结构上属于超小型、超薄的数控系统，数控系统和显示单元集成为一体，数控系统与伺服的信息交换通过光缆进行，接口信号支持串行通信。

4）FANUC 0i-D 是最新推出的数控系统，最多可以控制 8 个伺服轴和 2 个主轴，最多支持四轴联动。与 0i 系列其他数控系统相比，FANUC 0i-D 系列的数控系统参数设定增加了方便操作的“一键设定”（One-shot tuning）功能，即使用“一键设定”可以完成高速高精度加工相关参数的自动设定；使用“一键设定”可以完成速度环增益的自动设定。

2.1.1 FANUC 0i-B 系统的硬件组成及各部分的功能简介

FANUC 0i-B 系统配置图如图 2-1 所示。

1. 显示单元

在配置中，系统的显示器可以连接 LCD（液晶显示器）或 CRT（阴极射线管显示器）。LCD 采用24V 电源，用光缆传输信号；CRT 采用220V 和信号电缆，连接见 2.2 小节。

2. 进给伺服

通过 FANUC 的 FSSB，使用一条光缆将数控系统和多个伺服放大器连接起来。放大器有单轴型和多轴型，伺服放大器内包含有整流、逆变部件，位置控制部分在数控单元内。进给电动机为交流伺服电动机，电动机上装有脉冲编码器，标准配置为 1000000 脉冲/r。编码器既作速度反馈，也作位置反馈。

3. 主轴控制

FANUC 0i-B 数控系统为主轴控制提供两种接口。一种是模拟接口，即根据主轴速度指令输出模拟电压 0 ~ 10V，模拟电压的极性可由参数来设定，主轴电动机和主轴驱动可采用交流异步电动机和变频器。另一种接口是串行接口，串行接口只能用 FANUC 主轴驱动和主轴电动机，速度指令是以二进制的形式通过串行数据线传输到主轴驱动模块。

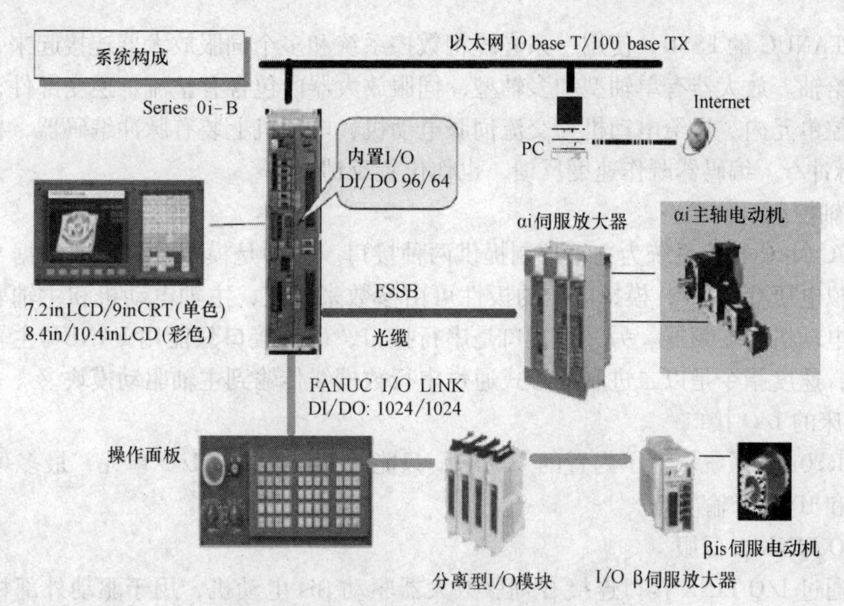

图2-1　FANUC 0i-B系统配置图

4. 机床的I/O接口

I/O接口用于PLC与机床之间的信息交换及控制，I/O模块上配有96输入、64输出，扩展可以采用I/O LINK。

2.1.2　FANUC 0i-C系统的硬件组成及各部分的功能简介

FANUC 0i-C系统配置图如图2-2所示。

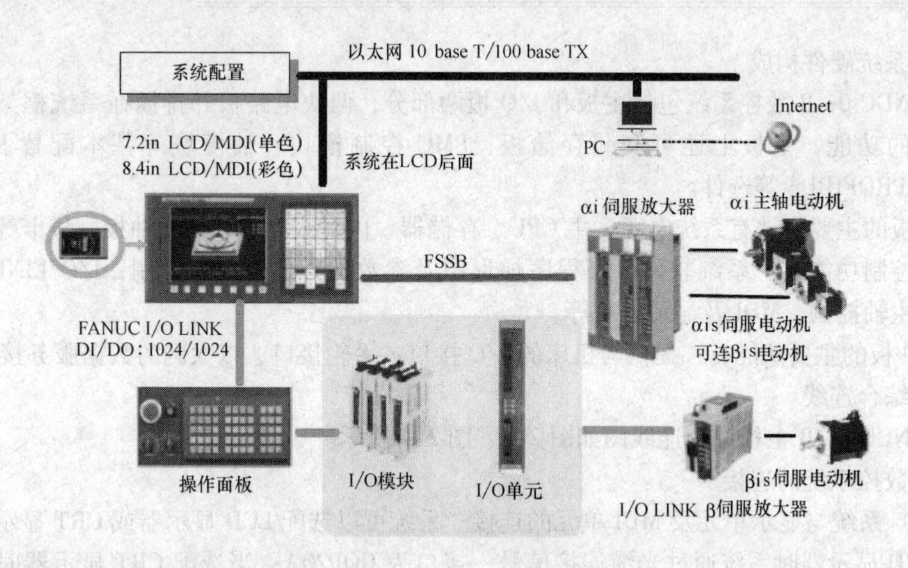

图2-2　FANUC 0i-C系统配置图

1. 显示器与MDI面板

系统的显示器只能是LCD，可以是单色也可以是彩色，在系统显示器的右面有MDI面板。

2. 进给伺服

通过 FANUC 的 FSSB，使用一条光缆将数控系统和多个伺服放大器连接起来，最多可控制 4 个进给轴。放大器有单轴型和多轴型，伺服放大器内包含有整流、逆变部件，位置控制部分在数控单元内。进给电动机为交流伺服电动机，电动机上装有脉冲编码器，标准配置为 1000000 脉冲/r。编码器既作速度反馈，也作位置反馈。

3. 主轴控制

FANUC 0i-C 数控系统为主轴控制提供两种接口。一种是模拟接口，即根据主轴速度指令输出模拟电压 0～10V，模拟电压的极性可由参数来设定，主轴电动机和主轴驱动可采用交流异步电动机和变频器。另一种接口是串行接口，串行接口只能用 FANUC 主轴驱动和主轴电动机，速度指令是以二进制的形式通过串行数据线传输到主轴驱动模块。

4. 机床的 I/O 接口

FANUC 0i-C 系统取消了内置的 I/O 卡，只能用 I/O 模块或 I/O 单元，最多可连接 1024 个输入点和 1024 个输出点。

5. I/O LINK β 伺服

可以通过 I/O LINK 接口连接 β 伺服放大器驱动 βis 电动机，用于驱动外部机械（如换刀、交换工作台、上下料装置），最多可接 7 个。

6. 网络接口

可以通过以太网板、Data Server（数据服务器）板或 PCMCIA 网卡来实现网络功能。

7. 数据输入/输出接口

配有 PCMCIA 和 RS232C 接口。

2.2 FANUC 0i-B 系统的结构及各部分的功能

1. 系统硬件构成

FANUC 0i-B 数控系统包括主板和 I/O 板两部分，两块电路板并排插在系统框架内。根据系统的功能，主板上还可安装存储板、PMC 控制模块、轴模块等基本配置及 DNC、HSSB、PROFIBUS 等选件。

主板的主要组件有系统电源、主 CPU、存储器、内置式 PLC、伺服轴板、显卡等。主板的主要控制功能有：系统软件、宏程序梯形图及参数的存储，PLC 控制，I/O LINK 控制，伺服及主轴控制，MDI 及显示控制等。

I/O 板的主要功能有：提供与机床的 I/O 接口、手轮接口、以太网的数据服务接口。

2. 综合连线

FANUC 0i-B 主板综合连线图如图 2-3、图 2-4 所示。

3. 数控系统的连接

（1）系统与显示单元及 MDI 单元的连接　系统可以选配 LCD 显示器或 CRT 显示器，当选配 LCD 显示器时系统通过光缆连接信号，接口为 COP20A；当选配 CRT 显示器时，显示信号从主板的 CRT（JA1）插座引出，其连接图如图 2-5 所示。

（2）系统与 I/O 设备的连接　系统主板的接口 JD5A、JD5B 是用来连接串行通信的 RS232C 接口的。JD5A、JD5B 两个接口的硬件是一样的，可通过选择系统参数来确定使用哪一个接口。系统与 I/O 设备的接线端子如图 2-6 所示。

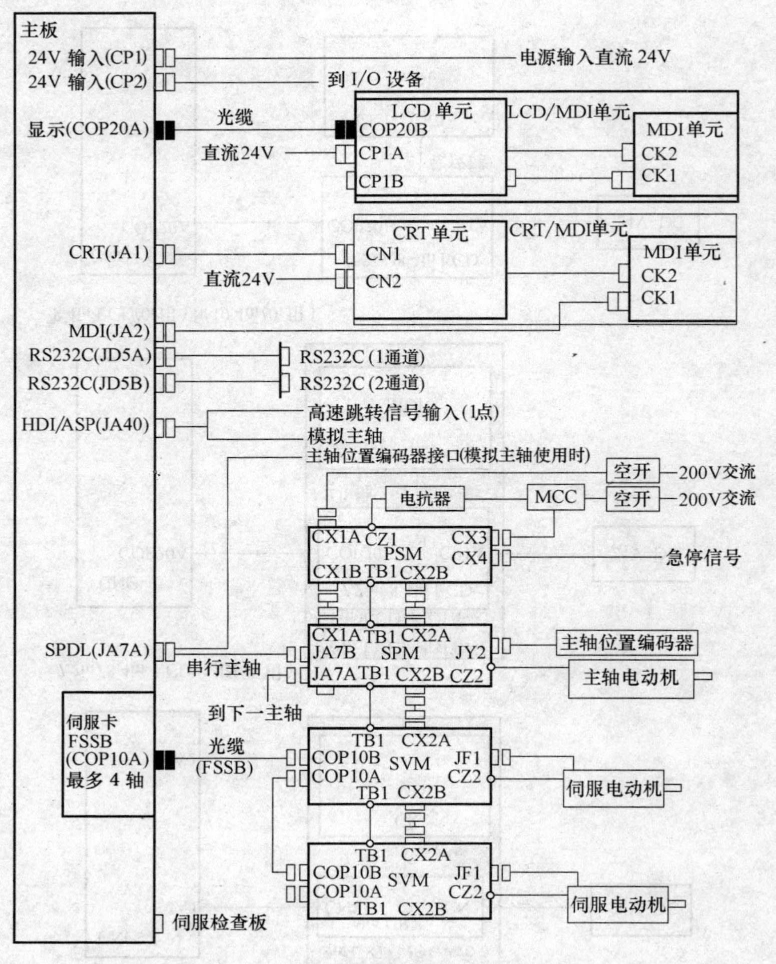

图 2-3 FANUC 0i-B 主板综合连线图 1

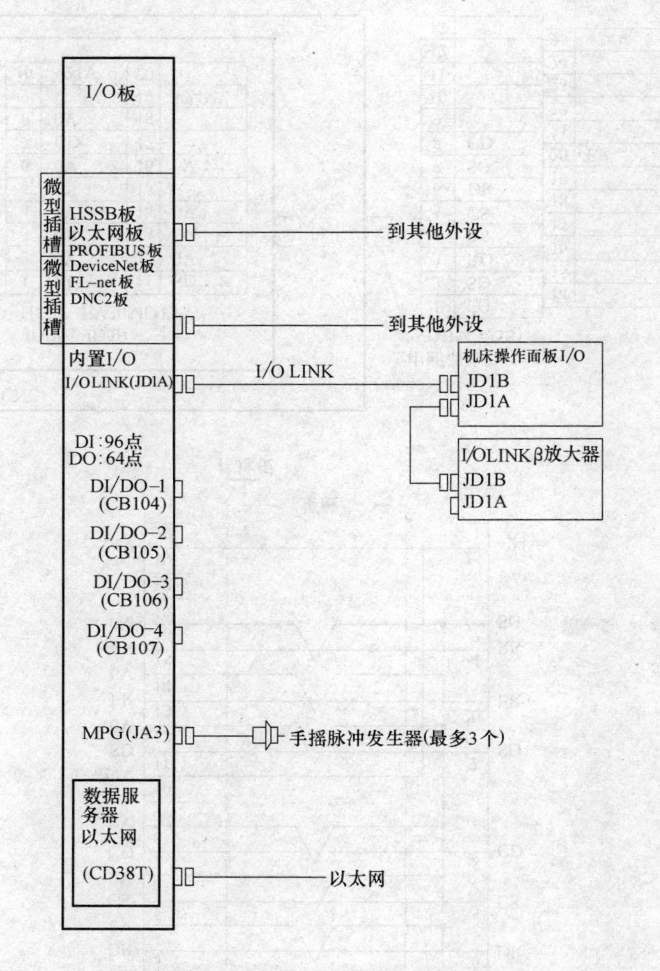

图 2-4 FANUC 0i-B 主板综合连线图 2

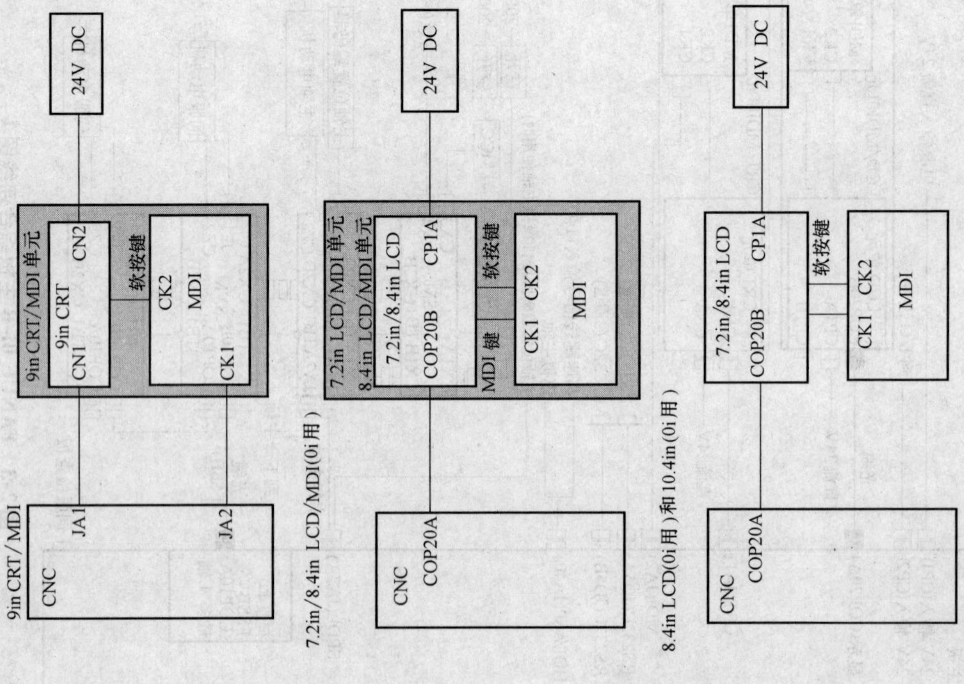

图 2-5　系统与显示单元及 MDI 单元的连接图

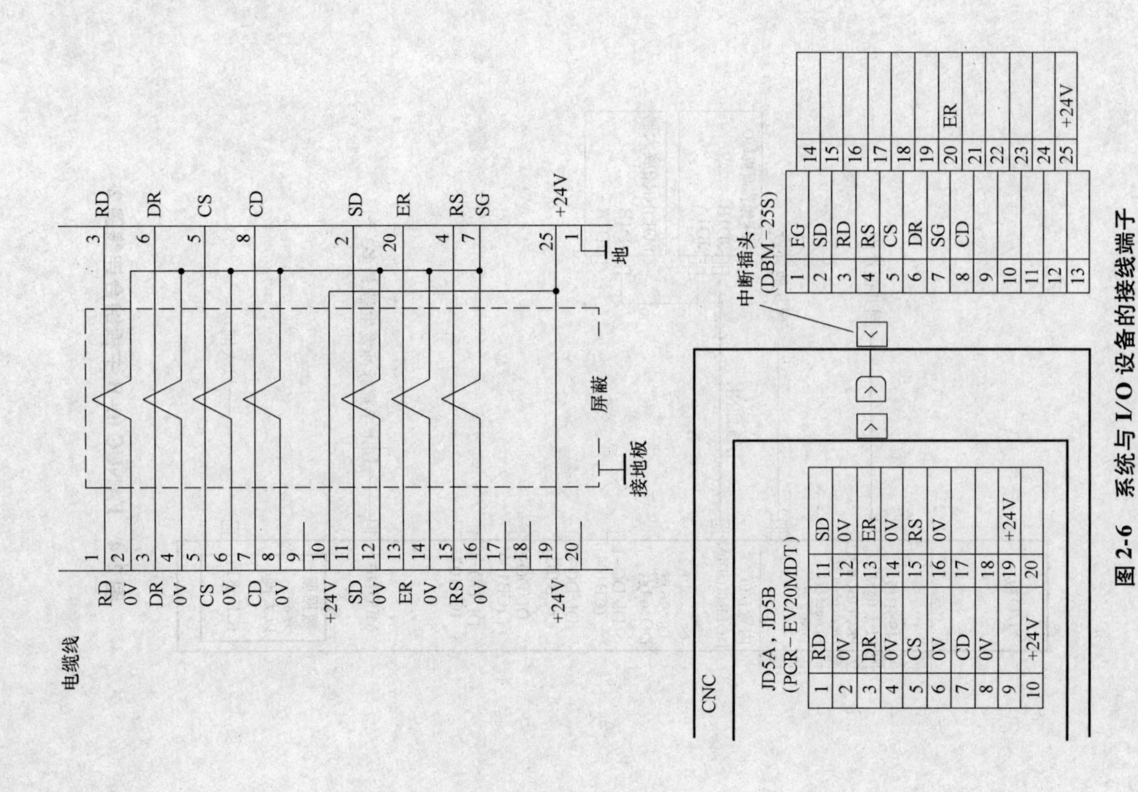

图 2-6　系统与 I/O 设备的接线端子

(3) 数控系统与主轴单元的连接及控制信号　数控系统可连接两类主轴单元，可连接FANUC串行主轴单元或使用模拟指令信号接口连接变频器，如图2-7所示。串行主轴接口连接图如图2-8所示，模拟主轴接口连接图如图2-9所示。系统配置串行主轴接口和模拟指令输出接口。根据系统类型最多可连接两个主轴：串行主轴+模拟输出接口，或双串行主轴。它们硬件的连接不同，同时还要调整相应系统参数才能激活接口。

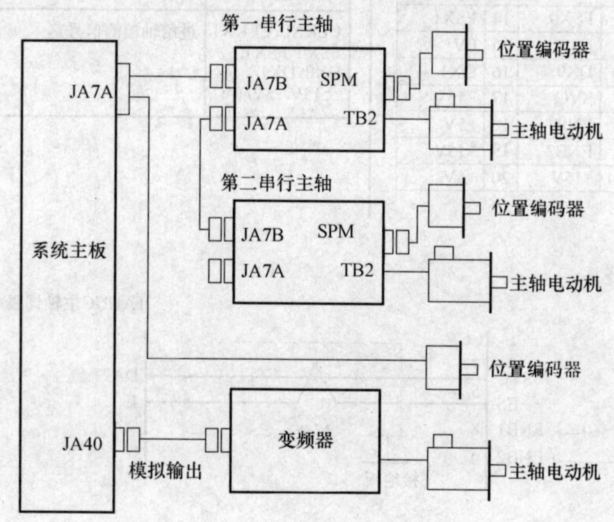

图2-7　系统与主轴的连接图

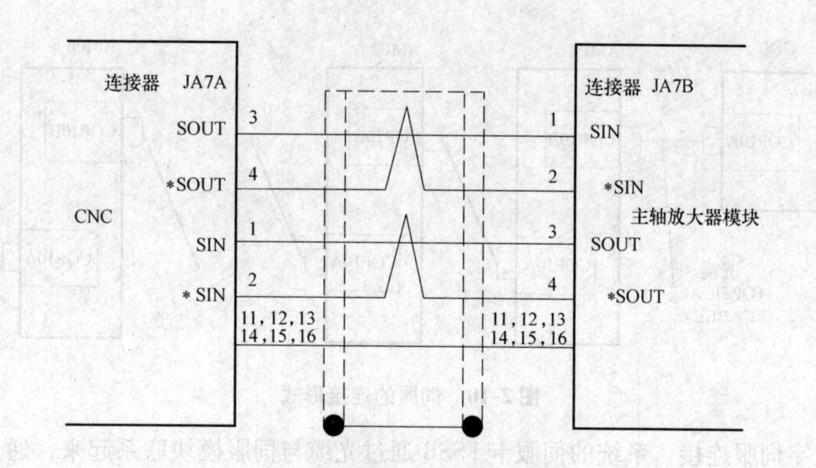

图2-8　串行主轴接口连接图

串行主轴接口可以连接数字主轴。数控系统发出的指令信息通过编码以串行的形式经SOUT、*SOUT端传入主轴驱动单元的SIN、*SIN，主轴驱动单元将控制信号进行串/并转换，再执行这些控制，主轴单元将自身的信息通过SOUT、*SOUT传入系统侧的SIN、*SIN信号。这种信息的交换，包含了所有发生在主轴与系统之间的信息。

模拟接口输出的速度指令是模拟指令电压，根据参数的设置可以让系统输出单极性或双极性的指令电压，即+/-10V、+10V或-10V。当使用双极性电压时，要配合使用使能信号（ENABLE）；当使用单极性电压时，要配合使用控制正反转的开关量控制信号，这些信号一般由PLC控制器发出。

CNC

JA8A(主板)
(PCR–EV20MDT)

1	0V	11	0V
2	CLKX0	12	CLKX1
3	0V	13	0V
4	FSX0	14	FSX1
5	ES	15	0V
6	DX0	16	DX1
7	SVC	17	–15V
8	ENB1	18	+5V
9	ENB2	19	+15V
10	+15V	20	+5V

信号名称	说明
SVC，ES	主轴公共电压和公共线
ENB1，ENB2	主轴使能信号
CLKX0，CLKX1，FSX0，FSX1，DX0，DX1，±15V，+5V，0V	进给轴检测信号

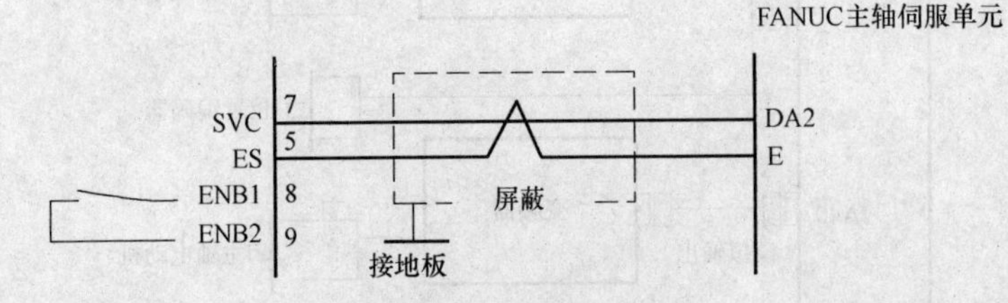

图 2-9　模拟主轴接口连接图

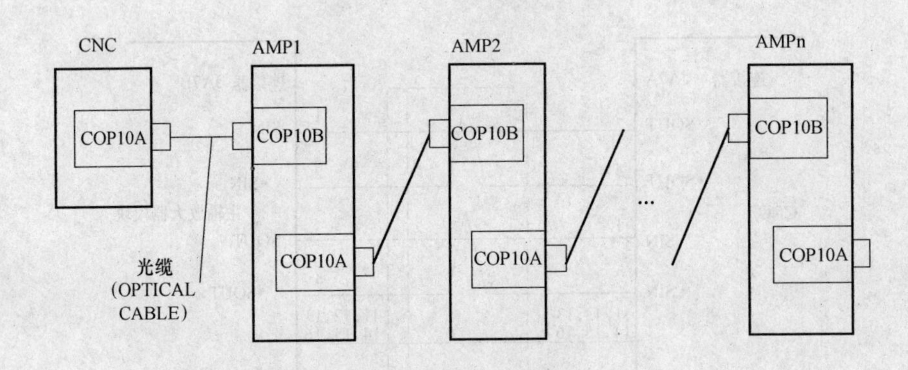

图 2-10　伺服的连接形式

（4）数字伺服连接　系统的伺服卡 FSSB 通过光缆与伺服模块联系起来，通过光缆传递指令信号和接收位置反馈信号。这种连接最多可连接 4 个轴。

伺服的连接形式如图 2-10 所示。

（5）I/O 连接：输入 /输出接口　系统的 I/O 板上共有内置的 4 个机床 I/O 接口：CB104 ~ CB107（见图 2-11），提供的 I/O 总点数是：96/64。当机床点数的规模超过这个数量时，可以通过 I/O LINK 连接一些分布式机床外设。其硬件接口信号如图 2-12 所示。

数控系统 PMC 的物理输入/输出点连接的是 I/O 板的接口 CB104 ~ CB107。输入点的机床连接图如图 2-12 所示。输入电路包括电平转换和光电隔离，RV 表示接收电路。输出点的电气连接图如图 2-13 所示。输出电路以输出元件的不同分为晶体管输出和场效应管输出，DV 表示驱动电路，即输出电路。

CB104
HIROSE50针

	A	B
01	0V	+24V
02	X0000.0	X0000.1
03	X0000.2	X0000.3
04	X0000.4	X0000.5
05	X0000.6	X0000.7
06	X0001.0	X0001.1
07	X0001.2	X0001.3
08	X0001.4	X0001.5
09	X0001.6	X0001.7
10	X0002.0	X0002.1
11	X0002.2	X0002.3
12	X0002.4	X0002.5
13	X0002.6	X0002.7
14		
15		
16	Y1000.0	Y1000.1
17	Y1000.2	Y1000.3
18	Y1000.4	Y1000.5
19	Y1000.6	Y1000.7
20	Y1001.0	Y1001.1
21	Y1001.2	Y1001.3
22	Y1001.4	Y1001.5
23	Y1001.6	Y1001.7
24	DOCOM	DOCOM
25	DOCOM	DOCOM

CB105
HIROSE50针

	A	B
01	0V	+24V
02	X0003.0	X0003.1
03	X0003.2	X0003.3
04	X0003.4	X0003.5
05	X0003.6	X0003.7
06	X0008.0	X0008.1
07	X0008.2	X0008.3
08	X0008.4	X0008.5
09	X0008.6	X0008.7
10	X0009.0	X0009.1
11	X0009.2	X0009.3
12	X0009.4	X0009.5
13	X0009.6	X0009.7
14		
15		
16	Y1002.0	Y1002.1
17	Y1002.2	Y1002.3
18	Y1002.4	Y1002.5
19	Y1002.6	Y1002.7
20	Y1003.0	Y1003.1
21	Y1003.2	Y1003.3
22	Y1003.4	Y1003.5
23	Y1003.6	Y1003.7
24	DOCOM	DOCOM
25	DOCOM	DOCOM

CB106
HIROSE50针

	A	B
01	0V	+24V
02	X0004.0	X0004.1
03	X0004.2	X0004.3
04	X0004.4	X0004.5
05	X0004.6	X0004.7
06	X0005.0	X0005.1
07	X0005.2	X0005.3
08	X0005.4	X0005.5
09	X0005.6	X0005.7
10	X0006.0	X0006.1
11	X0006.2	X0006.3
12	X0006.4	X0006.5
13	X0006.6	X0006.7
14	COM4	
15		
16	Y1004.0	Y1004.1
17	Y1004.2	Y1004.3
18	Y1004.4	Y1004.5
19	Y1004.6	Y1004.7
20	Y1005.0	Y1005.1
21	Y1005.2	Y1005.3
22	Y1005.4	Y1005.5
23	Y1005.6	Y1005.7
24	DOCOM	DOCOM
25	DOCOM	DOCOM

CB107
HIROSE50针

	A	B
01	0V	+24V
02	X0007.0	X0007.1
03	X0007、2	X0007.3
04	X0007.4	X0007.5
05	X0007.6	X0007.7
06	X0010.0	X0010.1
07	X0010.2	X0010.3
08	X0010.4	X0010.5
09	X0010.6	X0010.7
10	X0011.0	X0011.1
11	X0011.2	X0011.3
12	X0011.4	X0011.5
13	X0011.6	X0011.7
14		
15		
16	Y1006.0	Y1006.1
17	Y1006.2	Y1006.3
18	Y1006.4	Y1006.5
19	Y1006.6	Y1006.7
20	Y1007.0	Y1007.1
21	Y1007.2	Y1007.3
22	Y1007.4	Y1007.5
23	Y1007.6	Y1007.7
24	DOCOM	DOCOM
25	DOCOM	DOCOM

图2-11 接口CB104～CB107

当I/O基本配置不够使用时，可通过FANUC I/O LINK来扩展。FANUC I/O LINK是一个串行接口，将CNC控制器单元、分布式I/O、机床操作面板或Power Mate连接起来，并

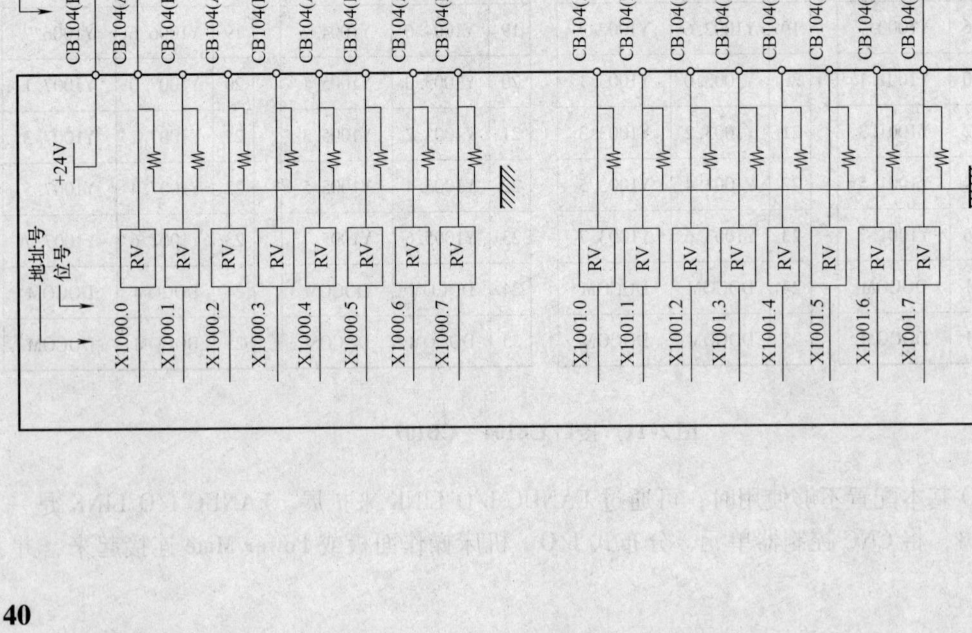

图 2-12　输入点的机床连接图

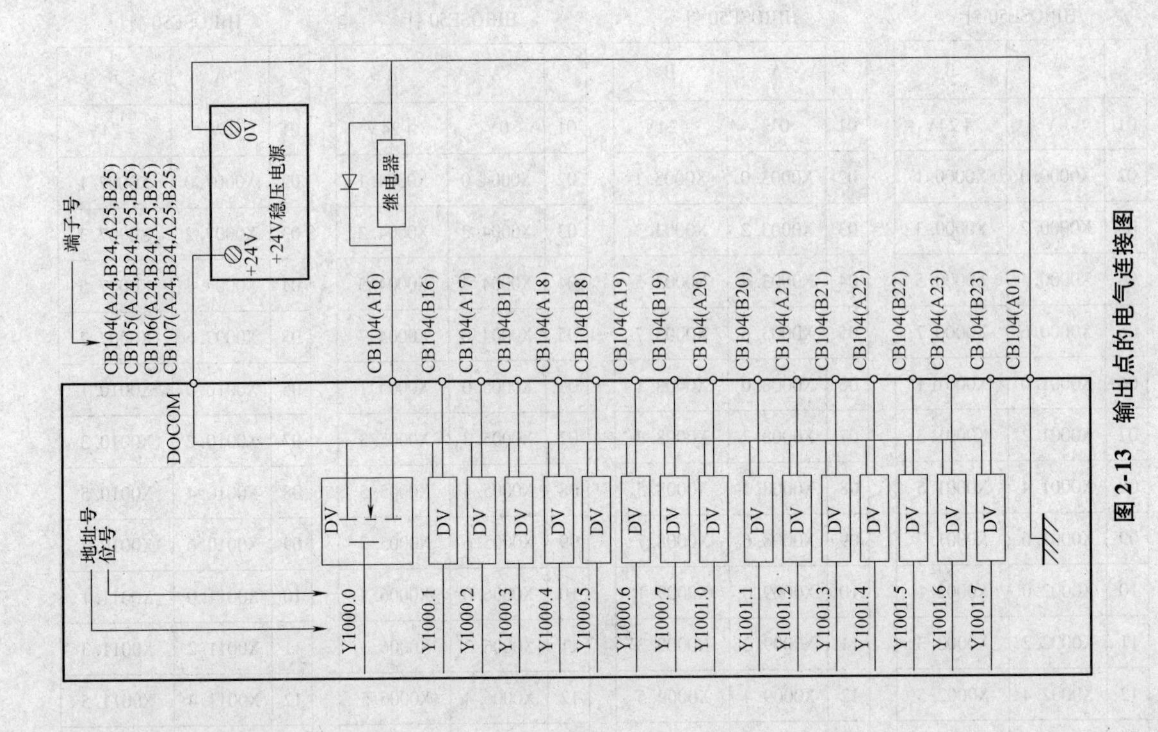

图 2-13　输出点的电气连接图

在各设备之间高速传送 I/O 信号。当连接多个设备时，FANUC I/O Link 将一个设备认为是主单元，其他作为子单元。子单元的输入信号每隔一定周期送到主单元，主单元的输出信号也每隔一定周期送至子单元。主单元与子单元的连接图如图 2-14 所示。

I/O LINK 的串行信号电缆连接图如图 2-15 所示。

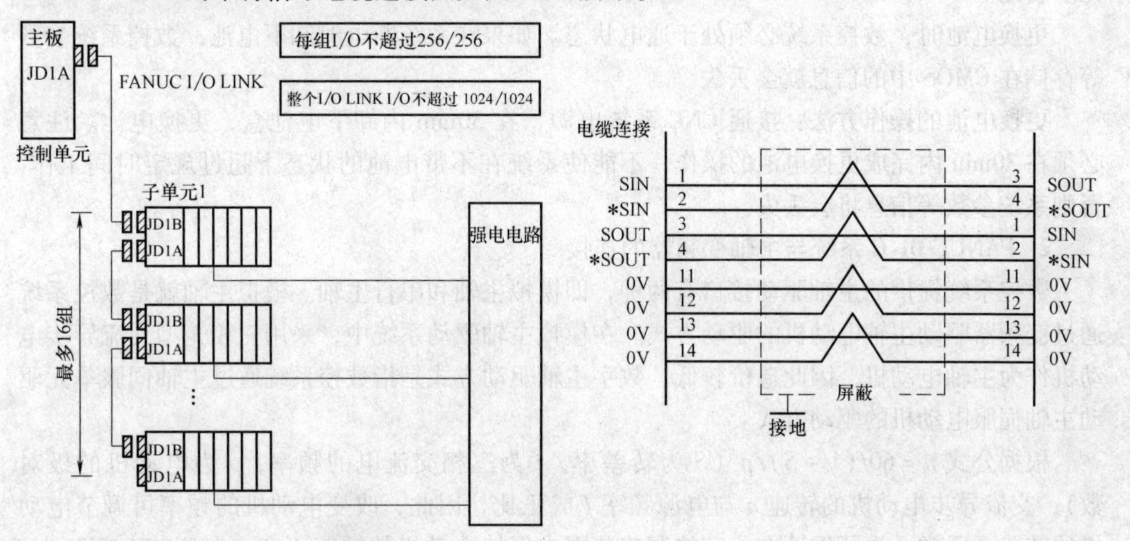

图 2-14 主单元与子单元的连接图　　图 2-15 I/O LINK 的串行信号电缆连接图

2.3 FANUC 0i-C 系统的结构及各部分的作用

FANUC 0i-C 系统可控制 4 个进给轴和一个伺服主轴（或变频主轴）。作为数控机床控制系统，FANUC 0i-C 系统包括基本控制单元、伺服放大器、伺服电动机等。

1. FANUC 0i-C 系统接口

FANUC 0i-C 系统背面如图 2-16 所示。FANUC 0i-C 系统主要接口功能：

（1）COP10A　伺服放大器 FSSB 接口。

（2）CA55　MDI 接口。

（3）JD36A、JD36B　RS232 串行通信接口。

（4）JA40　模拟主轴接口。

（5）JA41　I/O LINK 接口。

（6）JA44A　串行主轴接口。

（7）CP1　DC 24V 输入。

数控系统、I/O 设备的电源为 DC 24V；进给伺服系统的电源为 AC 200V。

零件程序、刀具偏置数据以及数控系统参数都保存在数控系统的 CMOS 存储器中，CMOS 存储器由装在数控系统上的锂电池供电，所以当系统不通电时，CMOS 存储器中

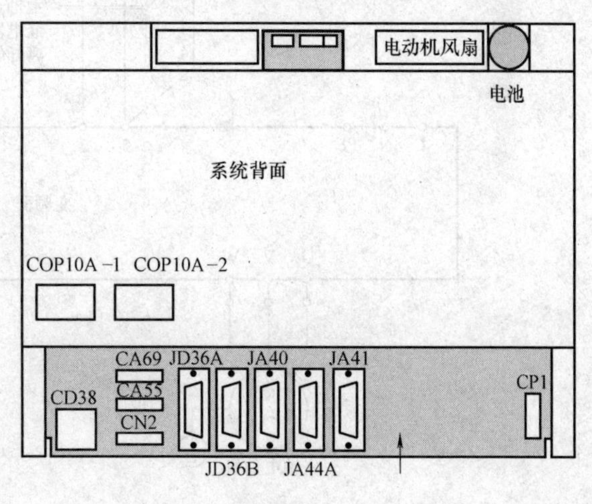

图 2-16 FANUC 0i-C 系统背面

保存的数据也不会丢失。锂电池的使用时间大约为1年。电池究竟能使用多久因系统配置而异。当电池电压变低时，系统界面上将显示［BAT］报警信息，同时电池报警信息被输出给PLC。如果发现电池报警，应尽快更换电池，否则，CMOS存储器中的内容就会丢失，系统无法启动。

更换电池时，数控系统必须处于通电状态。如果在系统断电时卸下电池，数控系统参数等存储在CMOS中的信息就会丢失。

更换电池的操作方法：接通CNC系统电源，在30min内卸下电池盒，更换电池。注意必须在30min内完成更换电池的操作，不能使系统在不带电池的状态下超过规定时间工作，否则系统参数等信息将会丢失。

2. FANUC 0i-C系统与主轴变频器的连接

数控系统提供的主轴驱动接口有两种，即模拟主轴和串行主轴。模拟主轴就是数控系统通过变频器驱动主轴电动机的驱动方式。在模拟主轴驱动系统中，采用三相笼型交流异步电动机作为主轴电动机，因此造价较低。数字主轴驱动方式是指数控系统通过主轴伺服单元驱动主轴伺服电动机的驱动方式。

根据公式 $n=60f(1-S)/p$（S 为转差率，f 为三相交流电的频率，p 为电动机的极对数），交流异步电动机的转速 n 与电源频率 f 成正比，因此，改变电动机的频率可调节电动机的转速。通常，为了保证在一定的调速范围内保持电动机的转矩不变，在调节电源频率 f 时，必须保持磁通 Φ 不变，由公式 $U\approx E=4.44fWK\Phi$（E 为电枢绕组的电势，W 为定子绕组每项串联匝数，K 为绕组系数）可知，$\Phi\propto U/f$，所以改变频率 f 的同时，改变电源电压 U，可以保持磁通 Φ 不变。目前，大部分变频器都采用了上述原理，同时改变 f 和 U 的方法来实现电动机转速 n 的调速控制，并使输出转矩在一定范围内保持不变。

（1）主轴变频器总连接图　变频器作为模拟主轴驱动单元与数控系统连接时，变频器接口信号总连接图如图2-17所示。图中，5和2端与数控系统模拟主轴驱动接口连接，接受来自数控系统的主轴转速控制信号。数控系统模拟主轴接口发送0~10V模拟电压信号，电压值随主轴转速而变化。STF、STR为控制主轴转向信号接口。数控系统根据用户编制的

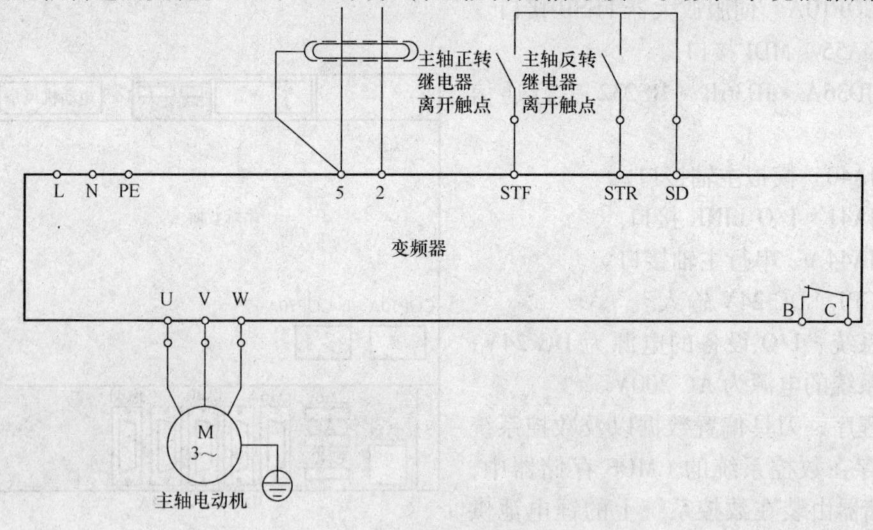

图2-17　变频器接口信号总连接图

加工程序或用户的控制指令，配合机床电气控制电路，控制 STF = 1 或 STR = 1，从而控制主轴电动机正转或反转。U、V、W 为变频器与主轴电动机电源接线端接口。

（2）主轴变频器硬件连接　通常交流变频器将普通电网的交流电能变为直流电能，再根据需要转换成相应的交流电能，驱动电动机运转。电动机的运转信息可以通过相应的传感元件反馈至变频器进行闭环调节。日本三菱公司生产的 FR-S500 变频器是具有免测速机矢量控制功能的通用型变频器。它可以计算出所需输出电流及频率的变化量以维持所期望的电动机转速，并且不受负载条件变化的影响。

FR-S500 变频器接线端子排列如图 2-18 所示。

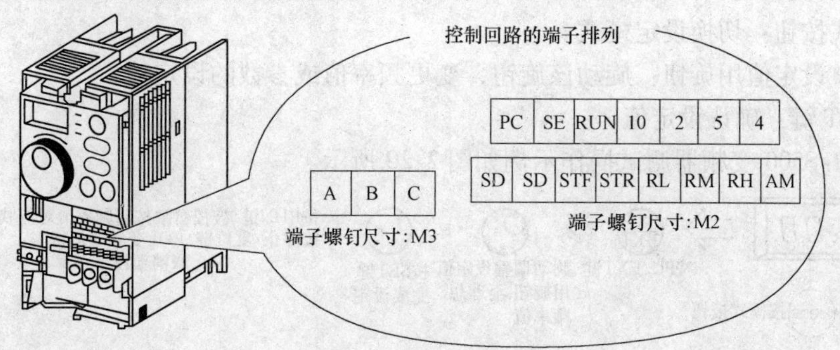

图 2-18　FR-S500 变频器接线端子排列

变频器电源接线位于变频器的左下侧，单相 220V AC 供电，接接线端子 L1、N 及接地 PE。

变频器电动机接线位于变频器的右下侧，接线端子 U、V、W 及接地 PE 引线接三相电动机。

（3）主轴变频器调试操作　三菱 FR-S500 变频器操作面板如图 2-19 所示。

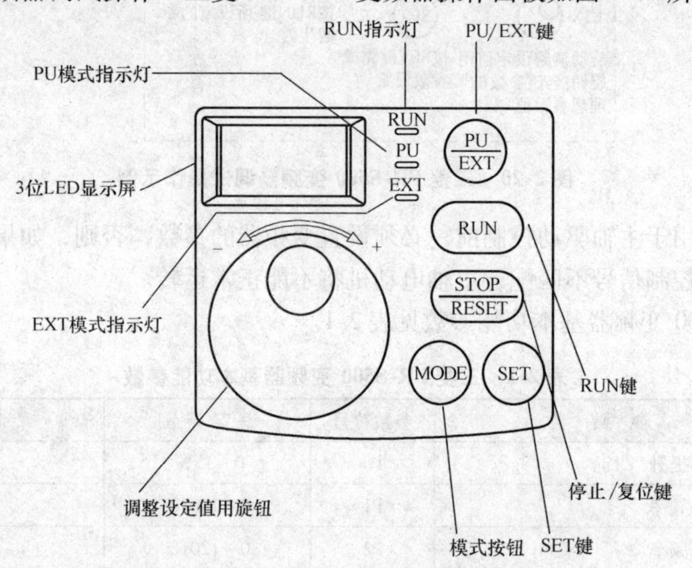

图 2-19　三菱 FR-S500 变频器操作面板

1）3 位 LED 显示屏：变频器正常工作时，LED 显示屏显示当前频率。当用户调整变频器参数时，LED 显示屏显示当前参数号。

2）RUN 指示灯：运行时，RUN 指示灯点亮或闪烁。

3）PU/EXT 键：当变频器处于 PU 模式时，变频器接受数控系统的控制信号进行工作；当变频器处于 EXT 外部操作模式时，变频器不受数控系统控制，而处于手动控制状态。调整变频器参数时，系统应处于 EXT 外部操作模式。

4）PU 模式指示灯：当系统运行于 PU 模式时，PU 指示灯点亮。

5）EXT 模式指示灯：当系统处于 EXT 外部操作模式时，EXT 指示灯点亮。

6）RUN 键：按下 RUN 键，新设定值生效，或控制变频器运行。

7）停止/复位键：控制变频器停止运行，或报警信息复位。

8）模式按钮：切换设定模式。

9）调整设定值用旋钮：旋动该旋钮，变更频率值或参数的设定值。

10）SET 键：确认设定值。

三菱 FR-S500 变频器调试操作示例如图 2-20 所示。

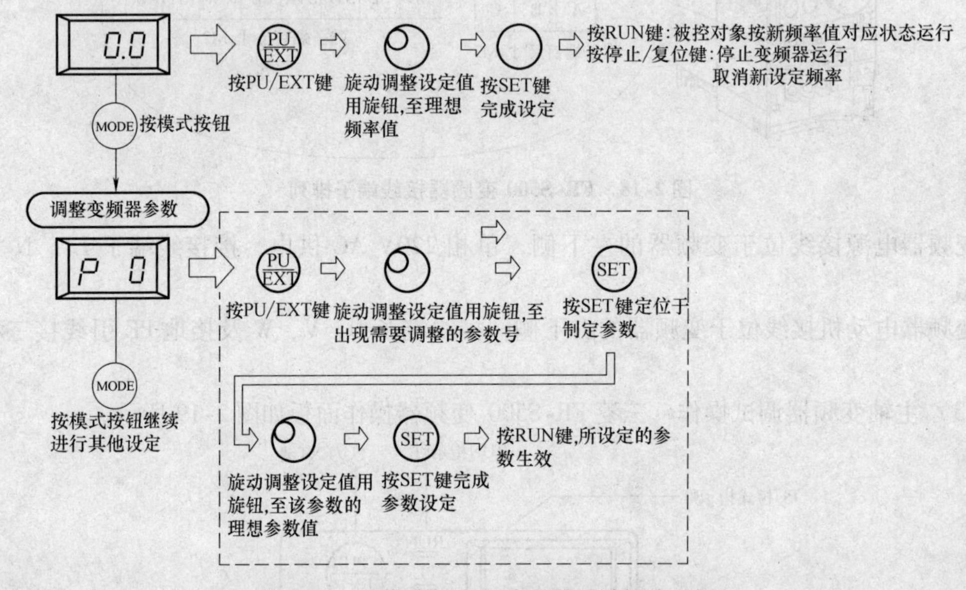

图 2-20 三菱 FR-S500 变频器调试操作示例

在将变频器用于主轴驱动控制前，必须设置变频器的参数，否则，如果变频器的参数和数控系统的主轴控制信号不匹配，主轴电动机将不能正常运转。

三菱 FR-S500 变频器基本功能参数见表 2-1。

表 2-1 三菱 FR-S500 变频器基本功能参数

参数号	参数名	参数符号	设定范围	出厂设定
0	转矩提升	P0	0～15%	6
1	上限频率	P1	0～120Hz	50Hz
2	下限频率	P2	0～120Hz	0Hz
3	基波频率	P3	0～120Hz	50Hz
4	3 速设定(高速)	P4	0～120Hz	50Hz
5	3 速设定(中速)	P5	0～120Hz	30Hz

（续）

参 数 号	参 数 名	参数符号	设 定 范 围	出 厂 设 定
6	3 速设定（低速）	P6	0～120Hz	10Hz
7	加速时间	P7	0～999s	5s
8	减速时间	P8	0～999s	5s
9	电子过电流保护	P9	0～50A	额定输出电流
17	用操作面板 RUN 键控制被控对象时，运行旋转方向选择	P17	0：正转 1：反转	0
73	模拟量输入选择	P73	0：0～5V DC 输入 1：0～10V DC 输入	
38	频率设定电压增益频率	P38		50Hz
30	扩展功能显示选择	P30	0，1	0
79	操作模式选择	P79	0～4，7，8	0

1）P30 扩展功能显示选择：0，系统仅显示基本功能；1，系统显示全部参数。

2）P79 操作模式选择：变频器的操作模式可以用外部信号操作，也可以用 PU 操作。任何一种操作模式都可以固定或组合使用。P79 设定值及参数含义见表 2-2。

表 2-2 P79 设定值及参数含义

设 定 值	内 容	
0	用 PU/EXT 键可切换 PU 操作或外部操作	
1	只能工作在 PU 状态下	
2	只能工作在外部操作状态下	
3	运行频率	信号启动
	用旋钮设定频率 多段速选择 4～20mA（仅当 AU 信号 ON 时有效）	启用外部端子 STF 和 STR
4	运行频率	信号启动
	外部端子信号（多段速、0～5V DC 等）	RUN 键
7	PU 操作互锁	
8	操作模式外部信号切换（运行中不可用）	

3）P1 上限频率：箝位输出频率的上限。可以将上限频率设为 120Hz，如果将上限频率设为 50Hz，则变频器不会产生高于 50Hz 的频率值。

4）P2 下限频率：箝位输出频率的下限。

5）P3 基波频率：电动机额定转矩时的基准频率。应根据电动机铭牌数据得到或算出。

6）P73 模拟量输入选择：设定值在 0～5V 和 0～10V 两种情况之间选择。P73 设定值及参数含义见表 2-3。

表 2-3 P73 设定值参数含义

设 定 值	端子 2 的输入电压规格
0	0～5V DC 输入
1	0～10V DC 输入

由于CNC的主轴控制模拟电压输出端只能输出0~10V模拟电压信号，所以应将P73设为1。

注意：P73参数设置错误会导致用户指令主轴转速值与实际转速值不符。

7）P38频率设定电压增益频率：设定来自外部的频率设定电压信号与频率的关系。

由于CNC输出的主轴模拟电压控制信号为0~10V的模拟电压信号，所以当CNC输出10V模拟电压时，主轴电动机产生最大转速，此时，电动机电源频率为P38中设定的频率。

如果P1上限频率中的设定值大于P38中的设定值，则频率箝制，主轴电动机的最高转速不会出现。

一般将P1上限频率设定值和P38设定值设为相同数值。

3. FANUC 0i-C系统与进给伺服系统的连接

（1）进给伺服驱动单元硬件连接　如图2-21所示，FANUC 0i-C系统βi系列伺服驱动器的接口主要包括：

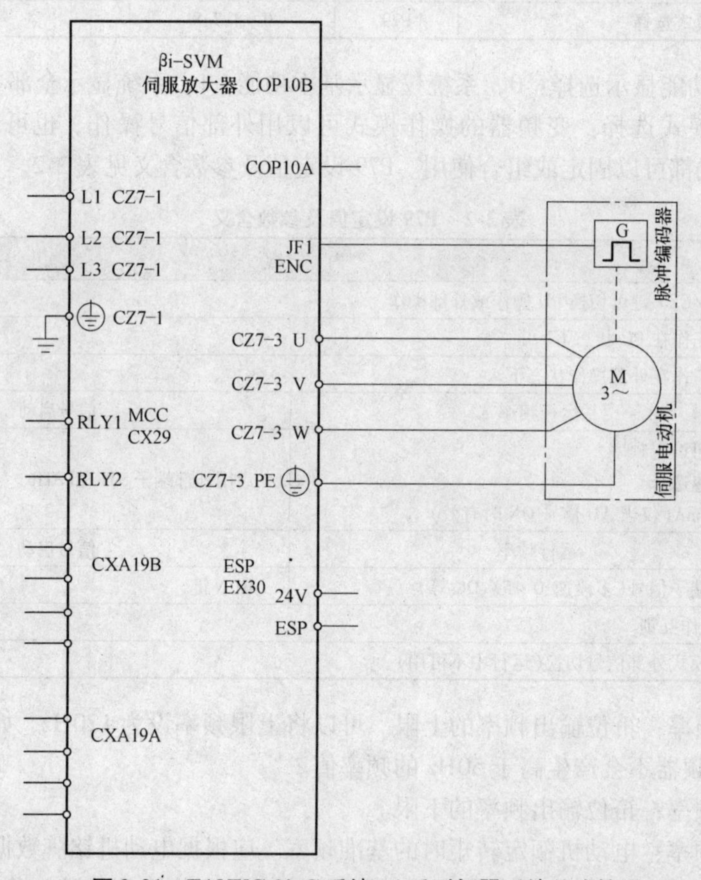

图2-21　FANUC 0i-C系统βi系列伺服系统总连接图

1）动力电源输入接口L1、L2、L3。根据伺服装置所驱动的电动机额定电压，确定输入伺服驱动器的动力电的电压值。

2）伺服系统连接伺服电动机的电源接口U、V、W。

3）伺服电动机反馈信号接口JF1。当前，数控系统的伺服装置普遍采用误差驱动的原理工作，即利用数控系统指令值与机床当前位置值的误差驱动各轴伺服放大器，进而驱动伺服电动机运动，直至误差为0，达到数控系统指令位置。所以，伺服装置必须具备接收电动机编码器产生的反馈信号的接口。

4）数控系统控制信号接口 COP10B。COP10B 与数控系统 COP10A 接口相连，接收 CNC 发出的指令信号。

5）伺服系统 COP10A 接口。用于将 CNC 控制指令传输到其他轴伺服驱动装置。

6）24V 电源输入接口 CXA19B。

7）ESP、MCC 信号接口。

（2）αi 系列伺服连接

αi 系列伺服由 PSM（Power Supply Module，电源模块）、SPM（Spindle amplifier Module，主轴放大器模块）、SVM（Servo amplifier Module，伺服放大器模块）三部分组成。αi 系列伺服连接如图 2-22 所示。

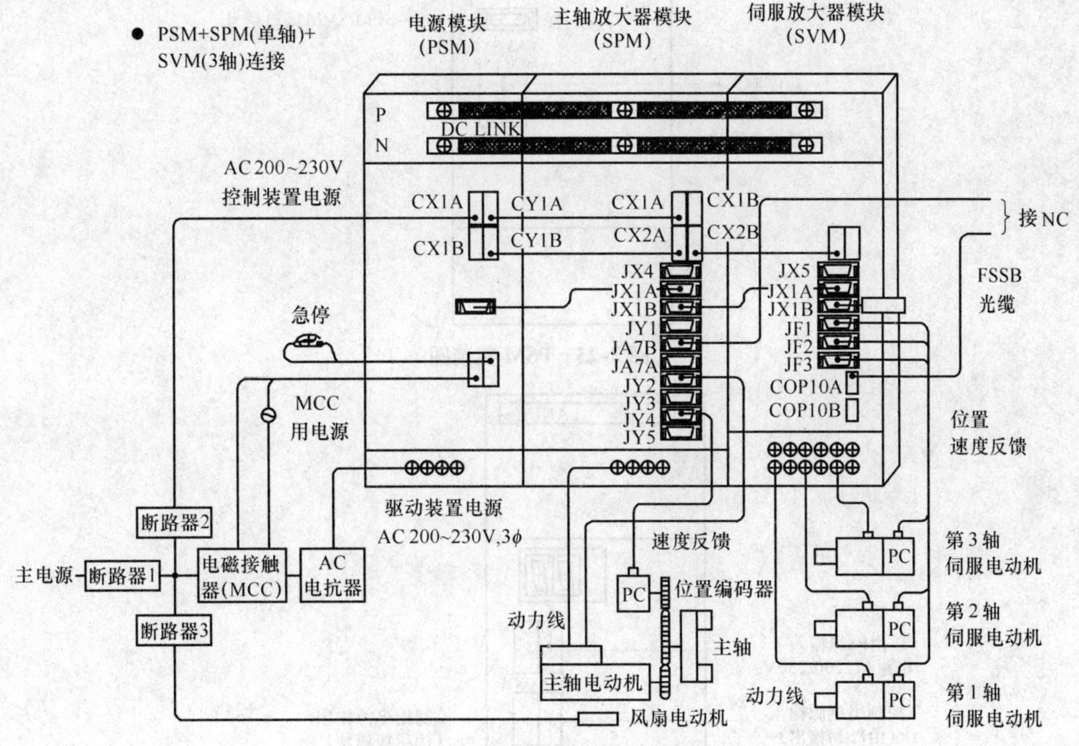

图 2-22 FANUC αi 系列伺服连接图

PSM 电源模块，为主轴伺服模块和进给伺服模块提供逆变直流电源的模块。三相 200V/230V 交流电输入后，经 PSM 模块处理，向直流母线排输送 DC 300V 电压供主轴和进给伺服放大器使用。另外，PSM 模块中还有输入保护电路，通过外部急停信号或内部继电器控制 MCC 主接触器，起到输入保护作用。

SPM 主轴放大器模块，接收 CNC 发出的串行主轴驱动指令，经变频调速控制向 FANUC 主轴电动机输出动力电。主轴放大器模块的 JY2 和 JY4 接口分别接收主轴速度反馈信号和主轴位置编码器信号。串行主轴的指令格式遵循 FANUC 主轴产品通信协议，串行主轴又被称为数字主轴。

SVM 伺服放大器模块，通过 FSSB 接收来自 CNC 的伺服轴控制指令，驱动进给轴伺服电动机按指令运转。同时 JFn 接口接收伺服电动机编码器反馈信号，并将位置信息通过 FSSB 光缆再反馈给 CNC，FANUC SVM 模块最多可以驱动三个伺服电动机。

PSM、SPM、SVM 的实装图如图 2-23 ~ 图 2-25 所示。

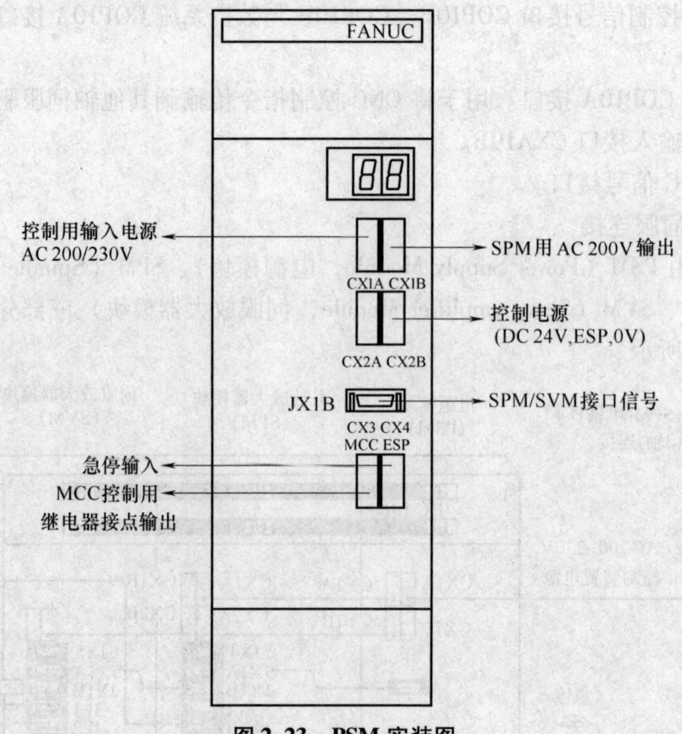

图 2-23　PSM 实装图

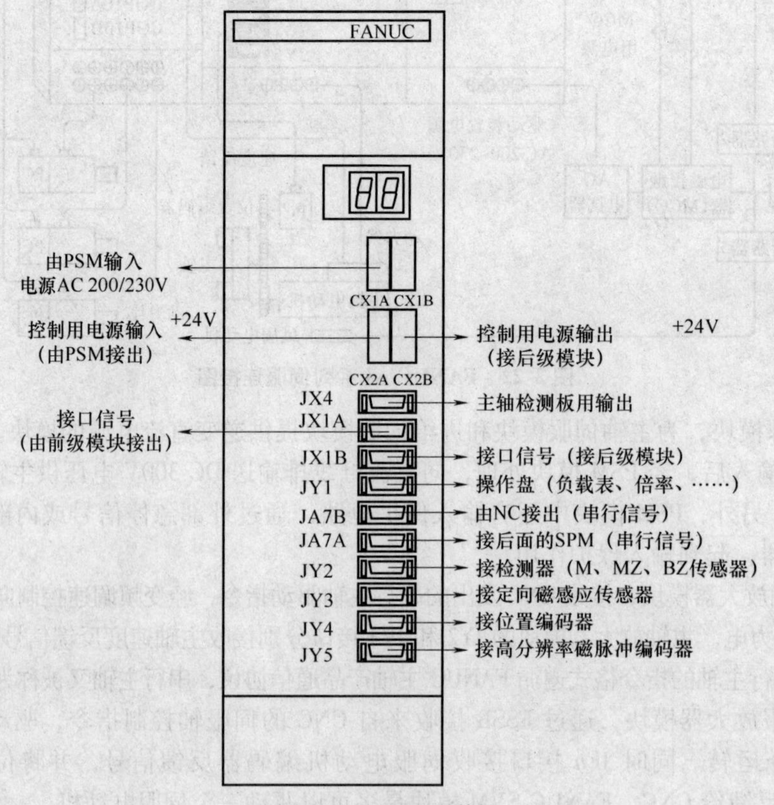

图 2-24　SPM 实装图

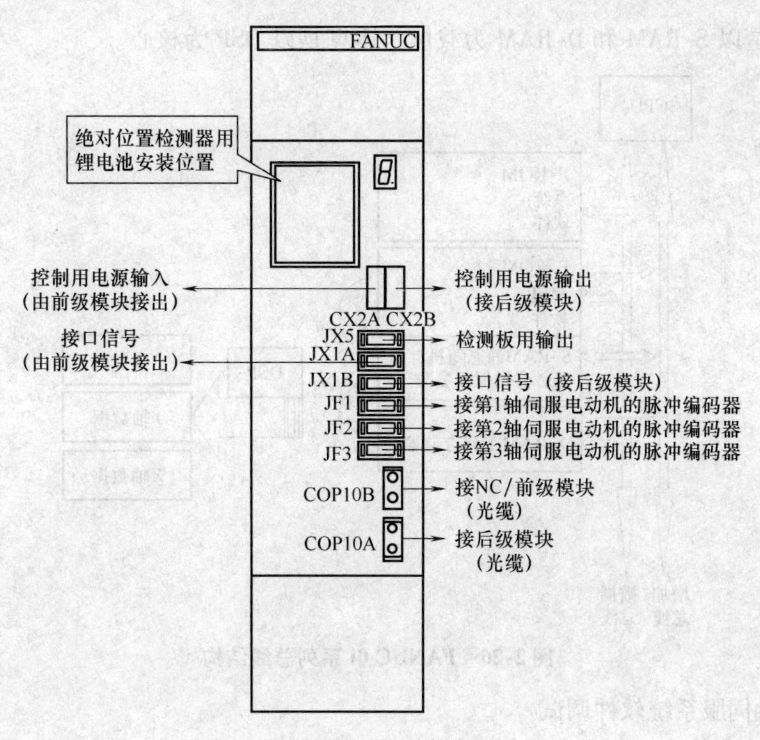

图 2-25　SVM 实装图

驱动部分的通电过程主要包括：

1）接入 2 相 200V 控制电源。

2）急停信号释放。

3）如果没有 MCC 断开信号，MCCOFF 变为 0。

4）外部 MCC 接触器吸合。

5）3 相 200V 动力电源接入。

6）发出 * CRDY 就绪信号，* CRDY = 0 表示就绪。

7）如果伺服放大器准备就绪，发出 * DRDY 信号，* DRDY = 0 表示数字伺服就绪。

8）发出 SA（Servo Already）信号，完成通电过程。

伺服系统的工作大多以软件方式完成。FANUC 0i 系列总线结构如图 2-26 所示。主 CPU 管理整个控制系统，系统软件和伺服软件装载在 F-ROM 中，在系统加载伺服状态下，F-ROM 中装载的伺服数据包括 FANUC 所有电动机的型号规格，具体到某一台机床的某一个轴，其伺服数据是唯一的，仅符合这个电动机规格的伺服参数。例如，某机床 X 轴电动机为 αi12/3000，Y 轴和 Z 轴电动机为 αi22/2000，X 轴通道与 Y 轴和 Z 轴通道所需的伺服数据是不同的。

FANUC 系统加载伺服数据的过程主要包括：

1）在首次调试时，确定各伺服通道的电动机规格，将相应的伺服数据写入 S-RAM（静态随机存储器）中，即“伺服参数初始化”。

2）每次通电时，由 S-RAM 向 D-RAM（工作存储器）写入相应的伺服数据，工作时进行实时计算。

3）软件是以S-RAM和D-RAM为载体，运算是以DSP为核心。

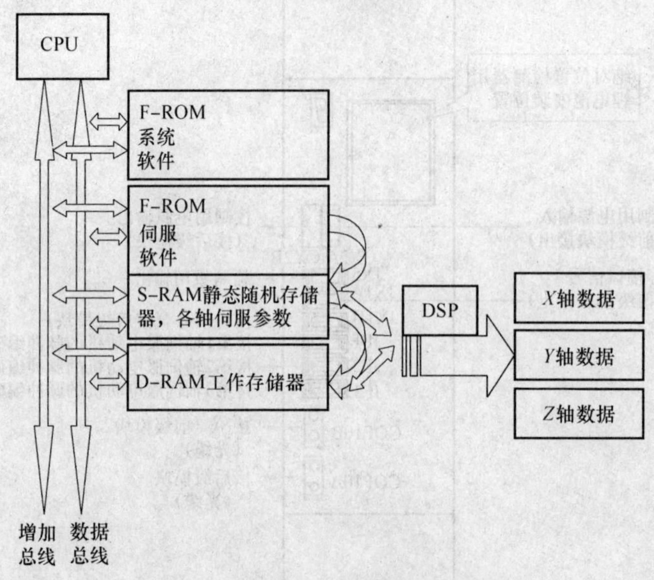

图2-26 FANUC 0i系列总线结构

（3）进给伺服系统软件调试

1）伺服系统参数。数控系统参数中有很多伺服参数，伺服系统的正常工作要求正确设置相关数控系统伺服参数。

数控系统主要伺服参数及其含义见表2-4。

表2-4 数控系统主要伺服参数及其含义

序号	参数号	参数含义	设定值	说明
1	1001	米/寸制输入选择参数	0	米制输入
2	1004	最小输入单位控制参数	00000000	0.001mm为最小输入单位
3	1010	CNC控制轴数	根据机床联动轴数设定	受CNC控制的伺服轴可实现联动
4	1020	各伺服轴名称设定	88:X轴 89:Y轴 90:Z轴 85:U轴 86:V轴 87:W轴 65:A轴 66:B轴 67:C轴	根据参数1010中设定的机床轴数，设定这些轴的名称
5	1022	基本坐标系中各轴的顺序	0:既不是X、Y、Z轴，也不是平行轴 1:标准坐标系X轴 2:标准坐标系Y轴 3:标准坐标系Z轴 5:X轴的平行轴 6:Y轴的平行轴 7:Z轴的平行轴	可以使用系统默认值

（续）

序号	参数号	参数含义	设定值	说明
6	1023	各轴的伺服轴号		设定各控制轴为对应的第几号伺服轴
7	1420	设定各轴快速运行速度		各轴 G00 运行速度
8	1423	设置各轴手动连续进给（JOG进给）的进给速度		
9	1424	设置各轴的手动快速运行速度		设置 JOG 状态时，按下快速进给按钮，各伺服轴的运动速度
10	1800	位置控制就绪信号 PRDY 接通前，速度控制信号 VRDY 先接通时，是否出现伺服报警		
11	1825	各轴的伺服环增益	如 3000	应将各轴的伺服环增益设为相同值
12	1826	设定各轴的到位宽度	如 100	该参数影响程序执行的连贯性
13	1827	设定各轴切削进给的到位宽度	如 100	
14	1828	设定各轴移动中的最大允许位置偏差量	如 30000	
15	1829	各轴停止中的最大允许位置偏差量	如 20	
16	1830	各轴关断时允许的最大位置误差	如 20	
17	1851	各轴反向间隙补偿量	初始化调试时，可以将其设为系统允许的最大输入值完成初始化调试后，根据测量值设定此参数	

① 基本轴参数的设置

	#7	#6	#5	#4	#3	#2	#1	#0
1001								INM

［数据形式］ 位型

INM：米/寸制输入选择参数，设定编程时输入数据的单位是米制还是寸制。

0：米制输入

1：寸制输入

	#7	#6	#5	#4	#3	#2	#1	#0
1004	IPR						ISC	ISA

［数据形式］ 位型

ISC、ISA：最小输入单位控制参数。

最小输入单位可以在 0.01mm（IS-A）、0.001mm（IS-B）、0.0001mm（IS-C）三种设

定单位中选择，具体设定方法见表2-5。

表2-5 最小输入单位参数设定表

ISC	ISA	最小输入单位，最小移动单位	简　称
0	0	0.001mm、0.001deg或0.0001in	IS-B
0	1	0.01mm、0.01deg或0.001in	IS-A
1	0	0.0001mm、0.0001deg或0.00001in	IS-C

控制轴数及轴名称参数

1010	CNC控制轴数

8130	CNC总控制轴数

1020	各轴名称

各轴编程名称的设定见表2-6。

表2-6 轴名称参数设定表

轴　名	设 定 值	轴　名	设 定 值	轴　名	设 定 值
X	88	U	85	A	65
Y	89	V	86	B	66
Z	90	W	87	C	67

1022	基本坐标系中各轴的顺序

[数据形式]　字节轴型

设定各控制轴是基本坐标系中的基本三轴，即X、Y、Z中的一轴，还是与这些轴平行的轴。以便确定圆弧插补中，刀具补偿C以及刀尖R补偿所在的平面。

参数1022各设定值的含义见表2-7。

表2-7 参数1022各设定值的含义

设 定 值	含　义
0	既不是基本坐标系中的3轴，也不是平行轴
1	基本坐标系中3轴的X轴
2	基本坐标系中3轴的Y轴
3	基本坐标系中3轴的Z轴
5	X轴的平行轴
6	Y轴的平行轴
7	Z轴的平行轴

1023	各轴的伺服轴号

［数据形式］ 字节轴型

［数据范围］ 1，2，3…

通常控制轴号与伺服轴号设定值相同。

② 伺服轴进给速度设定参数

1420	各轴快速进给速度

［数据形式］ 双字节轴型

设定快速进给倍率为100%时各轴快速进给速度。

1423	各轴手动连续进给（JOG）时的进给速度

［数据形式］ 字轴型

设定手动连续进给倍率为100%时各轴手动连续进给速度。

1424	各轴手动快速进给速度

［数据形式］ 字轴型

设定快速进给倍率为100%时各轴快速进给速度。

③ 与误差过大相关的参数。当伺服轴误差过大时，会出现411#、421#报警以及410#、420#报警。之所以会出现误差过大问题，有可能是下列参数设置不合理。

1826	各轴到位宽度

［数据形式］ 字轴型

［数据单位］ 0.01/s

［数据范围］ 1～32767

设定各轴的到位误差宽度。到位误差宽度的含义如图2-27所示。

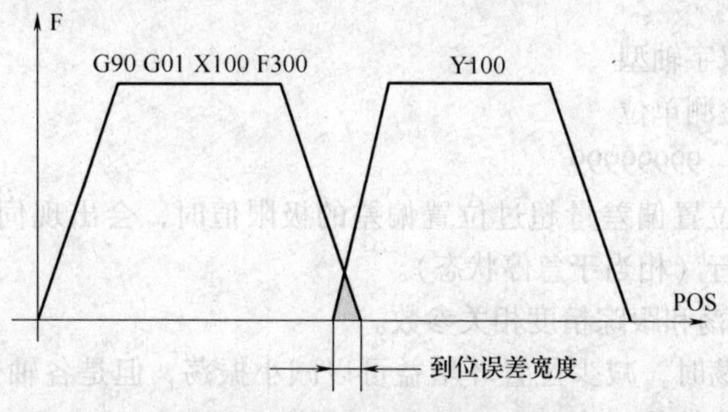

图2-27 到位误差宽度的含义

各轴到位宽度即机床位置与指令位置的差（位置偏差量的绝对值），当机床实际位置与指令值的差比到位宽度小时，即认为到位了。

1827	各轴切削进给的到位宽度

[数据形式]　字轴型

[数据单位]　检测单位

[数据范围]　1～32767

当机床执行G01、G02、G03等切削指令时，指令位置与刀具位置（反馈位置）的差值，即为切削进给的到位宽度。

当参数No.1801的第4位CCI为1时此参数有效。

1828	各轴移动中的最大允许位置偏差量

[数据形式]　双字轴型

[数据单位]　检测单位

[数据范围]　0～99999999

设定各轴移动中的最大允许位置偏差量。伺服轴在移动过程中指令值和刀具实际位移（反馈数据）的最大允差值。位置偏差量超过移动中的最大允许位置偏差量时，会出现伺服报警并立刻停止运行（和急停时相同）。通常在参数中设定快速进给的位置偏差量时考虑了富余量。

1829	各轴停止时的最大允许位置偏差量

[数据形式]　字轴型

[数据单位]　检测单位

[数据范围]　0～32767

设定各轴停止时的最大允许位置偏差量。

停止中位置偏差量超过停止中的最大允许位置偏差量时，会出现伺服报警并立刻停止运行（和急停时相同）。

1830	各轴关断时允许的最大位置偏差

[数据形式]　双字轴型

[数据单位]　检测单位

[数据范围]　0～99999999

当伺服关断时的位置偏差量超过位置偏差的极限值时，会出现伺服报警410#、420#、4*n*0#，并立即停止运行（相当于急停状态）。

④ 调整全闭环振荡和跟踪精度相关参数。

当出现全闭环振荡时，减少位置环增益可以减小振荡，但是各轴位置环增益不宜低于2000，否则跟踪精度非常差。

在进行直线与圆弧等插补（切削加工）时，应将所有轴设定相同的值，否则直线的斜率和圆弧会失真。

如果机床只做定位，各轴的伺服环增益可设定不同的值。

环路增益越大，则位置控制的响应越快，但如果增益太大，伺服系统不稳定。

1825	各轴伺服环增益（位置环增益）

［数据形式］　字轴型

［数据单位］　0.01/s

［数据范围］　0～9999

设定各轴的位置控制环的增益，即伺服系统位置环的放大倍数。

位置环增益（位置偏差量）和进给速度的关系为

位置偏差量=进给速度/(伺服环增益×60)

式中，位置偏差量的单位为mm、in或deg；进给速度的单位为mm/min、in/min、deg/min；伺服环增益的单位为s^{-1}。

当机床由于机械间隙引起振荡时，可以通过适当减小伺服环位置增益减少机床的振荡，但这样同时损失了机床的定位精度。

2）伺服系统初始化调试操作。检查系统、伺服驱动单元和电动机的硬件连接是否正确，然后接通数控系统电源。

伺服参数的初始化设置，调用系统伺服初始化界面的操作步骤主要包括：

① 在紧急停止状态，接通电源。

② 按SYSTEM键、扩展键、SV. PARA键，系统显示图2-28所示的伺服初始化设定界面。

```
伺服设定                        O0001 N00000
                          X 轴        Y 轴
初始化设定位              00001010    00001010
电机代码.                      156         156
AMR                       00000000    00000000
指令倍乘比                       2           2
柔性齿轮比 N                     1           1
(N/M)      M                   200         200
方向设定                      -111         111
速度反馈脉冲数.               8192        8192
位置反馈脉冲数.              12500       12500
参考计数器容量                5000        5000
)^                            OS100% L    0%
MDI **** *** ***          17:39:36
( SV.SET )( SV.TUN )(        )(        )(      )
```

图2-28　伺服初始化设定界面

③ 使用光标及翻页键，输入初始设定时必要的参数。伺服系统主要初始化参数：

（a）初始设定位2000

#3（PRMCAL）1：进行参数初始设定时，自动变成1。系统根据脉冲编码器的脉冲数自动计算下列值：

PRM 2043（PK1V），PRM 2044（PK2V），PRM 2047（POA1），PRM 2053（PPMAX），PRM 2054（PDDP），PRM 2056（EMFCMP），PRM 2057（PVPA），PRM 2059（EMFBAS），PRM 2074（AALPH），PRM 2076（WKAC）。

#1（DGPRM）0：进行数字伺服参数的初始化设定。

　　　　　　1：不进行数字伺服参数的初始化设定。

#0（PLC01）0：使用参数2023、2024的设定值。

1：在内部把参数2023、2024的设定值乘10倍。

(b) 电动机ID号，对应参数2020，将各轴的电动机类型号写入该参数。

(c) 任意AMR功能，对应参数2001（设定为00000000）。

(d) 指令倍乘比CMR，对应参数1820。

(e) 柔性齿轮比N/M，根据各轴丝杠的螺距以及进给轴传动链结构设定柔性齿轮比。N为柔性齿轮比的分子，与参数2084对应；M为柔性齿轮比的分母，与参数2085对应。

(f) 移动方向，对应参数2022，正方向设定为111，反向设定为-111。

(g) 速度脉冲数，对应参数2023，设定为8192。

(h) 位置脉冲数，对应参数2024，设定为12500。

(i) 参考计数器，对应参数1821，设定为各轴的参考计数器的容量。

④ 重启系统，初始化参数生效。

3）伺服系统的诊断号及其含义

① 诊断号200

OVL	LV	OVC	HCA	HVA	DCA	FBA	OFA

OVL：发生过载报警（详细内容显示在诊断号201上）。

LV：伺服放大器电压不足的报警。

OVC：在数字伺服内部，检查出过流报警。

HCA：检测出伺服放大器电流异常报警。

HVA：检测出伺服放大器过电压报警。

DCA：伺服放大器再生放电电路报警。

FBA：发生了断线报警。

OFA：数字伺服内部发生了溢出报警。

② 诊断号201

ALD			EXP				

当诊断号200的OVL为1时

ALD：1，电动机过热；0，伺服放大器过热。

诊断号201的相关故障现象见表2-8。

表2-8　编码器相关故障的诊断号

当诊断号200的FBA为1时ALD	EXP	报警内容
1	0	内装编码器断线
1	1	分离式编码器断线
0	0	脉冲编码器断线

③ 诊断号203

				PRM			

PRM：数字伺服侧检测到报警，参数设定值不正确。

④ 诊断号 204

	OFS	MCC	LDA	PMS			

OFS：数字伺服电流值的 A/D 转换异常。

MCC：伺服电磁接触器的接点熔断了。

LDA：LED 表明串行编码器异常。

PMS：由于反馈电缆异常导致的反馈脉冲错误。

4）伺服系统的报警号

① 报警号 417。

报警产生原因：当第 n 轴处在下列状况之一时发生此报警。

参数 2020 设定在特定限制范围以外。

参数 2022 没有设定正确值。

参数 2023 设定了非法数据。

参数 2024 设定了非法数据。

参数 2084 和参数 2085（柔性齿轮比）没有设定。

参数 1023 设定了超出范围的值或设定了范围内不连续的值，或设定隔离的值。

PMC 轴控制中，转矩控制参数设定不正确。

② 报警号 5136。

报警产生原因：与控制轴的数量比较，FSSB 认出的放大器的数量不够。

③ 报警号 5137。

报警产生原因：FSSB 进入了错误方式。

④ 报警号 5138。

报警产生原因：在自动设定方式，还没完成轴的设定。

⑤ 报警号 5139。

报警产生原因：伺服初始化没有正常结束。

2.4　伺服系统硬件连接实训课题

2.4.1　CNC 系统硬件连接

FANUC 数控系统、伺服系统一般需要 200V AC 电源和 24V DC 电源，试设计数控系统电源输入控制电路，并按照提示，完成系统通电、断电操作。

1. 系统通电前线路检查

1）用万用表 ACV 档测量 AC 200V 是否正常：断开各变压器次级，用万用表交流电压测量档测量各次级电压是否正常，如正常将电路接通。

2）用万用表 DCV 档测量开关电源输出电压是否正常（DC 24V）：断开直流 24V 输出端，给开关电源通电，用万用表 DCV 档测量其电压，如正常继续操作。

3）断开电源，用万用表电阻档测量各电源输出端对地是否短路。

4）按图样要求将电路接通。

2. 系统电源的接通顺序

按如下顺序接通各单元的电源或全部同时接通。

1）机床的电源（200V AC）。

2）伺服放大器的控制电源（200V AC）。

3）I/O 设备；显示器的电源；CNC 控制单元的电源（24V DC）。

3. 系统电源的关断顺序

按如下顺序关断各单元的电源或全部同时关断。

1）I/O 设备；CNC 控制单元的电源（24V DC）。

2）伺服放大器的控制电源（200V AC）。

3）机床的电源（200V AC）。

4. 数控系统电源信号的连接

1）在各个伺服模块的 L1、L2、L3 端子上同时接入 AC 200V 的电压，CXA19A 插头上接入 DC 24V 的电压。

2）在数控系统主板的 CP1、I/O 模块的 CP1 插头上接入 DC 24V 的电源。

5. 数控系统与外围设备的连接

1）数控系统主板上的 JA7A 插头连接到主轴伺服单元；将主轴电动机编码器信号接口连接到 JYA2。

2）将 FANUC 0i-C 系统基本单元的 JD1A 插头通过 I/O LINK 电缆连接到外置 I/O 模块。

6. 数控系统与主轴变频器的连接

1）系统基本单元的 JA40 插头连接到变频器的转速指令输入接口。

2）在变频器 R、S、T 端子上接入 220V/380V 电压，STF、STR 端子上接入正、反转信号，U、V、W 端子接主轴电动机动力线。

7. 数控系统与伺服放大器的连接

1）系统基本单元的 COP10A 插头通过光缆连接到伺服单元的 COP10B。

2）伺服单元的 U、V、W 端子上接入伺服电动机的动力线。

3）伺服单元的 CX30 插头上接入急停信号。

4）伺服单元的 CX29 插头上接入控制驱动主电源的接触器线圈。

5）伺服单元的 CX19 插头上接入驱动控制电源 24V DC。

2.4.2 伺服系统异常及其故障排除

1. 伺服参数初始化参数设置

调用伺服系统初始化参数设置界面，完成伺服参数初始化参数设置。

2. 伺服参数设置异常实验

1）将伺服参数 1023 改成 4，关机，再开机，观察系统的变化，注意报警号。

2）将一个进给轴伺服模块 COP10B 插头上的光缆线拔下来，观察系统出现的报警号，并分析原因。

3）当伺服出现 417 报警时，试分析原因，并提出故障排除的方案。

2.4.3　控制主轴用变频器设置及故障排除

1. 变频器操作实验

1）用操作面板对变频器进行正转、反转、停止、改变电动机转速等控制。

2）用NC系统对变频器进行控制，正转、反转、停止、改变电动机转速等，同时通过拨码开关断开主轴、正转、反转，用模拟量信号观察主轴的运行情况。

2. 变频器参数设置实验

完成变频器参数设置，实现主轴按照程序中指令转速值稳定运行。

第3章 FANUC 0i 系统参数设定

3.1 系统参数基本设定方法

3.1.1 参数画面的调出方法

1. 参数画面的显示

在 MDI 面板上按下功能键 SYSTEM。参数画面如图 3-1 所示。

如果按下了 SYSTEM 功能键但没有显示出参数画面，需要按下“<”（菜单向前翻页）软键，直到出现［参数］软键为止，再按下［参数］软键。

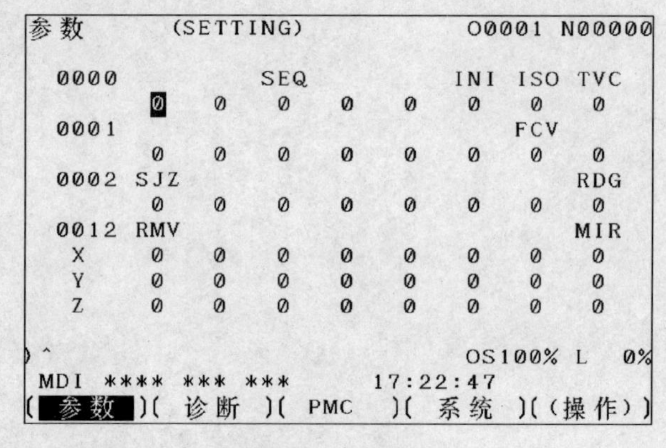

图 3-1 参数界面

2. 按参数号检索参数

在调出参数画面后，可以通过 PAGE↑ PAGE↓ 键来浏览参数画面，也可以输入参数号，快速检索参数。操作步骤主要包括：

1）按下 MDI 面板上的 SYSTEM 功能键，调出系统参数画面。

2）在 MDI 面板上依次按键，输入参数号，如 1420：1 4 2 0，如图3-2所示。

3）按［搜索］软键，便可调出 1420 号参数所在画面，如图 3-3 所示。

```
参数     (SETTING)              O0001 N00000

 0000           SEQ           INI  ISO  TVC
        0    0    0    0    0    0    0    0
 0001                              FCV
        0    0    0    0    0    0    0    0
 0002 SJZ                                RDG
        0    0    0    0    0    0    0    0
 0012 RMV                                MIR
   X    0    0    0    0    0    0    0    0
   Y    0    0    0    0    0    0    0    0
   Z    0    0    0    0    0    0    0    0

)1420^                          OS100% L   0%
 MDI **** *** ***       17:23:14
( 搜索 )( ON:1 )(OFF:0 )(+输入 )( 输入 )
```

图 3-2 参数检索操作 1

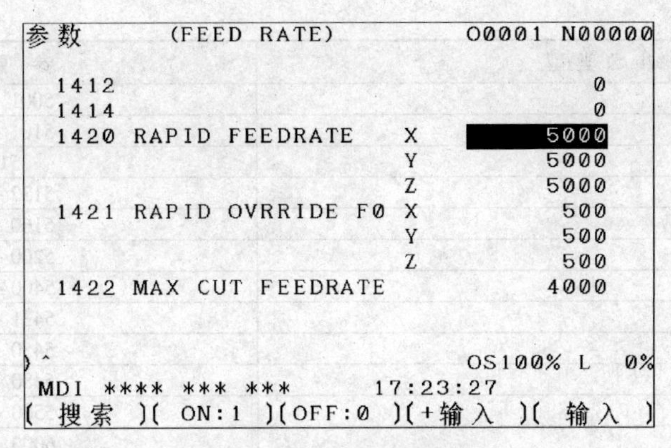

图3-3　参数检索操作2

3. 参数的形式

系统参数有四种形式，见表3-1。

表3-1　参数的形式

数据形式	参数值	说明
位型	0或1	
位轴型		
字节型	-128~127	有些参数中不使用符号
字节轴型	0~255	
字型	-32768~32767	
字轴型	0~65535	
双字型	-99999999~99999999	
双字轴型		

3.1.2　参数的分类

FANUC系统常用系统参数分类见表3-2。

表3-2　FANUC系统常用系统参数分类

参数类型	参数号
SETTING的参数	0000~0020
RS232C串口与I/O设备数据通信参数	0100~0123
POWER Mate管理器参数	0960
轴控制/单位设定参数	1001~1023
设定坐标系的参数	1201~1260
存储式行程检测参数	1300~1327
进给速度设定参数	1401~1461
加减速控制参数	1601~1785
伺服参数	1800~1897
α系列AC伺服电动机参数	2000~2209
DI/DO参数	3001~3033
画面显示及程序编辑参数	3100~3295
编辑程序的参数	3401~3460
螺距误差补偿参数	3620~3624
主轴控制的参数	3700~3832
串行主轴Cs轮廓控制用参数	3900~3924
α系列串行接口主轴参数	4000~4351

（续）

参数类型	参数号
刀具补偿用参数	5001～5021
钻削固定循环参数	5101～5115
螺纹切削循环参数	5130
多重循环参数	5132～5143
小直径深孔钻削循环参数	5160～5174
刚性攻螺纹参数	5200～5382
缩放/坐标旋转参数	5400～5421
单方向定位参数	5431～5440
极坐标插补参数	5450～5463
法线方向控制参数	5480～5485
分度工作台分度参数	5500～5512
用户宏程序参数	6000～6091
图形数据输入用参数	6101～6110
跳步功能用参数	6200～6202
自动刀具补偿（T系列）、刀具长度自动补偿（M系列）参数	6240～6255
外部数据输入/输出参数	6300
图形显示参数	6500～6503
画面运转时间及零件数显示参数	6700～6758
刀具寿命管理参数	6800～6845
位置开关功能参数	6901～6959
手动运行/自动运行参数	7001
手轮进给、中断参数	7100～7117
挡块式参考点设定参数	7181～7186
软操作面板参数	7200～7399
程序再开始、加工返回再开始参数	7300～7310
多边形加工参数	7600～7621
PMC轴控制参数	8001～8028
基本功能参数	8130～8134
简易同步控制参数	8301～8315
顺序号校对停止参数	8341～8342
其他的一些参数	8701～8790
维修用参数	8901

在进行参数操作时，可以利用FANUC 0i数控系统提供的参数分类情况显示画面，在忘记参数数据号的情况下，帮助缩小查找范围。

相关操作：

1）在MDI面板上按下帮助键HELP，系统显示的帮助界面如图3-4所示。

2）按［参数］软键，系统显示参数类型对应的数据号范围如图3-5所示。

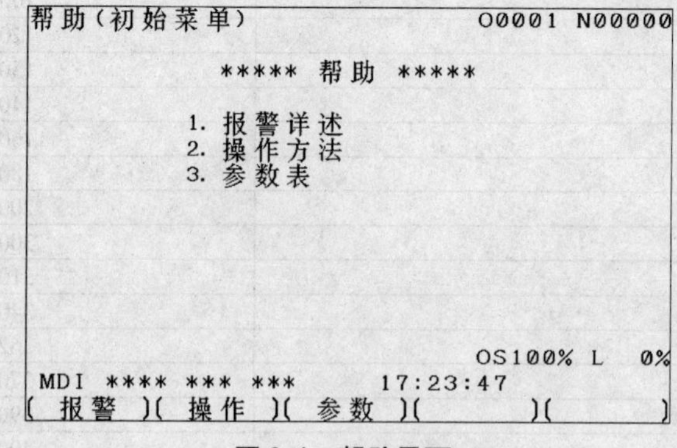

图3-4　帮助界面

```
帮助(参数表)                    O0001 N00000
                                      1/4
■ 设定                          (NO. 0000 ～)
■ 阅读机/穿孔机接口             (NO. 0100 ～)
■ 轴控制
 /设定单位                      (NO. 1000 ～)
■ 坐标系                        (NO. 1200 ～)
■ 存储行程限位                  (NO. 1300 ～)
■ 进给速度                      (NO. 1400 ～)
■ 加/减速控制                   (NO. 1600 ～)
■ 伺服相关参数                  (NO. 1800 ～)
■ DI/DO                         (NO. 3000 ～)

                                OS100% L   0%
 MDI **** *** ***       17:23:59
(  报警  )( 操作 )( 参数 )(        )(        )
```

图3-5 参数帮助目录

3）按翻页键PAGE↑ PAGE↓，查看全部参数号范围。

3.1.3 参数的设定方法

在进行参数设定之前，一定要清楚所要设定参数的含义和允许的数值设定范围，否则有可能造成机床损坏，或危及人身安全。

现在以将1420号参数中X轴快速进给速度由10000改为8600为例，给出相关操作方法：

1）在机床操作面板上按下[MDI]，使系统进入MDI运行方式；或者使机床进入急停状态。

2）在MDI面板上按下功能键OFFSET SETTING，并选择［设定］软键，系统显示的帮助界面如图3-6所示。

```
设定    (HANDY)                       O0700 N00000

 参数写入        = 1(0:不可以     1:可以)
 TV 校验         = 0(0:OFF        1:ON)
 穿孔代码        = 0(0:EIA        1:ISO)
 输入装置        = 0(0:MM         1:INCH)
 I/O 通道        =  4(0-35: 通道号)
 自动加顺序号    = 1(0:OFF        1:ON)
 纸带格式        = 0(0:NO CNV     1:F10/11)
 顺序号停止      =      10( 程序号 )
 顺序号停止      =      10( 顺序号 )

 对比度       ( + =[ ON:1 ]    - =[OFF:0 ])
)^                                  S    0 T0000
 MDI **** *** ***       10:56:09
( 偏置 )( 设定 )( 工件系 )(        )( (操作) )
```

图3-6 将参数置为可写入状态操作

3）在MDI面板上按光标上下移动键，使光标定位在“参数写入”项上。

4）在MDI面板上按键，使“参数写入”的设置从0改为1。系统显示参数可写入报警。同时按下SHIFT+CAN键，可消除“100 可写入参数”报警。

5）将光标定位在1420号参数的X轴数据处。

6）参数数据的输入方法常用的有三种。

① 键入 8600，然后按下 MDI 面板的 INPUT 键，如图 3-7 所示。

② 键入 8600，然后按下［输入］软键，如图 3-7 所示。

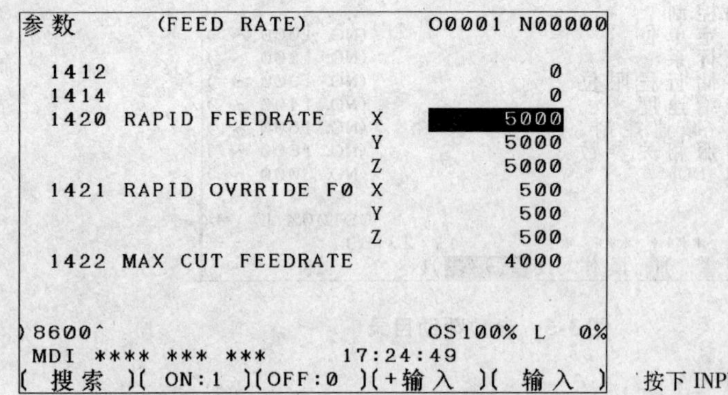

图 3-7　1420 号参数设置操作方法 1 和方法 2

③ 如果更改参数前，1420 号参数的设定值为 10000，键入 -1400，然后按下［+输入］软键，可以将参数值设为 8600，如图 3-8 所示。

```
参数      (FEED RATE)           O0001 N00000

  1412                                     0
  1414                                     0
  1420 RAPID FEEDRATE       X          10000
                            Y           5000
                            Z           5000
  1421 RAPID OVRRIDE F0     X            500
                            Y            500
                            Z            500
  1422 MAX CUT FEEDRATE                 4000

)-1400^                        OS100% L    0%
 MDI **** *** ***          17:25:52
( 搜索 )( ON:1 )(OFF:0 )(+输入 )( 输入 )
```

按［+输入］软键

图 3-8　1420 号参数设置操作方法 3

上述三种方法的操作结果如图 3-9 所示。

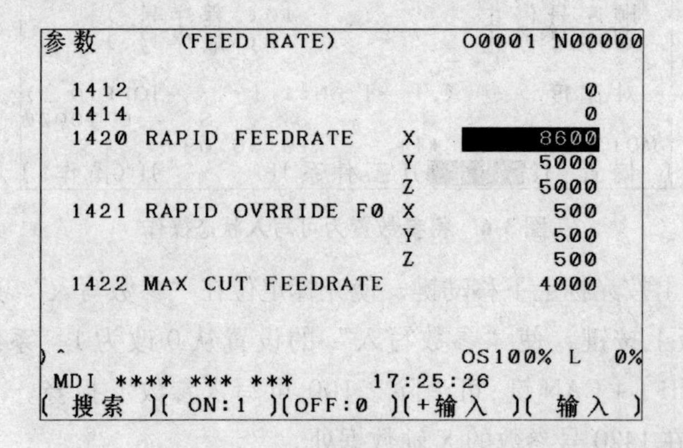

图 3-9　设置参数 1420 操作结果

3.2　常用系统参数设定

3.2.1　常用数控系统参数及其含义

1. 参考点及参考点返回控制

数控机床的参考系包括机床坐标系、参考点以及工件坐标系。

参考点：机床上的一个固定点，是反馈装置上产生栅格信号的位置，由机床制造者设定。

机床坐标系的零点是由机床制造者设定。

工件坐标系的零点可以由编程人员任意指定，加工程序中的坐标值是该点在工件坐标系中的坐标值。在开始加工前，操作人员通过对刀将工件坐标系的零点位置通知数控系统，以便数控系统按加工程序控制刀具运动，加工出程序描述的工件形状。

（1）手动返回参考点的操作步骤

1）将机床运行状态设定为手动返回参考点 REF [⊙]。

2）选择要返回参考点的坐标轴名称 X 或 Y 或 Z。

3）选择要回参考点的坐标轴的方向选择信号 + 或 -，使该轴向参考点移动。返回参考点时，机床是向正方向运动还是负方向运动取决于参数 No. 1006. 5 的数值：

	#7	#6	#5	#4	#3	#2	#1	#0
1006			ZMIx				ROSx	ROTx
			ZMIy				ROSy	ROTy
			ZMIz				ROSz	ROTz

ZMI：设定各轴返参方向。0：返回参考点时往该轴正向运动；1：返回参考点时往该轴负向运动。

4）一旦选定了进给轴和方向选择按钮，该轴将以快速进给速度向参考点方向运动。当返回参考点减速信号（＊DEC1、＊DEC2、＊DEC3…）触点断开时（运动部件压上减速开关），进给速度立即下降，之后机床以固定的低速 FL 继续运行。参数 No. 1425 中设定返回参考点的 FL 进给速度。当减速开关释放后，减速信号触点重新闭合，之后系统检测到一转信号（C 脉冲）。如该信号由高电平变为低电平（检测 C 脉冲的下降沿），则运动停止，同时机床坐标值清零，返回参考点，操作结束。

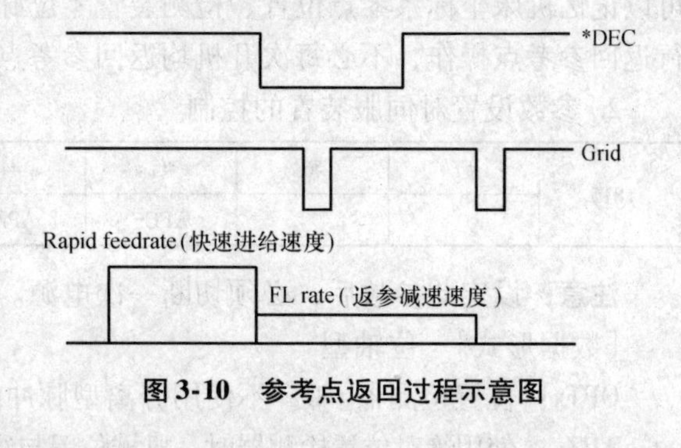

图 3-10　参考点返回过程示意图

（2）系统对返回参考点过程的控制　返参减速以及操作完成的过程如图 3-10 所示。

1）参数 1424。

1424	各轴的手动快速运行速度

［数据形式］　双字轴型

进给速度倍率设定为 100% 时，各轴 JOG 进给时的快速进给速度。

若 No. 1424 =0，各轴 JOG 进给时的快速进给速度等于 No. 1420 中设定的各轴 G00 速度。

2）参数 1425。

1425	各轴返回参考点的 FL 速度

［数据形式］ 字轴型

该参数设定的是各轴返回参考点减速后，各轴的运行速度。

3）参数 1850。

1850	各轴的栅格偏移量
	各轴的栅格偏移量/参考点偏移量

注意：设定此参数后必须切断一次电源。

［数据形式］ 双字轴型

［数据单位］ 检测单位

［数据范围］ 0～99999999（参考点偏移量时），仅 M 系列。

利用栅格偏移量可以补偿光栅尺的安装误差等机械误差。

必须保证在光栅尺的两个物理栅格之间存在一个电子栅格信号，完成返回参考点操作，否则系统报警。电子栅格可以通过参数 No. 1850 设定的距离来进行参考点偏移，该参数中设定的栅格偏移量不能超过参考计数器的容量（参数 No. 1821 即栅格间距）。

4）参数 1821。

1821	各轴的参考计数器容量

注意：设定此参数后必须切断一次电源。

［数据形式］ 双字轴型

［数据单位］ 检测单位

［数据范围］ 0～99999999

参考计数器容量 = 栅格间隔/检测单位。

对于采用相对位置检测系统的数控机床，每次机床通电后，必须手动返回参考点，以建立机床坐标系以及使检测装置开始工作。对于采用绝对位置检测系统的数控机床，由于系统可以记忆机床坐标系零点位置、检测装置零位脉冲的位置，所以只需在第一次系统通电时执行返回参考点操作，不必每次开机均返回参考点。

2. 参数设置对伺服装置的控制

1815	#7	#6	#5	#4	#3	#2	#1	#0
			APCx	APZx			OPTx	

注意：设定此参数后，必须切断一次电源。

［数据形式］ 位轴型

OPTx：位置检测器。0：不使用分离型脉冲编码器；1：使用分离型脉冲编码器。

APZx：使用绝对位置检测器时，机械位置与绝对位置检测器的位置。0：不一致；1：一致。

APCx：位置检测器。0：不使用绝对位置检测器；1：使用绝对位置检测器（绝对脉冲编码器）。

当使用绝对位置编码器进行位置调整、更换编码器，或绝对位置编码器电池电压过低报警后，机械位置与绝对位置不一致，需执行手动回参考点动作，并修改下面设定。步骤如下：

1）出现故障时，APZ 被系统设为 0，并报警。

2）将该参数设为：APZ = 1。

3）执行手动返参动作。

使用绝对位置编码器的机床建立机床参考点时需要设定该参数。

在数控系统调试与维修过程中常用的伺服参数在第 2 章伺服软件调试中有所介绍，这里不再赘述。

3. 机床限位设置

为了防止运动部件超出行程，造成事故，通常要对运动部件进行限位。限位的方法主要有硬限位和软限位。

硬限位就是指在行程的极限位置设置挡块，挡块间距大于运动部件的正常工作行程且小于丝杠的工作行程，可见限位可以保护丝杠等机械部件。正常工作情况下，运动部件不会碰到挡块，在发生故障时，一旦碰到了挡块，就相当于按下急停按钮，系统会切断电源，以便保护机床。

软限位是指在参数中设置运动部件的移动范围，一般在软限位中设置的移动范围也比机床运动部件正常工作行程大，但软限位范围比硬限位（挡块）间距要小，所以比丝杠允许的移动范围小得多。

软限位是对机械装置（丝杠）的第一层保护；硬限位（挡块）是第二层保护。

软限位的建立是通过参数设置实现的。另外，要让数控系统识别限位范围，需要先通知机床限位范围的基准，这个步骤就是在机床操作时开机首先要做的回参考点。

各轴行程软限位的测定步骤：

1）当各轴都回完参考点后，就可以测量并设定这个软限位。软限位的测量和设定必须分别对各轴进行。

2）将数控系统中的软限位参数清零。

3）将轴沿正向移动，直到到达可以保证机床机械部件安全的极限位置。记下极限位置值。

4）将轴沿负向移动，重复上述步骤，并将记下负向的极限位置值。

各轴的限位参数应为上述测量值减去一个安全裕量。

1320	各轴存储行程检测 1 的正方向边界的坐标值

1321	各轴存储行程检测 1 的负方向边界的坐标值

[数据形式]　双字轴型

[数据范围]　-99999999 ~ 99999999

4. 进给传动系统误差及其补偿

在数控机床加工零件的过程中，引起加工误差的原因有很多方面，有机床零部件由于刚度、强度不够而产生变形，从而造成的误差；还有因传动件的惯性、电气线路的时间滞后等原因带来的加工误差等。这些误差有常值系统性误差，如螺距累积误差、反向间隙误差等，还有由热变形等引起的变值系统性误差。

消除误差的方法很多。可通过机械设计提高部件的刚度、强度要求，以减少变形；也可通过控制系统消除误差；过去用硬件电子电路和挡块补偿开关实现补偿，现在的 CNC 系统中多用软件进行误差补偿。

（1）反向间隙误差补偿　在进给传动链中，齿轮传动、滚珠丝杠螺母副等均存在反向间隙，这种反向间隙会造成工作台反向运动时，电动机空转而工作台不动。这就使得半闭环系统产生误差，全闭环系统位置环振荡不稳定。

为补偿反向间隙，可先采取调整和预紧的方法减少间隙。数控机床的机械结构采用了滚珠丝杠螺母副、贴塑涂塑导轨等传动效率高的结构。滚珠丝杠螺母副又有双螺母预紧方法，所以机械结构间隙不大，但由于传动部件弹性变形等引起的误差，靠机械调整很难补偿。对于剩余误差，在半闭环系统中可将其值测出，作为参数输入数控系统，则此后每当坐标轴接收到反向指令时，数控系统便调用间隙补偿程序，自动将间隙补偿值加到由插补程序算出的位置增量指令中，以补偿间隙引起的失动。这样控制电动机多走一段距离，这段距离等于间隙值，从而补偿了间隙误差。需注意的是，对全闭环数控系统不能采用以上补偿方法（通常将反向间隙补偿参数设为0），只能从机械上减小甚至消除间隙。有些数控系统具有全闭环反转间隙附加脉冲补偿，以减小这种误差对全闭环稳定性的影响。即当工作台反向运动时，对伺服系统施加一定宽度和高度的脉冲电压（由参数设定），以补偿间隙误差。

直线运动反向误差的测量步骤：

1）将轴补偿参数内的所有参数置0。

2）在手动方式下，选定手轮最小脉冲当量数，控制工作台移动并碰千分表，将千分表清0，同时将显示器示数清0。

3）控制工作台反向移动，直到看到千分表指针偏转，记录显示器读数，即为反向间隙补偿值。

4）反复测量取平均值。

FANUC 系统反向间隙补偿参数：

1851	各轴的反向间隙补偿量

［数据形式］　字轴型

［数据单位］　检测单位

［数据范围］　-9999～9999

各轴分别设定反向间隙补偿量。

接通电源后，机床以返参考点相反的方向移动时，进行第一次反向间隙补偿。

（2）螺距误差补偿　螺距误差是指由螺距累积误差引起的常值系统性定位误差。在半闭环系统中，定位精度很大程度上受滚珠丝杠精度的影响。尽管滚珠丝杠的精度很高，但总存在着制造误差。要得到超过滚珠丝杠精度的运动精度，必须借助螺距误差补偿功能，利用数控系统对误差进行补偿与修正。另外，数控机床经长时间使用后，由于磨损，其精度可能下降，利用螺距误差补偿功能进行定期测量与补偿，可在保持精度的前提下延长机床的使用寿命。

螺距误差补偿的基本原理是将数控机床某轴的指令位置与高精度位置检测系统所测得的实际位置相比较，计算出在数控加工全行程上的误差分布曲线，再将误差以表格的形式输入数控系统中。这样数控系统在控制该轴的运动时，会自动考虑到误差值并加以补偿。

采用螺距误差补偿功能应注意以下几点：

1）对重复定位精度较差的轴，因无法准确确定其误差曲线，螺距误差补偿功能无法实现，也就是说，该功能无法补偿重复定位误差。

2）只有建立机床坐标系后，螺距误差补偿才有意义。

3）由于机床坐标系是通过返回参考点而建立的，因此在误差表中，参考点的误差要为零。必须采用比滚珠丝杠精度至少高一个数量级的检测装置来测量误差分布曲线。常用激光干涉仪来测量。

FANUC 系统螺距误差补偿参数：

1）参数 3620：输入每个轴参考点的螺距误差补偿的位置号。

2）参数 3621：输入每个轴螺距误差补偿的最小位置号。

3）参数 3622：输入每个轴螺距误差补偿的最大位置号。

4）参数 3623：输入每个轴螺距误差补偿放大率。

5）参数 3624：输入每个轴螺距误差补偿的位置间隔。

下面举例说明螺距误差补偿参数的设置方法。

已知：机床行程为 -400 ~ +800mm。

确定：螺距误差补偿位置间隔为 50mm；参考点的补偿位置号为 40。

计算：负方向最远的补偿位置号 = 参考点的补偿位置号 -

（负方向的机床行程/补偿位置间隔）+1

= 40 - 400/50 + 1 = 33

正方向最远的补偿位置号 = 参考点的补偿位置号 +

（正方向的机床行程/补偿位置间隔）

= 40 + 800/50 = 56

机床坐标和补偿位置之间的关系如图 3-11 所示。

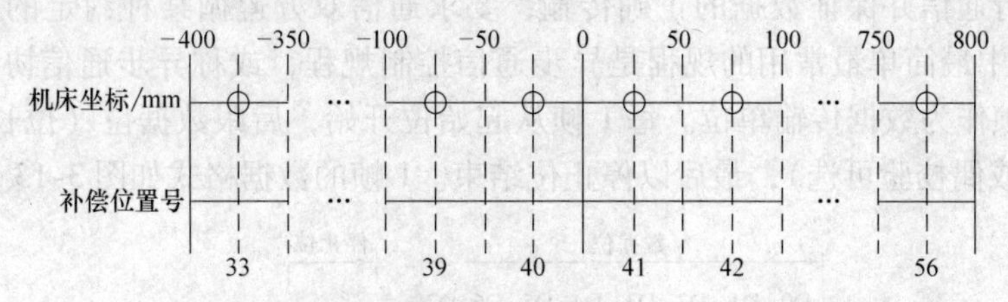

图 3-11　机床坐标和补偿位置之间的关系

在坐标之间各部分相对应的补偿位置号处测量补偿值。补偿值见表 3-3，将补偿值画在相应的补偿位置处，如图 3-12 所示。

表 3-3　补偿值

点　号	33	34	35	36	37	38	39	40	41	42	43	44	45	46	47	48	49	…	56
补偿值	-2	-1	-1	+2	0	+1	0	+1	+2	+1	0	-1	-1	-2	0	+1	+2	…	1

参数设定：见表 3-4。

表 3-4　螺距误差补偿参数设定值

参　数	设 定 值
3620	40
3621	33
3622	56
3623	1
3624	50000

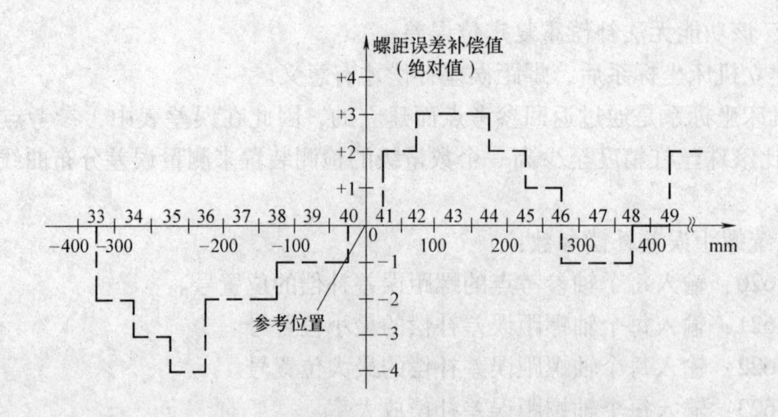

图3-12　螺距误差补偿位置及对应的补偿值

5. 数控系统的串行通信功能

数控系统一般都支持通信功能，具体地说，利用通信功能可以实现：

1）加工程序的输入/输出以及数控加工DNC功能。

2）参数的输入和输出功能，能够备份机床的系统参数、PLC参数等，便于恢复机床的功能。

计算机支持的通信方式包括并行通信和串行通信。数控系统与计算机通信时，串行通信是指通信的发送方和接受方之间数据信息的传输是在单根数据线上，以每次一个二进制的01位最小单位进行传输。和并行通信相比，串行通信具有价格便宜、简化通信设备、可通过电话线进行长距离传输的优点，但是串行通信的传输速度较慢。

为实现串行通信并保证数据的正确传输，要求通信双方遵循某种约定的规程。目前在PC及数控系统中最简单最常用的规程是异步通信控制规程，或称异步通信协议，其特点是通信双方以1帧作为数据传输单位。每1帧从起始位开始，后跟数据位（位长度可选）、奇偶位（奇校验或偶校验可选），最后以停止位结束。1帧的数据格式如图3-13所示。

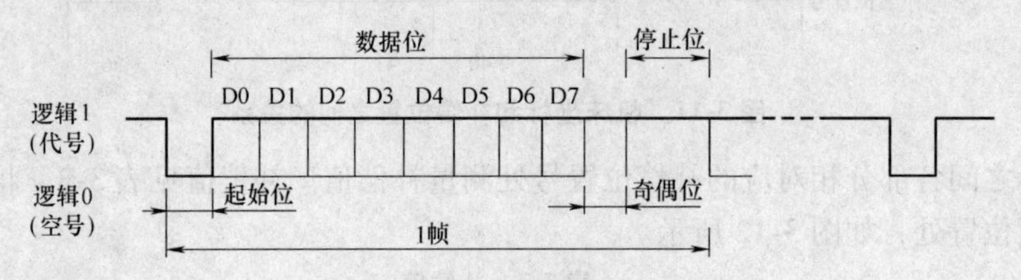

图3-13　1帧的数据格式

发送方在发送完1帧后，可连续发送下1帧，也可随机发送下1帧。当接收方接收到无传输后双方取得同步。通信双方除遵循相同的数据传输帧格式外，为保证数据传输的正确性，还需具有相同的数据传输率——波特率：每秒钟传输的二进制位数（Bit/s）。常用的波特率有300、600、1200、2400、4800、9600和19200等。

FANUC系统主板上JD5A、JD5B接口是用来连接串行通信设备的接口。

RS232C接口是常采用25条引线的D型连接器，定义了20条可同外界通信的信号线，并对传输信号电平作了明确规定。

FANUC 0i-B系统的JD5A和JD5B是CNC与RS232C口连接的接口，JD5A和JD5B均为

20 针的接口，通过专用线缆将信号转接到标准的 25 针 RS232C 中断接头上。其接线图如图 3-14 所示。

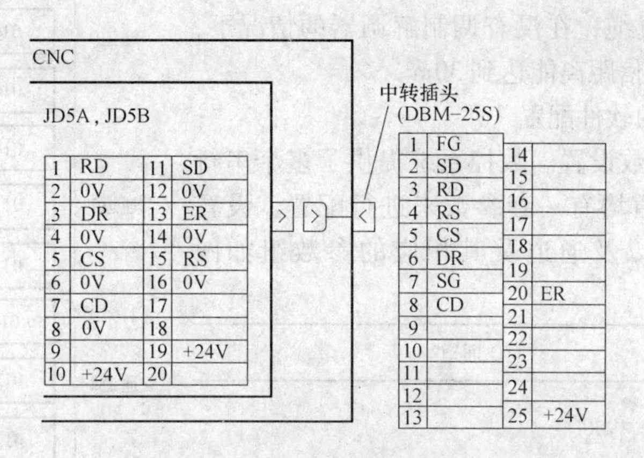

图 3-14 CNC 与 RS232C 口接线图

（1）RS232C 通信的电缆连接　在 PC 与 CNC 控制器之间习惯上采用两种接法：

1）软件握手连接。就是使通信双方完全不理会 RS232C 标准所定的硬件握手信号，双方采用所谓的软件握手信号来指示通信，软件握手即双方通过相互传递 XON/XOFF（ASCII 码中的 DC1/DC3）字符来进行握手。XOFF 为阻止字符，当发送方接收到对方传来的 XOFF 字符后，发送方将停止发送，直到接收到对方传来的 XON 字符后，再继续发送。软件握手 PC 与 CNC 的 RS232C 通信电缆连接见表 3-5。

表 3-5 软件握手 PC 与 CNC 的 RS232C 通信电缆连接

PC	CNC 系统
9 针 D 型母插头	25 针 D 型公插头
保护地	1
3	3
2	2
5	7
7-8 短接	4-5 短接
1-4-6 短接	6-8-20 短接

2）硬件握手连接。硬件握手连接的通信双方一般通过 RTS/CTS（25 针的 4、5 引脚）进行硬件握手。硬件握手 PC 与 CNC 的 RS232C 通信电缆连接见表3-6。

表 3-6 硬件握手 PC 与 CNC 的 RS232C 通信电缆连接

PC	CNC 系统
9 针 D 型母插头	25 针 D 型公插头
保护地	1
2	2
3	3
7	5
8	4
5	7
1-4-6 短接	6-8-20 短接

对大部分数控系统使用这两种接线方法都能正常工作。PC 在与 CNC 控制系统连接时，连接电缆一般要求是带屏蔽的双绞线电缆，在没有调制解调器的情况下，PC 与 CNC 之间的通信距离能达到 30m。

（2）串行通信的软件配置

1）串行通信参数设置。数控系统提供了多个串行通信通道，每个通道均有一套参数来进行配置。设置通信通道的参数，以及通道及其相应的参数组如图 3-15所示。

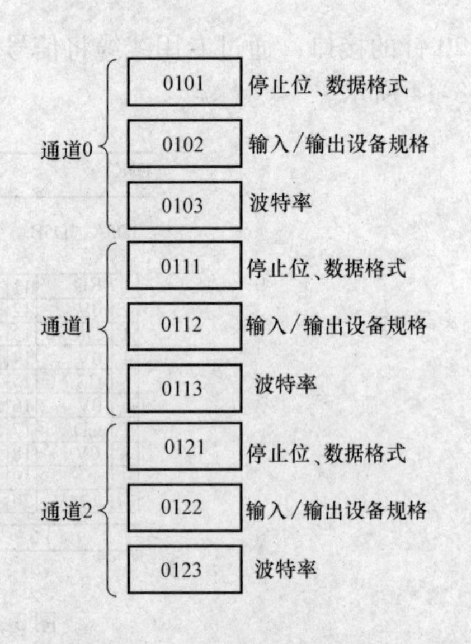

图 3-15　I/O 通道与参数组

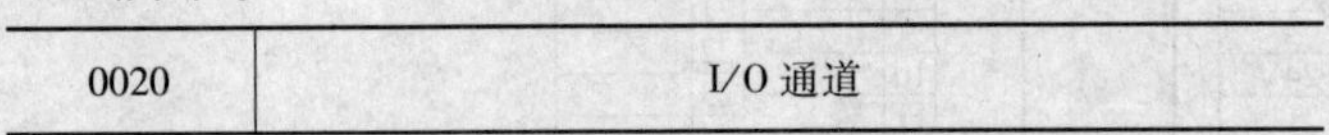

0020	I/O 通道

［数据形式］　字节型

指定输入/输出设备号

［数据范围］　0：通道 0

1：通道 1

2：通道 2

	#7	#6	#5	#4	#3	#2	#1	#0
0101					ASI			SB2

［数据形式］　位型

SB2：停止位的位数。0，1 位停止位；1，2 位停止位。

ASI：数据输入时的代码。0，EIA 码或 ISO 码自动识别；1，ASCII 码。

0102	输入/输出设备的规格号

［数据形式］　字节型

［数据范围］　0：采用 RS232C 作为输入/输出设备

0103	波特率

［数据形式］　字节型

［数据范围］　参数 0103 设置值与波特率值对应关系见表 3-7

表 3-7　参数 0103 设置值与波特率值对应关系

设　定　值	波特率/（Bit/s）	设　定　值	波特率/（Bit/s）
1	50	7	600
2	100	8	1200
3	110	9	2400
4	150	10	4800
5	200	11	9600
6	300	12	19200

2）计算机通信软件设置。图3-16所示为Mastercam软件中通信设置对话框。

Winpcin是专门用于执行串行通信的软件，图3-17所示为Winpcin的主界面。按下［RS232Config］键进入Winpcin通信参数设置界面，如图3-18所示。

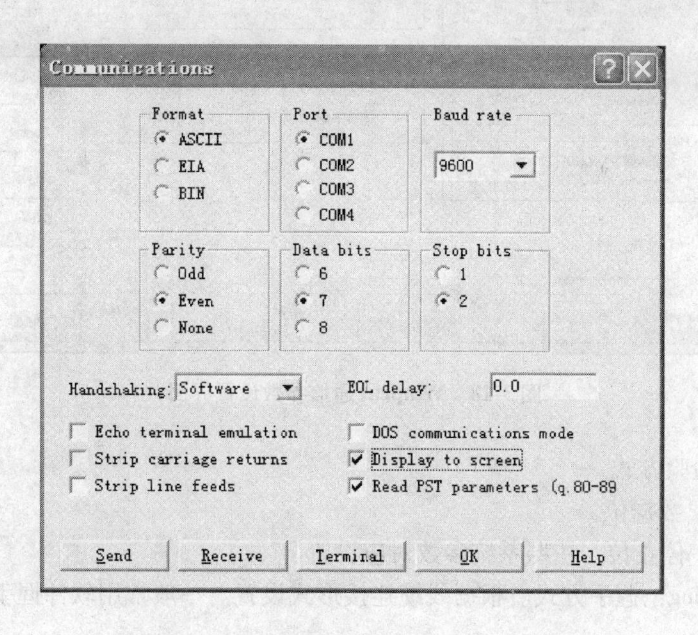

图3-16　Mastercam软件中通信设置对话框

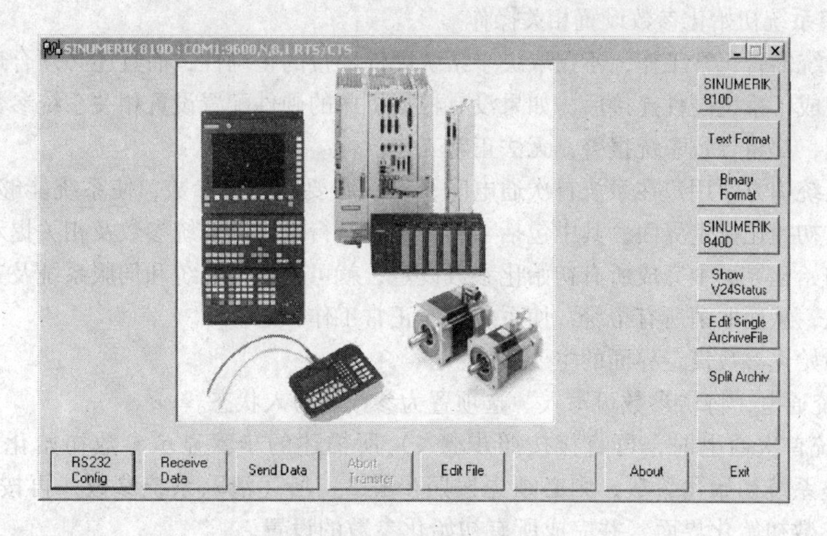

图3-17　Winpcin主界面

按照数控系统通信参数中设置的通信格式对应地设置通信软件中的通信参数。

图3-16中参数含义：

① Format：数据形式。按照系统参数对应设置。

② Port：通信端口。按照通信线缆插口设置。

③ Baud rate：波特率。按照系统参数对应设置。

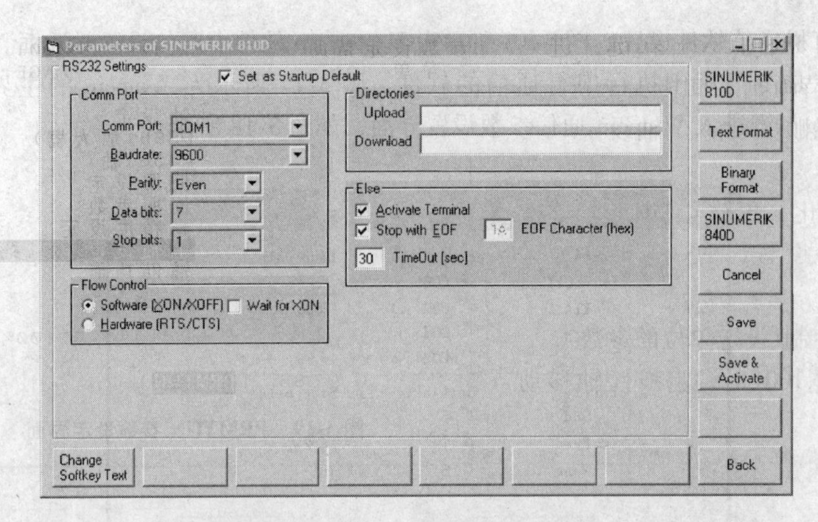

图 3-18　Winpcin 通信参数设置界面

④ Parity：检验方式。

⑤ Data bits：数据位。

⑥ Stop bits：停止位。按照系统参数对应设置。

⑦ Handshaking：握手方式。根据线缆连接形式设置。一般常用软件握手。

3.2.2　数控系统初始化参数

1. 数控系统初始化参数设置相关操作

数控系统能否正常工作，不仅取决于系统硬件连接的正确性，而且还必须合理设置系统参数。在完成了系统硬件连接后，如果没有根据机床的硬件配置设置相关系统参数，或参数设置不合理，都将导致系统报警，无法正常工作。

数控系统为方便用户在系统首次通电时，设置必要的系统参数，使系统能够正常运行，设置了参数初始化设定界面。其中包括了所有系统运行必需的系统参数及相关提示。用户只要在参数初始化界面中完成所有初始化参数设定，就可使数控系统和伺服系统及其他外设建立通信关系，从而取消所有报警，使系统进入正常工作状态。

调用初始化参数设定界面的主要操作：

1）系统通电，将“参数可写入”选项置为参数可写入状态。

2）系统首次通电时，可直接按照步骤 4）所描述的步骤显示参数初始化设定界面。如果要调整系统初始化参数，则必须先按照步骤 3）所述清除系统参数，再按照步骤 4）所述显示参数初始化界面，并完成所有初始化参数的设置。

3）系统断电，重新开机，开机的同时按住功能键 RESET 直到系统进入正常画面，其结果是系统参数被清除，但系统功能参数（也叫保密参数）No. 9900 ~ 9999 不被清除。如果是新版系统，系统功能参数存在于系统软件中，也不会被清除。所以，此项操作仅会清除系统功能参数之外的普通参数。

4）按功能键 SYSTEM，然后按扩展［ + ］软键几次，直到出现参数设定画面的［PRM-TUN］软键。

5）按［PRMTUN］软键，进入参数设定支持画面，如图3-19所示。

6）按照顺序设定“轴设定”参数项。

2. 初始化参数设定值

（1）轴设置（AXIS SETTING）参数组

1）轴控制/设定单位的参数。

① 参数1001。设定线性轴移动量的单位制。

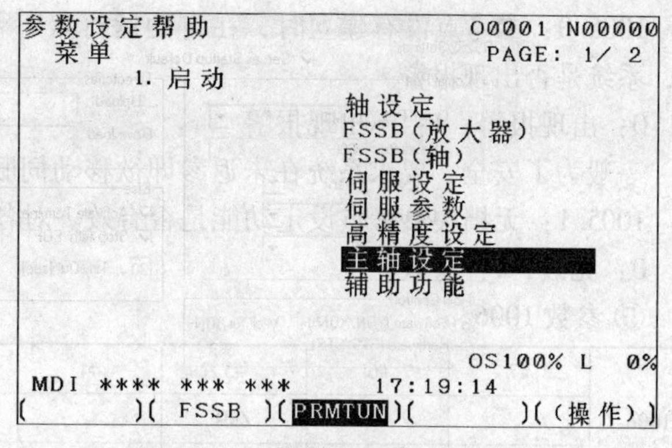

图3-19　PRMTUN参数设定界面

	#7	#6	#5	#4	#3	#2	#1	#0
1001								
								INM

［数据形式］　位型

0：米制（适用于米制机床）；1：英制（适用于英制机床）。

② 参数1002。设定是否采用无挡块返回参考点方式。对各轴分别设定。

	#7	#6	#5	#4	#3	#2	#1	#0
1002							DLZ	
							DLZ	

［数据形式］　位型

0：无效，即使用撞块返回参考点；1：有效，即不使用撞块返回参考点。

③ 参数1004。设定最小输入单位和最小移动单位。

	#7	#6	#5	#4	#3	#2	#1	#0
1004	IPR						ISC	ISA
	IPR						ISC	ISA

［数据形式］　位型

ISC	ISA	最小输入单位，最小移动单位
0	0	0.001mm，0.001deg或0.0001in
0	1	0.01mm，0.001deg或0.001in
1	0	0.0001mm，0.0001deg或0.00001in

一般设置成1004.0＝0，1004.1＝0。

④ 参数1005。

	#7	#6	#5	#4	#3	#2	#1	#0
1005			EDM	EDP			DLZ	ZRN
			EDM	EDP			DLZ	ZRN

［数据形式］　位型

1005.0：参考点没有建立时，在自动运行状态下，程序指定了除 G28 以外的移动指令时，系统是否出现报警。

0：出现报警；1：不出现报警。

一般为了安全，要求系统在未返参即欲移动伺服轴时，出现报警，即1005.0=1。

1005.1：无挡块参考点设定功能是否有效。对各轴分别设定。

0：无效；1：有效。

⑤ 参数 1006。

1006	#7	#6	#5	#4	#3	#2	#1	#0
			ZMI		DIA		ROS	ROT
			ZMI				ROS	ROT

［数据形式］ 位型

1006.0：设定轴属性，是线性轴还是旋转轴。对各轴分别设定。

0：直线轴；1：旋转轴。

1006.3：设定各轴的移动量类型是按半径指定还是按直径指定。仅对车床数控系统的 X 轴进行设定。

0：半径编程；1：直径编程。

1006.5：返参时，脱离参考点撞块后，向哪个方向搜索栅格脉冲。对各轴分别设定。

0：向坐标轴正方向；1：向坐标轴负方向。

⑥ 参数 1008。

1008	#7	#6	#5	#4	#3	#2	#1	#0
						RRL	RAB	ROA
						RRL	RAB	ROA

［数据形式］ 位轴型

1008.0：设定旋转轴的循环功能是否有效，即设定坐标是否循环计数。仅对旋转轴进行设定。

0：无效；1：有效。

1008.2：相对坐标值。仅对旋转轴进行设定。

0：不按每一转的移动量循环显示，1：按每一转的移动量循环显示。

⑦ 参数 1010。

1010	CNC 控制轴数

［数据形式］ 字节型

［数据范围］ 1，2，3…

CNC 控制轴，即机床联动轴。PMC 控制轴和主轴不属于 CNC 控制轴。

⑧ 参数 1020。

1020	各轴的编程名称

［数据形式］ 字节轴型

［数据范围］ 按表3-8输入各轴在程序中的名称

表3-8 参数1020设置值与各轴编程名称对应参数值

轴　名	设定值	轴　名	设定值	轴　名	设定值	轴　名	设定值
X	88	U	85	A	65	E	69
Y	89	V	86	B	66		
Z	90	W	87	C	67		

⑨ 参数1022。

1022	各轴在基本坐标系中的属性

［数据形式］ 字节轴型

［数据范围］ 按表3-9输入各轴在基本坐标系中的属性

表3-9 参数1022设置值与各轴属性对应表

设定值	含　义
0	既不是X、Y、Z轴，也不是X、Y、Z轴的平行轴
1	笛卡儿坐标系中的X轴
2	笛卡儿坐标系中的Y轴
3	笛卡儿坐标系中的Z轴
5	X轴的平行轴
6	Y轴的平行轴
7	Z轴的平行轴

⑩ 参数1023。用于确定各轴伺服控制器和其所控制的伺服电动机之间的关系。

1023	各轴的伺服轴号

［数据形式］ 字节轴型

［数据范围］ 1，2，3…

2）伺服参数。初始化伺服参数含义及推荐设定值见表3-10。

表3-10 初始化伺服参数含义及推荐设定值

参数号	简　述	设定说明
1815.1	分离型位置编码器 0：不使用 1：使用	使用光栅尺或分离型旋转编码器时设为1
1815.4	使用绝对位置检测器时，机械位置与绝对位置检测器的位置 0：不一致 1：一致	常规的回参考点方法设定为0，特殊情况下手动返参时设定为1
1815.5	位置检测器类型 0：不使用绝对位置检测器 1：使用绝对位置检测器	使用绝对位置检测功能时设为1，需要硬件支持（即使用绝对编码器）

（续）

参数号	简述	设定说明
1825	各轴的伺服环增益	3000～8000，互相插补的轴，各轴伺服环增益必须设定一致
1826	各轴的到位宽度	20～50
1828	各轴移动中的最大允许位置偏差量	8000～20000
1829	各轴移动中的最大允许位置偏差量	50～500

表3-10中所列初始化伺服参数的含义详见P50“（3）进给伺服系统软件调试”中的说明。

3）坐标系参数。

① 参数1240。

1240	各轴第一参考点机床坐标系中的坐标值

［数据形式］ 双字轴型

［数据范围］ -99999999～99999999

一般将各轴第一参考点在机床坐标系中的坐标值均设为0。

② 参数1241。

1241	各轴第二参考点机床坐标系中的坐标值

［数据形式］ 双字轴型

［数据范围］ -99999999～99999999

③ 参数1260。

1260	旋转轴每转移动量

［数据形式］ 双字轴型

［数据范围］ 1000～99999999

数据的单位是0.001deg，通常将该参数设置为360000，即旋转轴每转一周，旋转360°。

参数1240、1241及1260属于数控系统初始化参数。除此以外，系统还有很多关于坐标系设定的参数，这些参数主要包括：

① 机械坐标系设定参数1240～1243。设定第1～第4参考点在机械坐标系中的坐标值。

1240	在机械坐标系上的各轴第1参考点的坐标值

注意：该参数设定后，需切断一次电源。

1241	在机械坐标系上的各轴第2参考点的坐标值
1242	在机械坐标系上的各轴第3参考点的坐标值
1243	在机械坐标系上的各轴第4参考点的坐标值

［数据形式］ 双字轴型

[数据单位]

设定单位	I S-B	I S-C	单位
米制机床	0.001	0.0001	mm
英制机床	0.0001	0.00001	in
旋转轴	0.001	0.0001	deg

[数据范围] -99999999~99999999

② 工件坐标系设定参数 1220~1226。

1220	外部工件原点偏移量

[数据形式] 双字轴型

[数据单位] 米

设定单位	I S-B	IS-C	单位
直线轴(米制输入)	0.001	0.0001	mm
直线轴(英制输入)	0.0001	0.00001	in
旋转轴	0.001	0.0001	deg

[数据范围] -99999999~99999999

参数 1220 为所有的工件坐标系（G54~G59）赋予公共的偏移量。可用外部数据输入功能，通过 PLC 设定该值。

1221	工件坐标系 1(G54)的工件原点偏移量

[数据范围] -99999999~99999999

参数 1221 是工件坐标系 1（G54 对应的坐标系）的原点在机械坐标系中的坐标值。

1222	工件坐标系 2(G55)的工件原点偏移量

[数据范围] -99999999~99999999

参数 1222 是工件坐标系 2（G55 对应的坐标系）的原点在机械坐标系中的坐标值。

1223	工件坐标系 3(G56)的工件原点偏移量

[数据范围] -99999999~99999999

参数 1223 是工件坐标系 3（G56 对应的坐标系）的原点在机械坐标系中的坐标值。

1224	工件坐标系 4(G57)的工件原点偏移量

[数据范围] -99999999~99999999

参数 1224 是工件坐标系 4（G57 对应的坐标系）的原点在机械坐标系中的坐标值。

1225	工件坐标系 5(G58)的工件原点偏移量

[数据范围] -99999999~99999999

参数 1225 是工件坐标系 5（G58 对应的坐标系）的原点在机械坐标系中的坐标值。

1226	工件坐标系 6(G59)的工件原点偏移量

[数据范围]　-99999999 ~ 99999999

参数1226是工件坐标系6（G59对应的坐标系）的原点在机械坐标系中的坐标值。

4）行程检测的参数。

① 参数1320。

1320	各轴存储行程检测1的正方向边界的坐标值

[数据形式]　双字轴型

[数据范围]　-99999999 ~ 99999999

② 参数1321。

1321	各轴存储行程检测1的负方向边界的坐标值

[数据形式]　双字轴型

[数据范围]　-99999999 ~ 99999999

软限位坐标的检测方法见3.2.1节3.中所述。

5）进给速度参数。FANUC系统默认的各种伺服轴运动速度值均为0，所以，如果不对进给速度进行初始化设置，各轴不会产生运动。进给速度初始化参数见表3-11。

表3-11　进给速度初始化参数

参数号	简述	设定说明
1401.6	快速运行速度同于空运行速度 0:无效 1:有效	
1410	空运行速度	数控系统参数中设定的速度,其单位均采用mm/min
1420	各轴快速运行速度	
1421	各轴快速运行倍率的F0速度	
1422	最大切削进给速度(所有轴)	
1423	各轴手动连续进给(JOG进给)时的进给速度	
1424	各轴的手动快速运行速度	
1425	各轴返回参考点的FL速度	

6）加减速参数。

① 参数1610。

	#7	#6	#5	#4	#3	#2	#1	#0
1610				JGL				CTL
				JGL				CTL

[数据形式]　位型

切削进给（包括空运行进给）的加减速方式：0，指数型加减速；1，直线型加减速。

② 参数1620。

1620	各轴快速进给的直线型加减速时间常数T或指数型加减速时间常数T1

[数据形式] 字轴型

[数据单位] ms

[数据范围] 0～4000

③ 参数1622。

1622	各轴切削进给的加减速时间常数

[数据形式] 字轴型

[数据单位] ms

[数据范围] 0～4000（指数型加减速）

0～512（直线型加减速）

④ 参数1624。

1624	各轴JOG进给的加减速时间常数

[数据形式] 字轴型

[数据单位] ms

[数据范围] 0～4000（指数型加减速）

0～512（直线型加减速）

参数1620、1622、1624应依机床状况而定，一般取20～200ms之间。

⑤ 参数1625。

1625	各轴JOG进给的指数型加减速的FL速度

[数据形式] 字轴型

一般设为0。

（2）MISCELLANY参数组

1）DI/DO参数。

① 参数3017。

3017	复位信号的输出时间

[数据形式] 字节型

[数据单位] 16ms

[数据范围] 0～255

该参数设定复位信号RST输出时的延长时间。RST信号的输出时间＝复位时间＋本参数值×16ms。一般将该参数设为0。

② 参数3030。

3030	M代码的允许位数

3031	S代码的允许位数

3032	T代码的允许位数

3033	B代码的允许位数

［数据形式］ 字节型

［数据范围］ 1～8

S代码最多允许5位。

2）主轴控制参数。

	#7	#6	#5	#4	#3	#2	#1	#0
3701				SS2			ISI	

［数据形式］ 位型

3701.1 ISI：是否使用第一、第二串行主轴接口。

0：使用；1：不使用。

如果机床的主轴驱动方式为模拟主轴，则需要屏蔽数控系统的串行主轴驱动方式，应将3701.1设为1；如果机床的主轴驱动方式为串行主轴，则应将3701.1设为0。

3701.4 SS2：在串行主轴控制中，是否使用第2主轴。

0：不使用；1：使用。

3）手轮进给、手轮中断参数。

7110	手摇脉冲发生器使用台数

［数据形式］ 字节型

［数据单位］ 1台或2台（T系列）或3台（M系列）

（3）其他 完成了上述初始化参数设置后，重新启动系统，此时大部分伺服、主轴报警应当消失。在MDI方式和JOG方式下控制进给轴运动，如果进给运动无法实现，则应当注意下列参数的设置：

1）伺服参数。

	#7	#6	#5	#4	#3	#2	#1	#0
1800				RBK	FFR	OZR	CVR	

［数据形式］ 位型

1800.1：位置控制就绪信号PRDY接通之前，速度就绪信号VRDY先接通时是否报警。

0：出现伺服报警；1：不出现伺服报警。

2）DI/DO参数

① 参数3003。

	#7	#6	#5	#4	#3	#2	#1	#0
3003		MVX	DEC	DAU	DIT	ITX		ITL
		MVX	DEC		DIT	ITX		ITL

［数据形式］ 位型

3003.0 ITL：互锁信号。

0：有效；1：无效。

3003.2 ITX：各轴互锁信号。

0：有效；1：无效。

3003.3 DIT：各轴方向互锁信号。

0：有效；1：无效。

应将互锁信号设为无效，即3003.0=1、3003.2=1、3003.3=1，否则伺服轴不能完成进给运动。

② 参数3004。

3004	#7	#6	#5	#4	#3	#2	#1	#0
			OTH				BCY	BSL

[数据形式] 位型

3004.5 OTH：超程限位信号。

0：检查；1：不检查。

一般为了机床安全，应将系统参数设置为检查超程限位，即3004.5=0。但是在系统调试阶段，没有安装硬限位挡块时，应将系统参数设置为不检查超程限位，即3004.5=1，以便消除各轴超程报警，继续完成其他伺服调试和设置。

3. 伺服调整和主轴监控功能

(1) 伺服调整 伺服监控画面主要是对伺服轴的负荷和串行主轴的负荷和转速，以及加工条件进行监控。而在伺服调整画面中，还可以对伺服的运行状态、回路增益（LOOP GAIN)、位置偏差（POS ERROR)、实际电流值进行监控。

调用伺服监控画面的主要操作包括：

1）按下MDI面板的功能键SYSTEM，系统显示系统界面。

2）按下向后翻页软键“>”，直至系统显示如图3-20所示伺服设定界面。

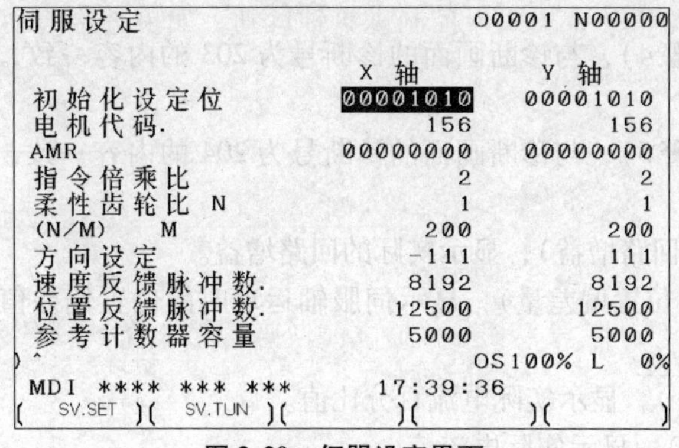

图3-20 伺服设定界面

3）按图3-20所示伺服设定画面中的软键［SV.TUN］，系统显示伺服调整界面，如图3-21所示。

① FUNC.BIT（功能位)，与参数2003对应。

② LOOP GAIN（伺服控制速度环增益)，与参数1825对应。

③ TUNING ST.（调整开始位)，在伺服自动调整功能中使用。

④ SET PERIOD（设定周期)，在伺服自动调整功能中使用。

⑤ INT.GAIN（积分增益)，与参数2043对应。

⑥ PROP.GAIN（比例增益)，与参数2044对应。

⑦ FILTER（过滤器)，与参数2067对应。

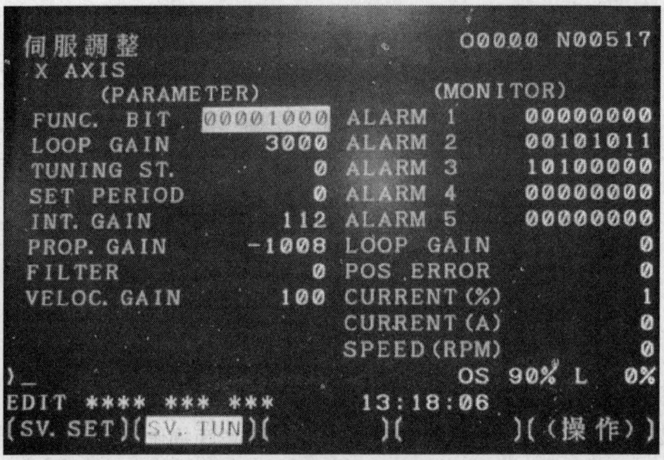

伺服调整　　O0000 N00517
X AXIS
(PARAMETER)　　(MONITOR)
FUNC. BIT 00001000　ALARM 1 00000000
LOOP GAIN 3000　ALARM 2 00101011
TUNING ST. 0　ALARM 3 10100000
SET PERIOD 0　ALARM 4 00000000
INT. GAIN 112　ALARM 5 00000000
PROP. GAIN -1008　LOOP GAIN 0
FILTER 0　POS ERROR 0
VELOC. GAIN 100　CURRENT(%) 1
CURRENT(A) 0
SPEED(RPM) 0
)_　　OS 90% L 0%
EDIT **** *** ***　13:18:06
[SV. SET][SV. TUN][　][　][(操作)]

图 3-21　伺服调整界面

⑧ VELOC. GAIN（速度增益），与参数 2021 对应。

⑨ ALARM1（报警 1），与诊断画面的诊断号为 200 的内容一致，是 400、414 号报警的详细内容。

⑩ ALARM2（报警 2），与诊断画面的诊断号为 201 的内容一致，是断线、过载报警的详细内容。

⑪ ALARM3（报警 3），与诊断画面的诊断号为 202 的内容一致，是 319 号报警的详细内容。

⑫ ALARM4（报警 4），与诊断画面的诊断号为 203 的内容一致，是 319 号报警的详细内容。

⑬ ALARM5（报警 5），与诊断画面的诊断号为 204 的内容一致，是 414 号报警的详细内容。

⑭ LOOP GAIN（回路增益），显示实际的回路增益。

⑮ POS ERROR（位置偏差量），显示伺服轴运动时的位置偏差值，与诊断画面的诊断号为 300 的内容一致。

⑯ CURRENT（%），显示实际电流百分比值。

⑰ CURRENT（A），显示实际电流值。

⑱ SPEED（RPM），显示伺服电动机实际转速。

（2）主轴伺服监控画面　在主轴伺服画面中，可以对串行主轴的运行状态、电动机转速、主轴转速等情况进行监控，显示与串行主轴相关的参数设置值。调出主轴伺服调整画面的操作如下：

1）在 MDI 面板上按下“SYSTEM”功能键，调出系统屏幕。

2）按软键向后翻页键“ >”数次，直到系统显示图 3-22 所示软键。

3）按下［PRMTUN］软键，系统显示图 3-23 所示菜单选择界面。用光标移动键将光标移动到“SPINDLE TUNING”项目，并按软键［操作］，系统显示［SELECT］软键，如图 3-23 所示。

4）按下［SELECT］软键，系统显示主轴伺服调整界面，如图 3-24 所示。

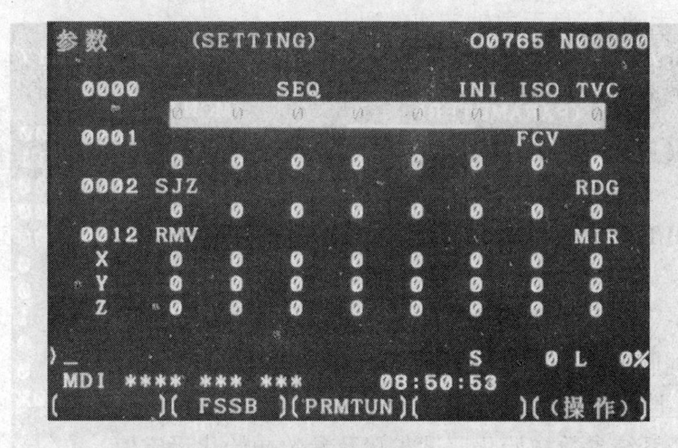

图 3-22　显示主轴伺服调整界面操作 1

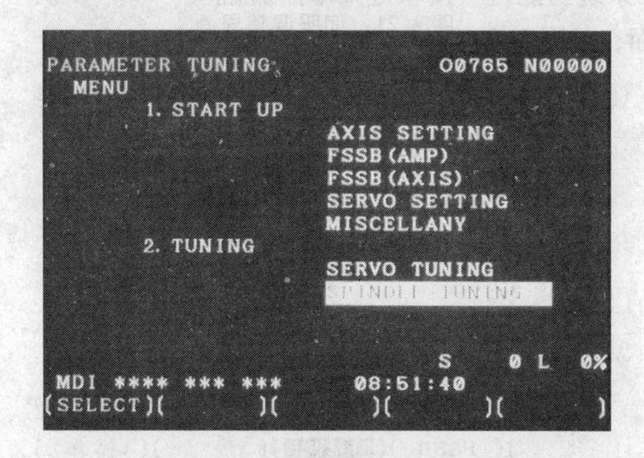

图 3-23　显示主轴伺服调整界面操作 2

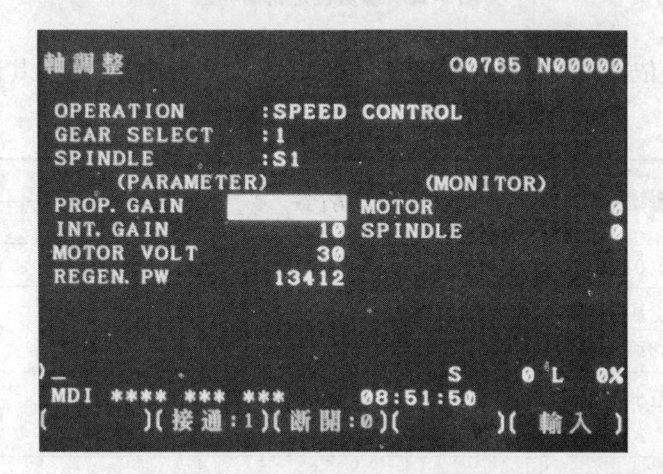

图 3-24　主轴伺服调整界面

① OPERATION（运行方式），有通常运行、定向、同步控制、刚性攻螺纹、C 轴控制和主轴定位控制几种运行方式。系统当前被设定为通常运行方式。

② GEAR SELECT（齿轮选择），选择相应齿轮号码。

③ SPINDLE（主轴），显示主轴转速编码。

④ PROP. GAIN（速度环比例增益），与参数4040～4047对应。通常运行方式与4040和4041对应。

⑤ INT. GAIN（速度环积分增益），与参数4048～4055对应。通常运行方式与4048和4049对应。

⑥ MOTOR VOLT（电动机电压），与参数4083～4086对应。通常运行方式与4083对应。

⑦ REGEN. PW（再生电源的限制），与参数4080对应。

⑧ MOTOR（伺服电动机），显示伺服电动机的实际转速。

⑨ SPINDLE（主轴），显示主轴的实际转速。

4. FANUC 0i-C系统参数初始化调试步骤及参数初始化设定值

按下“SYSTEM”系统功能键—按软键菜单向后翻页“＞”4次—按软键“PRMTUN”，进入参数设定帮助界面，如图3-25所示。

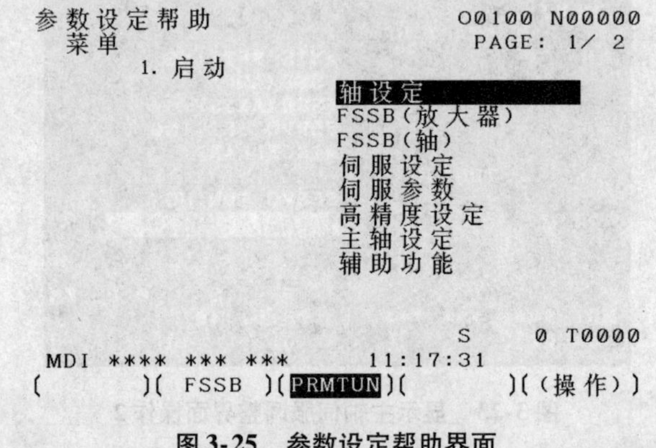

图3-25 参数设定帮助界面

（1）轴设定 依次按下软键：轴设定—操作—选择。轴设定参数及其设定值见表3-12。

表3-12 轴设定参数及其设定值

参数定义	参数号	设定值	
		X轴	Z轴
直线轴的最小移动单位0：mm/1：in	1001#0	0	
无挡块参考点设定功能是否有效 0：无效/1：有效（所有轴有效）	1002#1	0	
设定最小输入单位和最小指令增量 0：IS-B/1：IS-C	1004#1	0	
在返参前发出除G28外的其他移动指令0：发生PS224报警/1：不发生	1005#0	0	0
设定无挡块式返参功能0：无效/1：有效	1005#1	0	0
设定直线轴或旋转轴 0：直线轴/1：旋转轴	1006#0	0	0

（续）

参数定义	参数号	设定值	
		X轴	Z轴
1：直径编程/0：半径编程	1006#3	1	0
返参的方向（脱离挡块后轴的移动方向） 0：正向/1：负向	1006#5	1	1
旋转轴的循环功能 0：无效/1：有效（标准）	1008#0	1	1
相对坐标系中每一转的移动量 0：不循环/1：循环（标准）	1008#2	1	1
CNC控制轴数（主轴，PMC轴等不在此设定中）	1010	2	
各轴编程用轴名（ASCII码）	1020	88	90
基本坐标系中各轴的设定	1022	1	3
每个轴的伺服轴号	1023	1	2
分离型脉冲编码器0：不使用/1：使用	1815#1	0	0
机床位置与绝对位置检测器的位置 0：不一致/1：一致	1815#4	0	0
选择位置检测器 0：增量位置检测器/1：绝对位置检测器	1815#5	0	0
各轴的伺服环增益	1825	3000	3000
各轴的到位宽度	1826	20	20
各轴移动中允许的最大位置偏差量	1828	10000	10000
各轴停止时的最大允许位置偏差量	1829	500	500
机床坐标系中各轴第一参考点的坐标值	1240	0	0
第二参考点的坐标值	1241	0	0
旋转轴每一转的移动量	1260	360000	360000
各轴正方向存储行程检测1的坐标值	1320	根据实际位置测定	
各轴负方向存储行程检测1的坐标值	1321	根据实际位置测定	
空运行在快速运行中 0：无效（标准）/1：有效	1401#6	1	
空运行速度	1410	2000	
各轴快速运行速度	1420	3000	3000
各轴快速倍率F0的速度	1421	300	300
所有轴的最大切削进给速度	1422	2000	2000
各轴手动连续进给速度	1423	2000	2000
各轴的手动快速运行速度	1424	3000	3000
各轴回零的FL速度	1425	200	200
切削进给，包括空运行的加/减速类型	1610#0	0	0

（续）

参数定义	参 数 号	设 定 值	
		X 轴	Z 轴
各轴快速进给的直线型加/减速时间常数 T 或铃型加/减速时间常数 T1	1620	64	64
切削进给插补后的指数加/减速时间常数或铃型加/减速时间常数或直线加/减速时间常数	1622	64	64
JOG 进给时，插补后的指数加/减速时间常数或铃型加/减速时间常数或直线加/减速时间常数	1624	64	64
各轴 JOG 进给的指数函数型加/减速时的 FL 速度	1625	0	0

注：完成上述轴参数设定后，要关机重启。

（2）FSSB（放大器） 依次按下软键：FSSB（放大器）—操作—选择—设定，设定完成后关机重启。

（3）FSSB（轴） 依次按下软键：FSSB（轴）—操作—选择—设定，设定完成后关机重启。

（4）伺服设定 依次按下软键：伺服设定—操作—选择—软键菜单向后翻页“ > ”—切换，系统显示图 3-26 所示伺服设定界面。

X、Z 轴的初始设定位应设为“00000000”。其余各参数的含义前文已述，这里不再赘述。

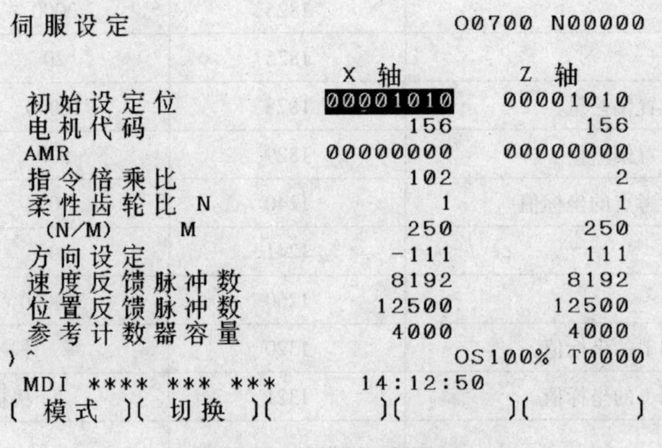

图 3-26 伺服设定界面

注意：完成伺服设定参数初始化设置后，要关机重启。

（5）主轴设定 依次按下软键：主轴设定—操作—选择—软键菜单向后翻页“ > ”—切换，系统显示图 3-27 所示主轴设定界面。

（6）辅助功能 依次按下软键：辅助功能—操作—选择，系统显示图 3-28 所示辅助功能设定界面，各项参数初始值如图 3-28 所示。

注意：完成辅助功能设定参数初始化设置后，要关机重启。

（7）其他参数设定

1）设定完成上述参数后，机床手动进给各轴不移动，还需设定表 3-13 所示初始化伺服及 DI/DO 参数。

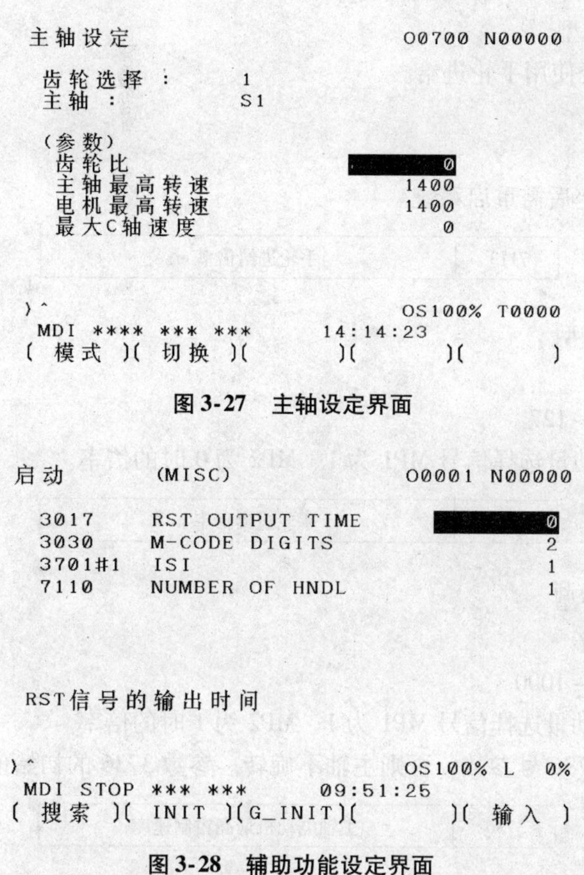

图 3-27　主轴设定界面

图 3-28　辅助功能设定界面

表 3-13　初始化伺服及 DI/DO 参数

参数号	设定值
1800#1	1
3003#0	1
3003#2	1
3003#3	1
3004#5	1

2）手轮设定。经上述参数设定后，JOG 方式机床 X、Z 轴可移动，但手轮动作没有，需设定表 3-14 所示参数，使手轮有效可用。

表 3-14　手轮初始化设定参数

参数号	设定值
8131#0	1
7113	100
7114	1000

	#7	#6	#5	#4	#3	#2	#1	#0
8131						EDC		HPG
					AOV	EDC	FID	HPG

［数据形式］　位型

8131.0HPG：是否使用手轮进给。

0：不使用

1：使用

注意：此参数设定后需重启系统。

7113	手轮进给倍率 m

［数据形式］　字型

［数据单位］　倍

［数据范围］　1～127

设定手轮进给移动量选择信号 MP1 为 1、MP2 为 0 时的倍率。

7114	手轮进给倍率 n

［数据形式］　字型

［数据单位］　倍

［数据范围］　1～1000

设定手轮进给移动量选择信号 MP1 为 1、MP2 为 1 时的倍率。

3）铣床需设定 3736 号参数，否则主轴不旋转。参数 3736 的初始值可以设为 1500。

3736	主轴电动机最高钳制速度

［数据形式］　字型

［数据范围］　0～4095

$$设定值=\frac{主轴电动机最高钳制速度}{主轴电动机最高转速}\times 4095$$

4）实际进给速度显示。

将 3105.0 设为 1。

	#7	#6	#5	#4	#3	#2	#1	#0
3105						DPS	PCF	DPF
	SMF					DPS	PCF	DPF

［数据形式］　位型

3105.0DPF：当前位置显示画面、程序检查画面、MDI 方式下程序画面是否显示实际速度。

0：不显示

1：显示

5）主轴速度和 T 代码显示。

将 3105.2 设定为 1。

3105.2DPS：实际主轴速度和 T 代码。

0：不显示

1：显示

6）取消小数点编程。

将3401.0设定为1。

	#7	#6	#5	#4	#3	#2	#1	#0
3401	GSC	GSB					FCD	DPI
			ABS	MAB				DPI

［数据形式］　位型

3401.0DPI：对于可以省略小数点的地址字，省略小数点时：

0：该地址字的单位为最小设定单位；

1：该地址字的单位选取mm、in、s。

3.3　系统参数设定实训

1. 实现下列参数基本操作

1）显示参数页面，各指出一个位型参数、一个位轴型参数、一个字型参数、一个字轴型参数。

2）搜索参数No.1320。

3）显示参数No.1420，将No.1420设置为8600。

2. 假设某4轴3联动的加工中心，具有X、Y、Z、C四个轴，其中X、Y、Z为3个线性轴，可实现联动；C轴为旋转轴，为PMC控制的轴，机床各轴的最小移动单位均为0.001mm或0.001deg。试根据机床状况设置相关轴参数。

3. 实现伺服轴设置的相关操作

（1）软限位设置

1）查参数手册，确定软限位参数的参数号、参数类型、允许设置的数值范围。

2）利用JOG方式结合手轮控制机床工作台移动，检测出各进给轴正、负方向的极限位置，并将数值记入系统参数中的软限位参数。

（2）误差补偿设置

1）查参数手册，确定反向间隙补偿参数的参数号、参数类型、允许设置的数值范围。

2）利用JOG方式结合手轮控制机床工作台移动，检测出各进给轴失动量，并进行反向间隙补偿。

4. 坐标轴进给速度控制参数

1）查手册找出有关手动连续进给时，进给速度以及手动快速运行速度控制参数的参数号、参数类型、允许设置的数值范围。

2）将JOG进给速度设为6m/min，JOG快速运行速度设为10m/min，G00快速进给速度设为10m/min，切削时最大进给速度设为8m/min。控制系统显示适当界面，检验伺服轴各种运动速度值。

5. 坐标系设定参数

1）查参数手册，找出记录参考点、换刀点、工件坐标系原点在机床坐标系中坐标值的参数号、参数类型、允许设置的数值范围。

2）利用参数设置，设置参考点在机床坐标系的坐标值为（10，10，10）。

3）利用参数设置，设置换刀点在机床坐标系的坐标值为（200，200，200）。

6. 一般功能设置参数

1）查参数手册，找出控制语言显示的参数号。将系统切换成英文界面。

2）查参数手册，找出控制程序模拟时图形显示方式的参数号，切换模拟方式。

7. 串行通信参数设置

1）查参数手册找出实现串行通信需设置的参数号、参数类型，以及这些参数允许设置的数值范围。

2）利用 RS232C 串行通信，将系统参数备份到计算机中。

3）利用 RS232C 串行通信，将加工程序 O321 备份到计算机中。

4）利用 RS232C 串行通信，将 CAM 软件编制的加工程序传输到计算机中。

5）利用 DNC 功能，执行 CAM 软件编制的加工程序。

第4章

FANUC 0i 系统 PMC 编程及调试

数控机床作为自动控制设备，是在自动控制下进行工作的，数控机床所受控制可分为两类：一类是最终实现对各坐标轴运动进行控制的数字控制，即控制机床各坐标轴的移动距离，各轴运行的插补、补偿等；另一类是“顺序控制”，即在数控机床运行过程中，以 CNC 内部和机床各行程开关、传感器、按钮、继电器等的开关量信号状态为条件，并按照预先规定的逻辑顺序对诸如主轴的起停、换向，刀具的更换，工件的夹紧、松开，液压、冷却、润滑系统的运行等进行的控制。数控机床利用 PLC 完成顺序控制。

PMC 与 PLC 所要实现的功能是基本一样的。PLC 用于工厂一般通用设备的自动控制，而 PMC 专用于数控机床外围辅助电气部分的自动控制。可编程机床控制器，简称 PMC。

4.1 FANUC 0i 系统 PMC 概述

4.1.1 顺序程序的执行过程

PMC 的工作过程基本上就是在系统软件的控制下顺次扫描各输入点的状态，按用户逻辑解算控制逻辑，然后顺序向各输出点发出相应的控制信号。梯形图程序的执行过程如图 4-1 所示。此外，为提高工作的可靠性和及时接收外来的控制命令，在每个扫描周期还要进行故障自诊断，以及处理与编程器、计算机的通信请求等。

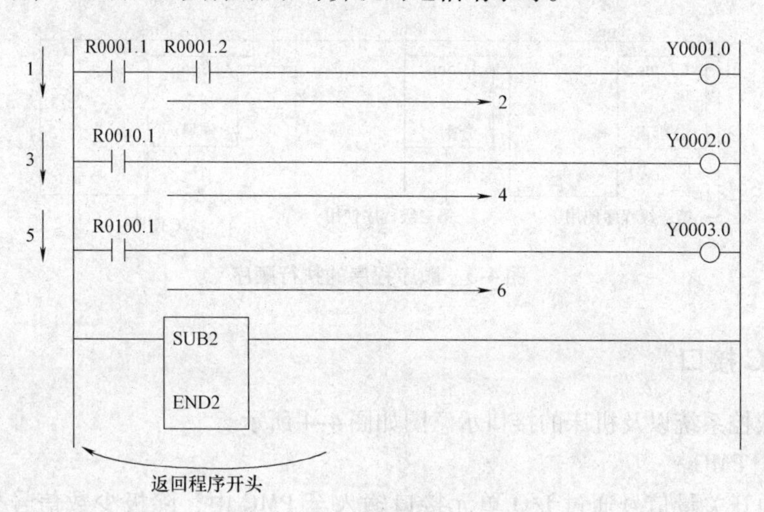

图 4-1 梯形图程序执行过程

所谓扫描就是依次对各种规定的操作项目全部进行访问和处理。扫描是周而复始无限循环的，每扫描一个循环所用的时间称为扫描周期。梯形图语句越少，扫描周期也就越短，信号的响应也就越快。

4.1.2　PMC 程序的结构

顺序程序一般由第一级程序、第二级程序以及若干个子程序组成，如图 4-2 所示。

在 PMC 程序中使用子程序的结构形式主要是做到结构化程序设计，以方便日后查找、调用和管理。将每一个功能类别的程序归类到每一个子程序中，也就相当于将不同类型的文件归类到不同的文件夹中。使用子程序的结构增强了程序的可读性，当程序运行出现错误时，易于找出原因。

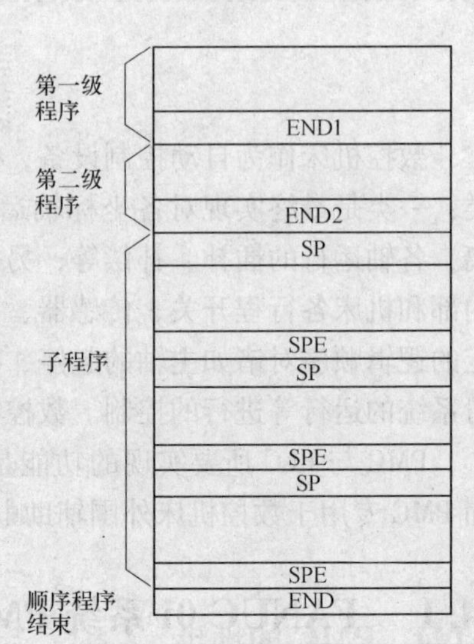

图 4-2　PMC 程序的结构

一般数控机床的 PMC 程序的处理时间为几十至上百毫秒，对于绝大多数信号，这个速度已足够了，但有些信号（如脉冲信号）要求迅速的响应。为适应不同控制信号对响应速度的不同要求，第一级程序仅处理短脉冲信号，比如急停、各进给坐标轴超程、机床互锁信号、返回参考点减速、跳步、进给暂停信号等。

第一级程序每 8ms 执行一次。在向 CNC 的调试 RAM 中传送程序时，第二级程序被分割，第一级程序的执行将决定如何分割第二级程序，若第二级程序的分割数为 n，则顺序程序的执行顺序如图 4-3 所示。可见，当第二级程序的分割数为 n 时，一个循环的执行时间为 8$n$ms，第一级程序每 8ms 执行一次，第二级程序每 8$n$ms 执行一次。如果第一级程序的步数增加，那么在 8ms 内第二级程序动作的步数就相应减少，因此分割数变多，整个程序的执行时间变长。因此，第一级程序应编得尽可能短。

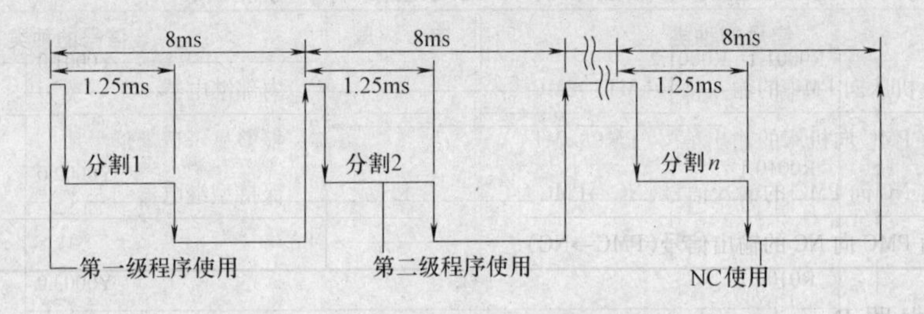

图 4-3　顺序程序的执行顺序

4.1.3　PMC 接口

PMC 与数控系统以及机床的接口示意图如图 4-4 所示。

1. 机床至 PMC

机床侧的开关量信号通过 I/O 单元接口输入至 PMC 中，除极少数信号外，绝大多数信号的含义及所占用 PMC 的地址均可由 PLC 程序设计者自行定义。

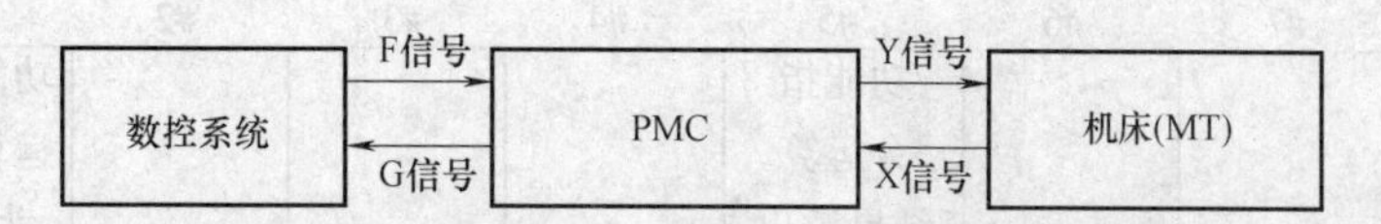

图 4-4　PMC 与数控系统以及机床接口示意图

2. PMC 至机床

PMC 控制机床的信号通过 PMC 的开关量输出接口送到机床侧，所有开关量输出信号的含义及所占用 PMC 的地址均可由 PMC 程序设计者自行定义。

3. CNC 至 PMC

CNC 送至 PMC 的信息可由 CNC 直接送入 PMC 的寄存器中，所有 CNC 送至 PMC 的信号的含义和地址（开关量地址或寄存器地址）均由 CNC 厂家确定，PMC 编程者只可使用，不可改变或增删。如辅助功能 M、S、T 指令，通过 CNC 译码后直接送入 PMC 相应的寄存器中。FANUC 0i-B 系统刀具指令选通信号为 F7.3，即 CNC 译码 T 指令后，CNC 向 PMC 发出 F7.3 =1 信号，通知 PMC 开始处理换刀指令。

4. PMC 至 CNC

PMC 送至 CNC 的信号也由开关量信号或寄存器完成，所有 PMC 送至 CNC 的信号的含义和地址均由 CNC 厂家确定，PMC 编程者只可使用，不可改变或增删。FANUC 0i-B 系统 G4.3 为 T 指令处理完成信号。

4.1.4　PMC 的地址

PMC 地址的格式用地址号和位号表示，如图 4-5 所示。地址号的开头必须指定一个字母表示信号的类型，地址字母与信号类型的对应关系见表 4-1。在功能指令中，指定的字节单位的地址位号可以省略。

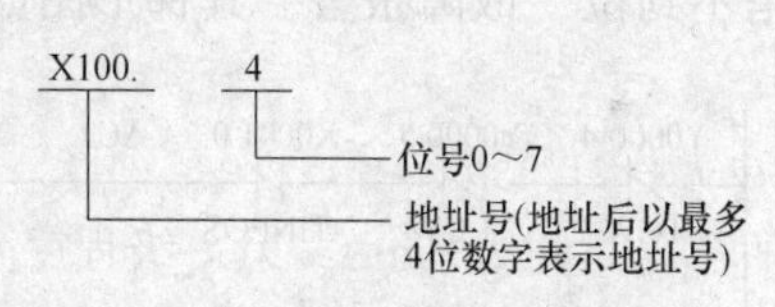

图 4-5　地址的格式

表 4-1　地址字母与信号类型的对应关系

字　母	信号的种类	字　母	信号的种类
X	由机床向 PMC 的输入信号(MT→PMC)	R	内部继电器
Y	由 PMC 向机床的输出信号(PMC→MT)	A	报警显示请求信号
F	由 NC 向 PMC 的输入信号(NC→PMC)	K	保持型继电器
G	由 PMC 向 NC 的输出信号(PMC→NC)		

1. 内部继电器 R

在梯形图中，经常需要中间继电器作为辅助运算用。R0 ~ R999 作为通用中间继电器使用，R9000 后的地址作为 PMC 系统程序保留区域，这些继电器信号的地址不能用作梯形图中的输出信号（线圈）。

R9000 为二进制加法运算（ADDB）、二进制减法运算（SUBB）、二进制乘法运算（MULB）、二进制除法运算（DIVB）和二进制数值大小判别（COMPB）功能指令的运算结果输出用寄存器。R9000 各位的含义：

	#7	#6	#5	#4	#3	#2	#1	#0
R9000			功能指令运算结果溢出				功能指令运算结果为负值	功能指令运算结果为0

R9091 是系统定时器，其各位的含义：

	#7	#6	#5	#4	#3	#2	#1	#0
R9091		1s 的周期信号，每个周期中 504ms 为 1，496ms 为 0	200ms 的周期信号，每个周期中 104ms 为 1，96ms 为 0				常为 1	常为 0

2. 报警显示请求信号 A

机床制造商把机床所能预见的不同异常情况汇总后，自己编写错误代码和报警信息。PMC 通过从机床侧各检测装置反馈回来的信号和系统部分的状态信号，对机床所处的状态根据 PMC 程序的逻辑进行自诊断，若系统发现机床状态与正常的状态有异，即将机床当时的情况判定为异常，并将对应于该种异常的 A 地址信号置为 1。

当某个 A 地址信号为 1 后，报警显示屏幕便会出现相关的信息，帮助查找和排除故障。这类报警信息是由机床制造商在编辑 PMC 程序时编写的。

下面通过一个例子说明编辑报警显示控制 PMC 程序，以及编辑报警信息的方法。

X0001. 0 为转塔到位确认信号；Y0000. 4 为转塔正转控制信号；Y0000. 5 为转塔反转控制信号。如果没有转塔正转控制信号，同时也没有转塔反转控制信号，PMC 又检测不到转塔到位信号，证明转塔没有到位，被卡在一个中间位置，延时 4s 触发 A0000. 7 信号，产生“转塔不到位”故障报警。其梯形图如图 4-6 所示。

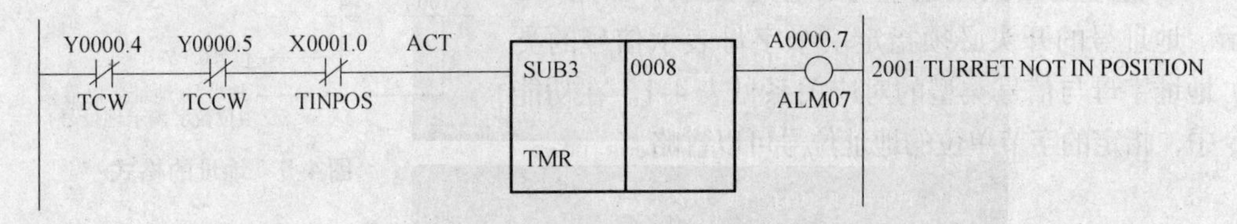

图 4-6　控制转塔不到位报警的梯形图

编辑报警信息的主要操作包括：

1）按下 MDI 面板上的 SYSTEM 功能键，再按下［PMC］软键，进入 PMC 界面，如图 4-7 所示。

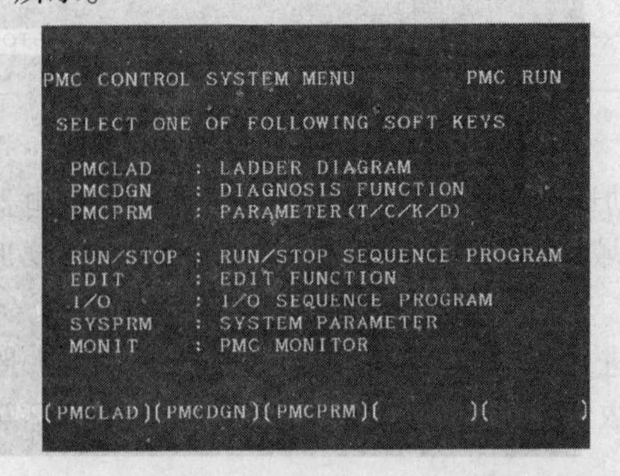

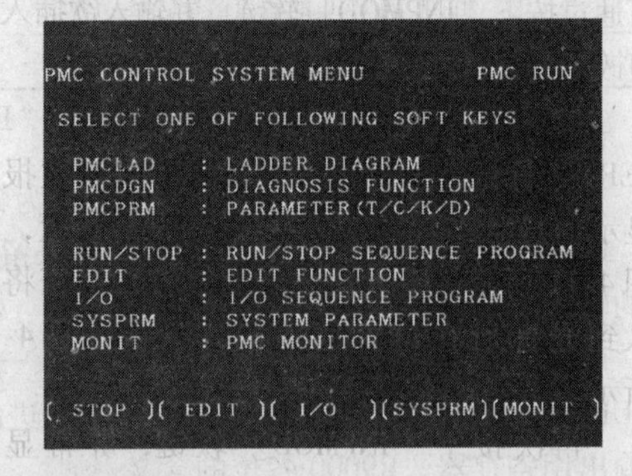

图 4-7　PMC 操作全部软键

2）按下向后翻页软键，以使系统显示［EDIT］软键，如图4-7所示。

3）按下［EDIT］软键，系统界面如图4-8所示。选择［MESAGE］软键，在系统提示“PROGRAM MUST BE STOPPED TO EDIT. OK?”（若要编辑，必须停止程序运行）时，按下［YES］软键，手动停止PMC程序的运行，如图4-8所示。系统显示所有梯形图中涉及的A信号地址，如图4-9所示。

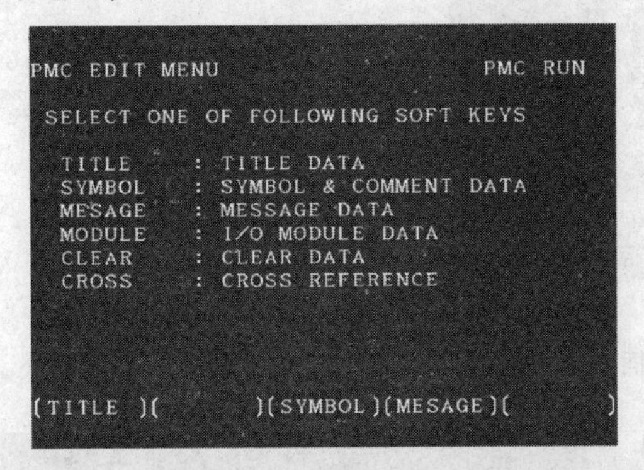

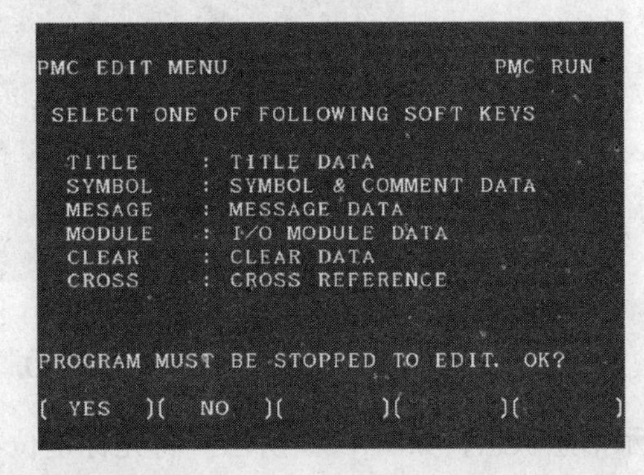

图4-8　编辑报警信息操作1

4）按光标移动键或屏幕翻页键将光标定位到A0.7，输入欲在屏幕上显示的报警提示信息，如图4-9所示，然后按MDI面板INPUT键，完成报警信息设定，如图4-10所示。

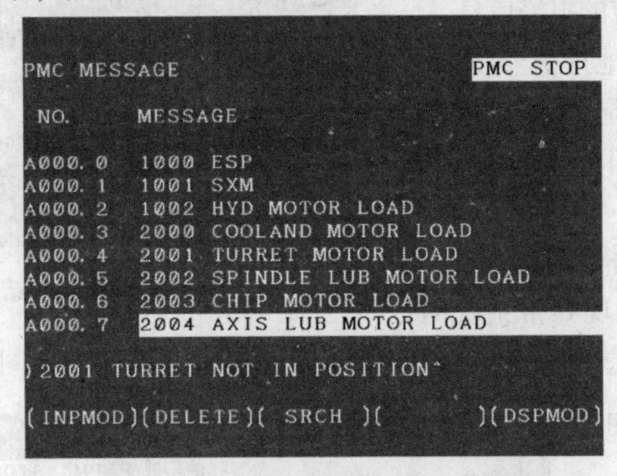

图4-9　编辑报警信息操作2

5）若要对已有的报警显示信息进行编辑，可通过按下［INPMOD］软键，并输入欲插入或更改后的字符。

按下［INPMOD］软键，屏幕显示“INSERT”标记，系统进入以插入方式修改报警显示信息状态。将光标定位在插入位置，如图4-11所示。键入预插入的字符，字符将插入到光标所在位置的前面，结果如图4-12所示。

再次按下［INPMOD］软键，屏幕显示“ALTER”标记，系统进入以替换方式修改报警

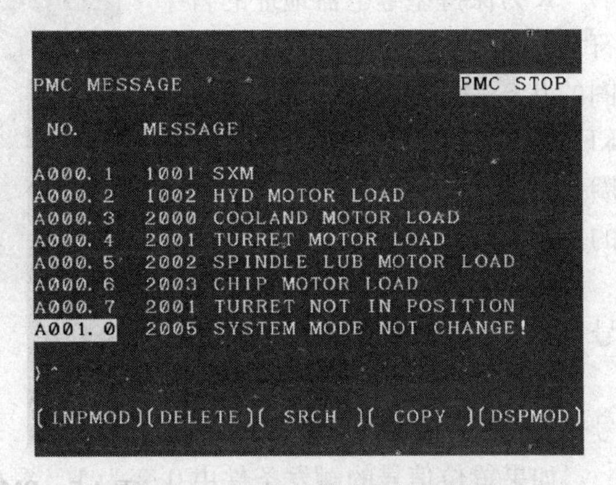

图4-10　编辑报警信息操作结果

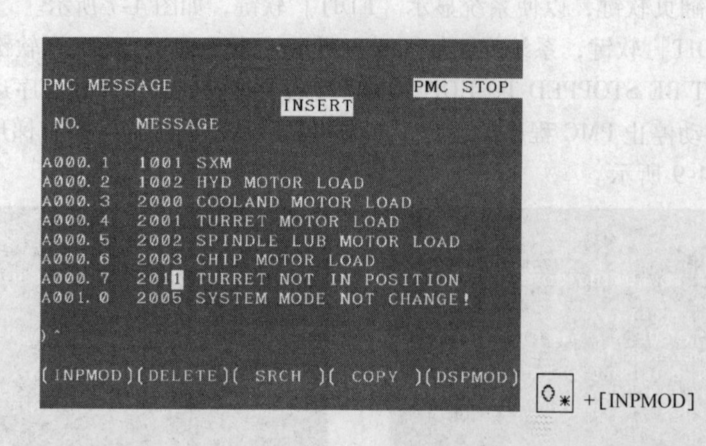

图 4-11　插入操作

显示信息状态，如图 4-13 所示。将光标定位在要修改的字符处，键入字符，按下［INPMOD］软键执行替换操作，结果如图 4-14 所示。

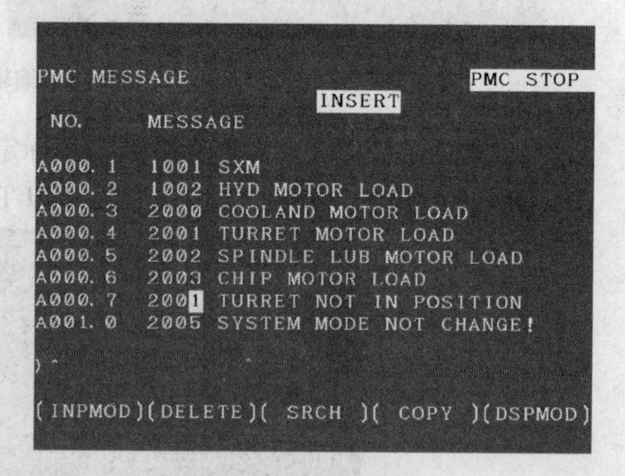

图 4-12　插入结果

注意 A 信号地址应当连续定义，否则会出现故障状态，系统无法正常显示对应的报警信息。

如果故障状态没有排除，A 地址信号将一直保持为 1 状态，报警信息将一直显示，直到故障被排除，按下 MDT 键盘的 RESET 复位键后，方可消除报警信息。

如果操作者对机床的机械结构和各类检测元件的分布不是很熟悉，当机床出现异常情况时，可以通过读懂屏幕显示的报警信息，在梯形图中找到控制此信息显示的梯形图程序段，从而确定使 A 信号为 1 的要素，以便定位故障点，进而将故障排除。

3. 保持型继电器 K

K 为保持型继电器地址的首字符。保持型继电器的特点是，线圈的状态完全取决于对 PMC 参数 KEEPL 的设置。保持型继电器线圈是否带电可以不受梯形图逻辑的控制。

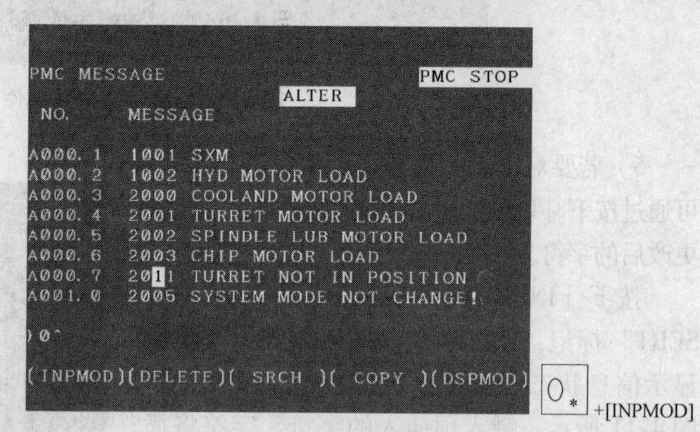

图 4-13　替换操作

4. 置位信号—(S)—、复位信号—(R)—

置位信号—(S)—以及复位信号—(R)—是两种特殊的输出信号。

如果置位信号的触发条件由 0 变为 1，置位信号被置 1，并自保持。也就是说，当触发条件变为0时，置位信号仍然保持为1。如图4-15所示，X3.1信号由0变为1后，Y1.1信号被置1，并保持；当X3.1又变为0时，Y1.1保持为1状态。

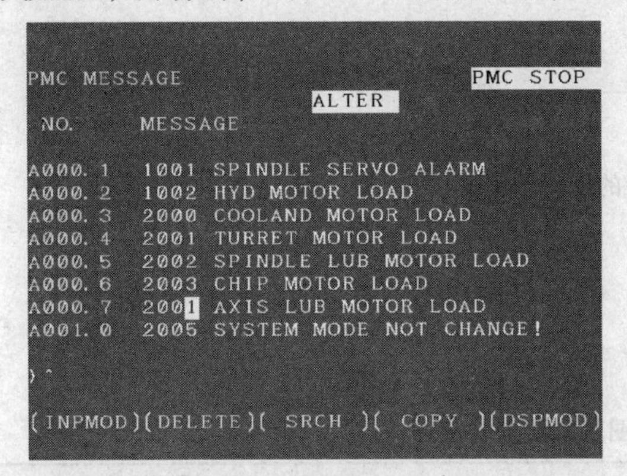

图4-14 替换结果

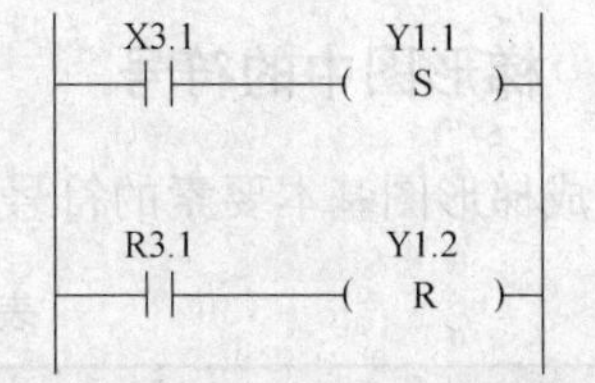

图4-15 梯形图中的自保持信号

如果复位信号的触发条件由0变为1，复位信号被置0，并自保持。如图4-15所示，R3.1信号由0变为1后，Y1.2信号被复位为0。

5. 地址的使用

在PMC程序中，输出线圈的地址不能重复，否则信号状态无法被确定，如图4-16所示。

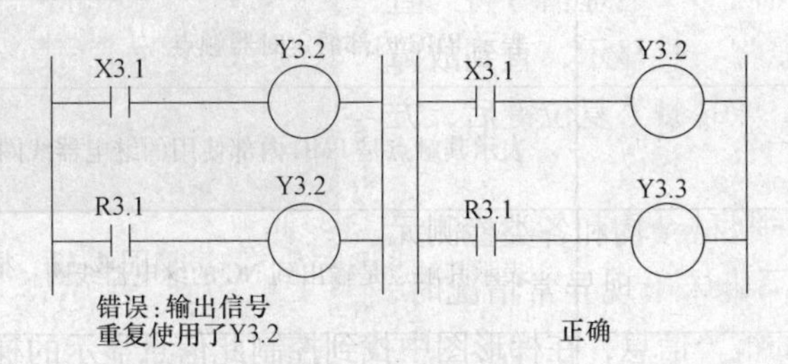

图4-16 地址的使用示例1

定时器号（T）以及计数器号（C）不能重复使用，如图4-17所示。

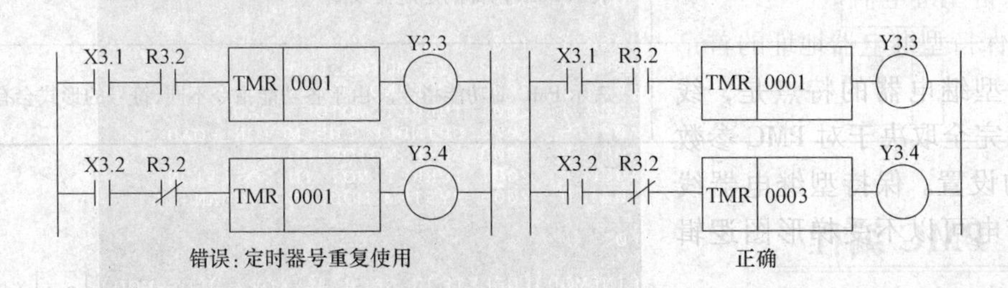

图4-17 地址的使用示例2

可以认为PMC中间继电器、内部继电器的触点数有无限多个，所以同一地址的触点可使用无限多次，如图4-18所示。

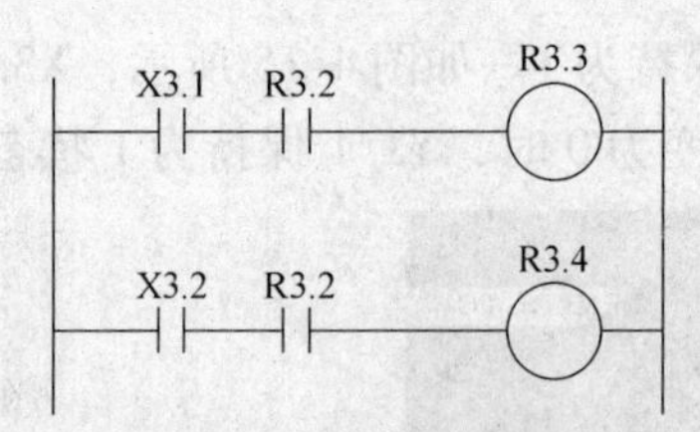

图 4-18　地址的使用示例 3

4.1.5　梯形图中的符号

构成梯形图基本要素的符号见表 4-2。

表 4-2　构成梯形图基本要素的符号

符　　号	说　　明
A型触点 B型触点	表示 PMC 内部继电器触点,来自机床和来自 NC 的输入都使用该符号
	表示来自 NC 的输入信号
	表示机床侧(含内置手动面板)的输入信号
	表示 PMC 内部的定时器触点
	表示其触点是 PMC 内部使用的继电器线圈
	表示其触点是输出到 NC 的继电器线圈
	表示其触点是输出到机床的继电器线圈
	表示 PMC 内部的定时器线圈
	表示 PMC 的功能指令。由于各功能指令不同,符号的形式会有不同

4.2　PMC 编程

4.2.1　基本逻辑程序实例

1. 开环电路设计

逻辑描述：门铃按钮被按下，门铃响，如图 4-19 所示。

已知：门铃按钮的信号地址为 X0010.0，门铃信号的地址为 Y005.0。

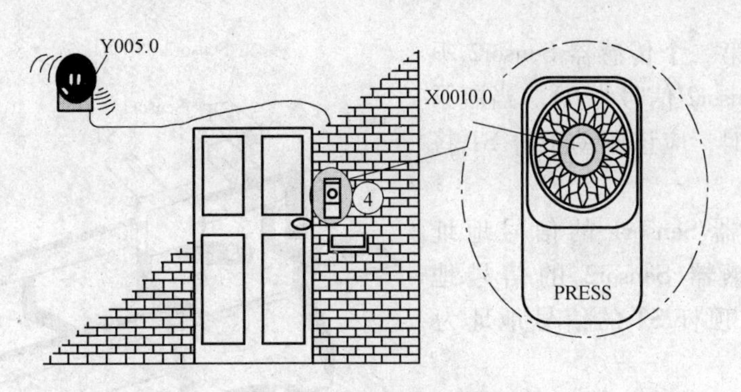

图 4-19　门铃控制示意图

PMC 程序如图 4-20 所示。

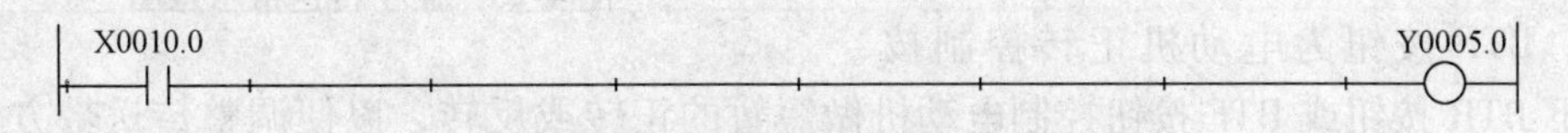

图 4-20　门铃控制的梯形图程序

2. 已知 X0003. 3 为机床侧某异常状态输入信号的接口地址，Y0002. 5 为机床操作面板上的机床状态异常报警指示灯的接口信号地址

编写 PMC 程序实现：

1）当 X0003. 3 =1 时，Y0002. 5 报警指示灯点亮；当 X0003. 3 =0 时，Y0002. 5 报警指示灯关断。

2）当 X0003. 3 =1 时，Y0002. 5 报警指示灯闪烁，以 1s 为一个周期，间隔 0. 5s 闪动一下；当 X0003. 3 =0 时，Y0002. 5 报警指示灯关断。

机床侧给 PMC 的输入信号在梯形图中以触点的形式出现，指示灯属于 PMC 对机床的输出信号，在梯形图中以线圈的形式出现。实现逻辑要求 1）的梯形图程序如图 4-21 所示。

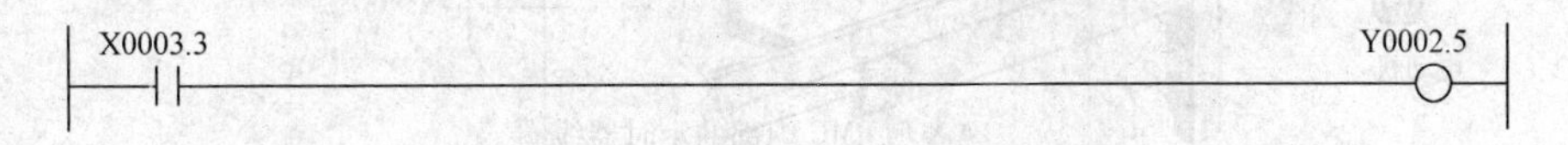

图 4-21　实现逻辑要求 1）的梯形图程序

系统的内部继电器 R9091. 6 为 1s 的周期信号，每个周期中 504ms 为 1，496ms 为 0。所以可利用 R9091. 6 作为控制 Y0002. 5 闪烁的控制信号。实现逻辑要求 2）的梯形图程序如图 4-22 所示。

图 4-22　实现逻辑要求 2）的梯形图程序

3. 检测瓶子是否直立逻辑设计

逻辑描述：瓶子传送带上安装有两个传感器 Sensor1 和 Sensor2，如图 4-23 所示。当瓶子处于直立状态时，两个传感器同时被激活（Sensor1 和 Sensor2 信号均为 1）；当瓶子处于

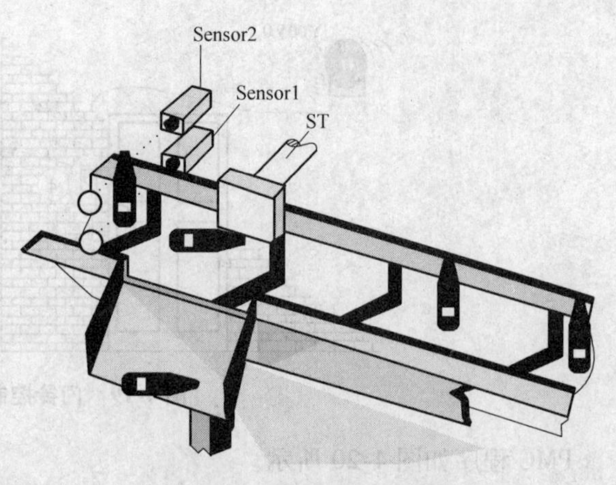

图 4-23 瓶子传送带示意图

非直立状态时，第二个传感器 Sensor2 不能被激活（即 Sensor2 信号为 0）。当瓶子处于非直立状态时，应该驱动顶杆 ST 将瓶子推出传送带。

已知：传感器 Sensor1 的信号地址为 X0011.1，传感器 Sensor2 的信号地址为 X0011.2，顶杆 ST 的信号地址为 Y0006.1。

PMC 程序如图 4-24 所示。

4. 互锁控制

逻辑描述：BTR 按钮为电动机反转控制按钮，BTF 按钮为电动机正转控制按钮，按下 BTR 按钮或 BTF 按钮控制电动机做短暂的正转或反转，以便调整传送带方位，如图4-25a所示。

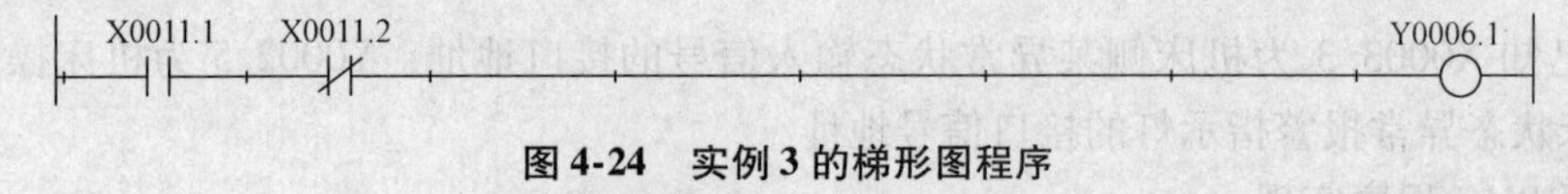

图 4-24 实例 3 的梯形图程序

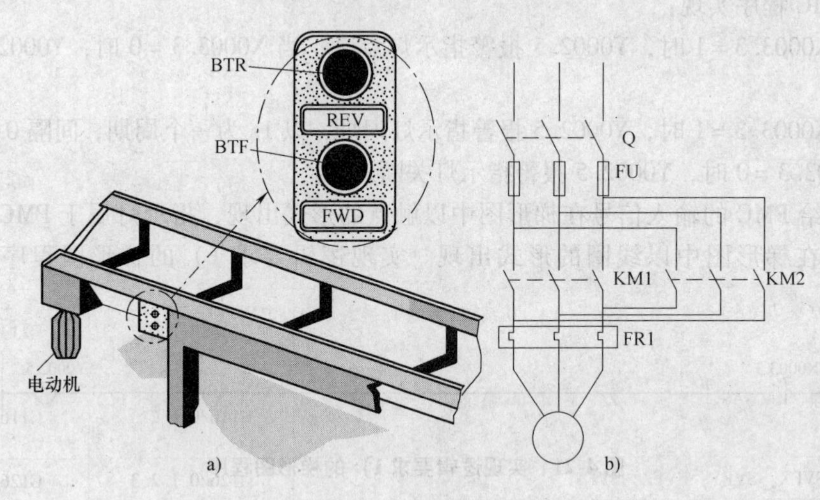

图 4-25 互锁控制实例

a）示意图 b）主电路

电动机正反转控制电路的主电路如图 4-25b 所示。BTR 按钮控制接触器 KM2 线圈得电，电动机反转；BTF 按钮控制接触器 KM1 线圈得电，电动机正转。

应特别注意：如果 BTR 和 BTF 按钮同时被按下，则 KM1 和 KM2 的主触点将同时闭合，会造成电源短路。

已知：按钮 BTR 的信号地址为 X0012.1，按钮 BTF 的信号地址为 X0012.2，控制电动机反转的接触器 KM2 线圈对应的 PMC 的信号地址为 Y0007.1，控制电动机正转的接触器 KM1 线圈对应的 PMC 的信号地址为 Y0007.2。

PMC 程序如图 4-26 所示。

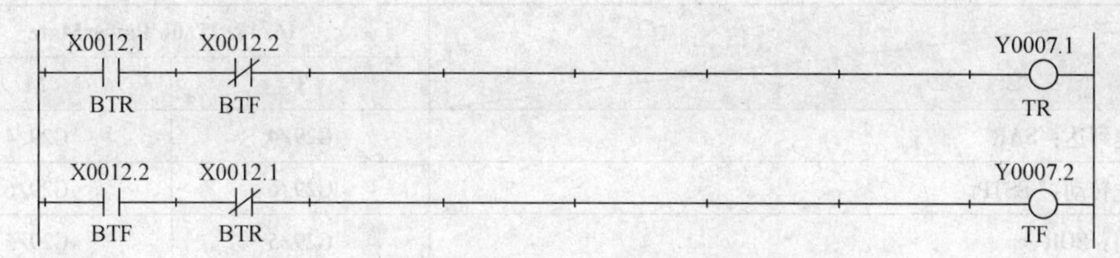

图 4-26　自锁控制实例的梯形图程序

4.2.2　常用内部信号

CNC 与 PMC 之间的信号，即 G 地址信号和 F 地址信号是 FANUC 公司已经定义好的，PMC 编程和调试时，必须通过查内部信号地址表找到适用的信号，在 FANUC 连接（功能）说明书中给出了所有 G 信号、F 信号的地址表。PMC 常用内部信号的地址见表 4-3。

表 4-3　PMC 常用内部信号地址表

信　号 ╲ 地　址	16/18/21/0i/PowerMate	
	T	M
自动循环启动：ST	G7/2	G7/2
复位：RST	F1/1	F1/1
NC 准备好：MA	F1/7	F1/7
伺服准备好：SA	F0/6	F0/6
自动（存储器）方式运行：OP	F0/7	F0/7
程序保护：KEY	F46/3. 4. 5. 6	F46/3. 4. 5. 6
工件号检：PN1，PN2，PN4，PN8，PN16	G9/0-4	G90-4
外部动作指令：EF	F8/0	F8/0
进给轴硬超程 * +LX，* +LY，* +LZ，* +L4（0 系统），* +L1 ~ * +L4（16 系统）	G114/0. 1. 2. 3	G114/0. 1. 2. 3
进给轴硬超程 * -LX，* -LY，* -LZ，* -L4（0 系统），* -L1 ~ * -L4（16 系统）	G116/0. 1. 2. 3	G116/0. 1. 2. 3
伺服断开：SVFX，SVFY，SVFZ，SVF4	G126/0. 1. 2. 3	G126/0. 1. 2. 3
位置跟踪：* FLWU	G7/5	G7/5
位置误差检测：SMZ	G53/6	—
手动绝对值：* ABSM	G6/2	G6/2
镜像：WIRS，MIRY，MIR4	G106/0. 1. 2. 3	G106/0. 1. 2. 3
螺纹倒角：CDZ	G53/7	—
系统报警：AL	F1/0	F1/0
电池报警：BAL	F1/2	F1/2
DNC 加工：DNCI	G43-5	G43-5
跳转：SKIP	X4/7	X4/7

（续）

地址 \ 信号	16/18/21/0i/PowerMate	
	T	M
主轴转速到达：SAR	G29/4	G29/4
主轴停止转动：* SSTP	G29/6	G29/6
主轴定向：SOR	G29/5	G29/5
主轴转速倍率：SOV0 ~ SOV7	G30	G30
主轴换档：GR1，GR2（T）GR10，GR20，GR30（M）	G28/1. 2	F34/0. 1. 2
串行主轴正转：SFRA	G70/5	G70/5
串行主轴反转：SFVA	G70/4	G70/4
S12 位代码输出：ROI0 ~ RI20	F36；F37	F36；F37
S12 位代码输入：ROI1 ~ RI21	G32；G33	G32；G33
SSIN	G33/6	G33/6
SGN	G33/5	G33/5
机床就绪：MRDY	G70/7	G70/7
主轴急停：* ESPA	G71/1	G71/1
定向指令：ORCMA	G70/6	G70/6
定向完成：ORARA	F45/7	F45/7
进给暂停：* SP	G8/5	G8/5
方式选择：MDI，MD2，MD4	G43/0. 1. 2	G43/0. 1. 2
进给轴方向：X，Y，Z，4（0 系统）J1，J2，J3，J4（16 系统）	G100/0. 1. 2. 3	G100/0. 1. 2. 3
进给轴方向：－X，－Y，－Z，－4（0 系统）－J1，－J2，－J3，－J4（16系统）	G102/0. 1. 2. 3	G102/0. 1. 2. 3
手动快速进给：RT	G19/7	G19/7
手摇进给轴选择/快速倍率：HX/ROV1，HY/ROV2，HZ/DRN，H4（0 系统） HSIA-JSID（16 系统）	G18/0. 1. 2. 3	G18/0. 1. 2. 3
手摇进给轴选择/空运行：HZ/DRN9（0）：DNR（16 系统）	G46/7	G46/7
手摇进给/增量进给倍率：MP1，MP2	G19/4. 5	G19/4. 5
单程序段运行：SBK	G46/1	G46/1
程序段选跳：BDT	G44/0；G45	G44/0；G45
零点返回：ZRN	G43/7	G43/7
回零点减速：* DECX，* DECY，* DEC4	X9/0. 1. 2. 3	X9/0. 1. 2. 3
机床锁住：MLK	G44/1	G44/1
急停：* ESP	Gg/4	Gg/4
进给暂停中：SPL	F0/4	F0/4
自动循环启动灯：STL	F0/5	F0/5
回零点结束：ZPX，ZPY，ZPZ，ZP4（0 系统）ZP1，ZP2，ZP3，ZP4（16 系统）	F94/0. 1. 2. 3	F94/0. 1. 2. 3

（续）

地址 \ 信号	16/18/21/0i/PowerMate	
	T	M
进给倍率：* OV1，* OV2，* OV4，* OV8（0 系统）* FV0-8FV7（16 系统）	G12	G12
手动进给倍率：* JV0 ~ * JV15（16 系统）	F79，F80	F79，F80
进给锁住：IT	G8/0	G8/0
进给轴分别锁住：* ITX，* ITY，* ITZ，* IT4（0 系统）* IT1 ~ * IT4（16 系统）	G130/0. 1. 2. 3	G130/0. 1. 2. 3
各轴各方向锁住：+MIT1 ~ +MIT4；(-MIT1) ~ (-MIT4)	X004/2-5	G132/0. 1. 2. 3 G134/0. 1. 2. 3
启动锁住：STLK	G7/1	—
辅助功能锁住：AFL	G5/6	G5/6
M 功能代码：M00 ~ M31	F10-F13	F10-F13
M00，M01，M02，M30 代码	F9/4. 5. 6. 7	F9/4. 5. 6. 7
M 功能（读 M 代码）：MF	F7/0	F7/0
进给分配结束：DEN	F1/3	F1/3
S 功能代码：S00 ~ S31	F22-F25	F22-F25
S 功能（读 S 代码）：SF	F7/2	F7/2
T 功能代码：T00 ~ T31	F26-F29	F26-F29
T 功能（读 T 代码）：TF	F7/3	F7/3
辅助功能结束信号：MFIN	G5/0	G5/0
刀具功能结束信号：TFIN	G5/3	G5/3
结束：FIN	G4/3	G4/3
倍率无效：OVC	G6/4	G6/4
外部复位：ERS	G8/7	G8/7

注：* 代表该信号低电平有效。

1. 第一级程序常见控制信号地址

虽然第一级程序包含的信号均为急需处理的短脉冲信号，但处理这些信号的逻辑通常并不复杂：出现警示性输入信号，即触发数控系统或机床进入急停状态、轴锁状态等，并且第一级程序中的信号地址一般都是固定的。

急停信号、机床互锁信号、硬件超程信号触发系统进入相应的急停状态、机床锁定状态、硬件超程保护状态时，PMC 会向 CNC 输出一系列信号，这些信号地址是固定的，编程时根据需要直接调用这些信号。

1）急停信号：

	#7	#6	#5	#4	#3	#2	#1	#0
X1008				* ESP				

	#7	#6	#5	#4	#3	#2	#1	#0
G008				* ESP				

X8. 4 急停输入信号。按下机床操作面板上的急停按钮，X8. 4 信号由 1 状态变为 0 状态。

G8.4：输出急停信号使数控系统停止工作。这一信号由按钮 B 类触点控制，急停信号 *ESP变为 0 时，CNC 被复位并使机床处于急停状态。

2）机床互锁信号：

	#7	#6	#5	#4	#3	#2	#1	#0
G007			*FLWU				STLK	
G008								*IT
G130					*IT4	*IT3	*IT2	*IT1
G132					+MIT4	+MIT3	+MIT2	+MIT1
G134					–MIT4	–MIT3	–MIT2	–MIT1

G007.5：执行跟踪功能输入信号。跟踪功能即当所控轴的位置控制无效时（伺服关断、急停或伺服报警期间），如果移动机床，则会产生位置误差。跟踪功能可用于跟踪 CNC 的当前位置。当下次执行绝对位置指令时，机床会移动到正确位置。通常在急停或伺服报警期间执行跟踪。

G008.0：*IT，禁止机床移动信号。*IT 为 0 时，轴移动减速停止；*IT 为 1 时，恢复运行。

G130.#：禁止指定轴移动。各进给轴都有一个独立的锁定信号，信号名尾端的数字与进给轴名对应。

G130.#动作：手动操作时，互锁轴移动被禁止，其他轴可以运动；自动运行时（MEM、RMT、MDI），轴/方向互锁信号为 0 时，所有轴减速后停止。互锁信号清除后可重新运动。

3）硬件超程信号：

	#7	#6	#5	#4	#3	#2	#1	#0
G114					*+L4	*+L3	*+L2	*+L1
G116					*–L4	*–L3	*–L2	*–L1

G114、G116 超程信号：刀具移动超出了机床限位开关设定的行程终点时，限位开关动作，刀具减速并停止，显示超程报警。超程信号表明控制轴已到达行程极限，每个控制轴的每个方向都具有该信号。信号前的+/–表明方向；数字与控制轴相对应。

处理超程信号的动作：一旦轴超程信号变为 0，其移动方向被存储。即便信号变为 1，在报警清除前该轴也不能沿该方向运动。手动操作时，仅超程信号为 0 的轴减速停止，停止后可向反方向移动。自动操作时，即便只有一个轴超程信号为 0，所有轴都减速停止，并产生报警。

2. 急停、超程报警控制电路及处理急停和各轴超程的第一级程序

从图 4-27 中可见，急停按钮以及超程限位开关控制着 CNC 控制单元以及伺服驱动单元是否能够获得 24V 直流电压。一旦急停按钮被按下或者任何一个轴的超程限位开关被压下，EMG 接触器的线圈即失电，其常开触点 emg1 以及 emg2 打开，CNC 控制单元以及伺服驱动单元的电源被断开，系统停止工作。

根据上述信号含义，以及对急停输入信号及超程输入信号的控制逻辑，第一级程序如图 4-28所示。

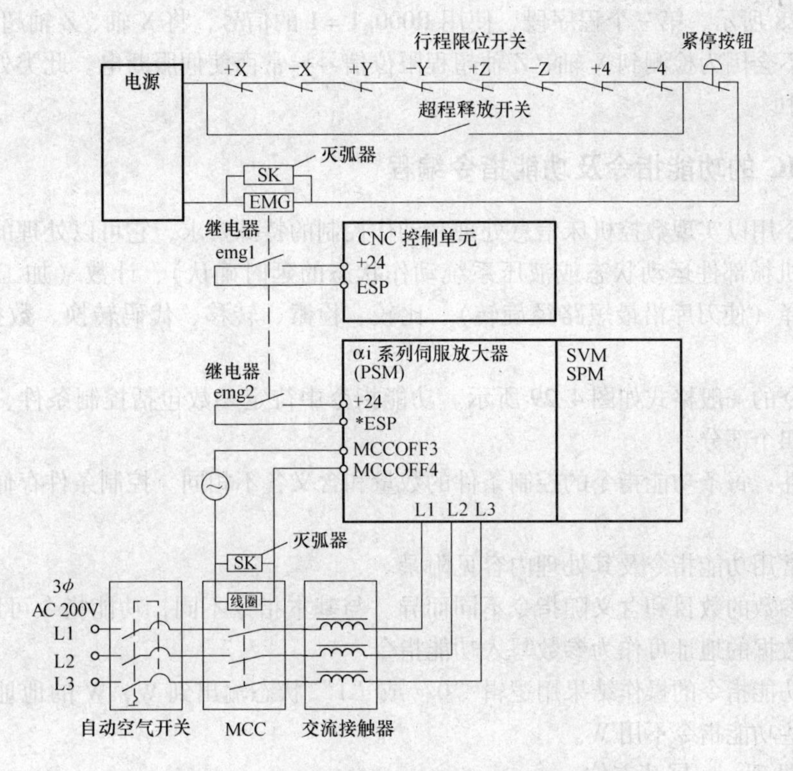

图 4-27　急停按钮以及超程限位开关电路图

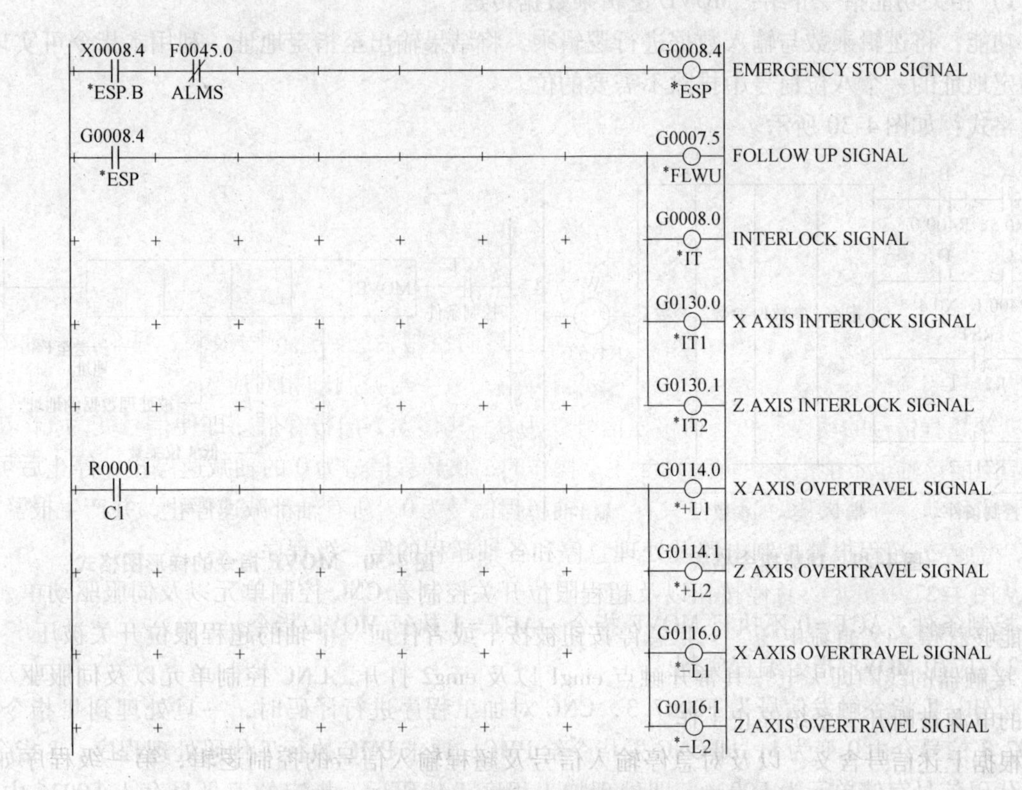

图 4-28　处理急停报警以及超程报警的第一级程序

如图 4-28 所示，第三个程序段，使用 R000.1 = 1 的信号，将 X 轴、Z 轴超程信号屏蔽，保证了系统不会因为检测到 X 轴、Z 轴超程限位信号异常而使伺服断电。此类处理常见于机床调试过程中。

4.2.3 PMC 的功能指令及功能指令编程

功能指令用以实现数控机床信息处理和动作控制的特殊要求，它可以处理的控制包括译码、定时（机械部件运动状态或液压系统动作状态的延时确认）、计数（加工零件计数）、最短路径选择（使刀库沿最短路径旋转）、比较、检索、转移、代码转换、数据四则运算、信息显示等。

功能指令的一般格式如图 4-29 所示。功能指令中待定参数包括控制条件、指令、参数和输出地址四个部分。

控制条件：每条功能指令的控制条件的数量和含义各不相同。控制条件存储于堆栈存储器中。

指令：常用功能指令及其处理内容见附录。

参数：参数的数目和含义随指令不同而异。与基本指令不同，功能指令可以处理数据，数据或存有数据的地址可作为参数写入功能指令。

输出：功能指令的操作结果用逻辑“0”或“1”状态输出到 W，W 的地址由编程者任意指定。有些功能指令不用 W。

1. 数据处理——屏蔽空位

1）相关功能指令介绍：MOVE 逻辑乘数据传送。

功能：将逻辑乘数与输入数据进行逻辑乘，将结果输出至指定地址。利用本指令可实现从指定地址的一个八位信号中排除不需要的位。

格式：如图 4-30 所示。

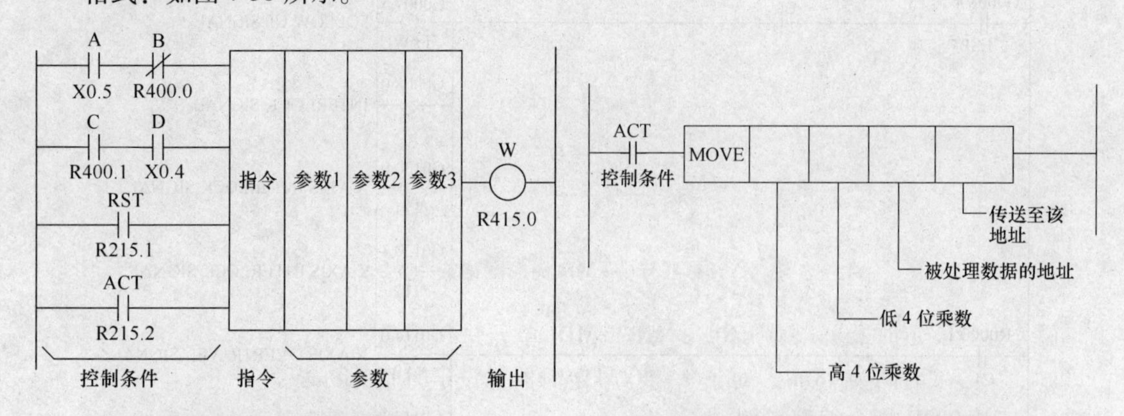

图 4-29　功能指令格式　　　图 4-30　MOVE 指令的梯形图格式

控制条件：ACT = 0 不执行 MOVE 指令；ACT = 1 执行 MOVE 指令。

2）应用 MOVE 指令编程实例。

已知：T 指令触发信号为 F0007.3，CNC 对加工程序进行译码时，一旦处理到 T 指令，F0007.3 信号会由 0 变为 1，即 CNC 发指令给 PMC，要求 PMC 执行 T 代码处理程序。T 指令刀具代码信号存储单元为 F0026，即处理加工程序 T 代码后，指定的刀具号存入 F0026 中，如加工程序中有 T4，即调用4 号刀，则刀具号“4”存入 F0026 中。机床转塔刀位数为 12。

要求：根据上述已知条件，对程序中指令的刀具号作所有空位均置 0 的处理，并将处理后的程序中指令的刀具号存储到地址号为 R0102 的中间继电器中。

分析：F0007.3 =1 是执行 T 指令处理 PMC 程序的条件。机床转塔刀位数为 12，所以刀具号的存储仅占用一个字节中的低四位，根据题目要求，高四位应当被清零。

PMC 程序如图 4-31 所示。

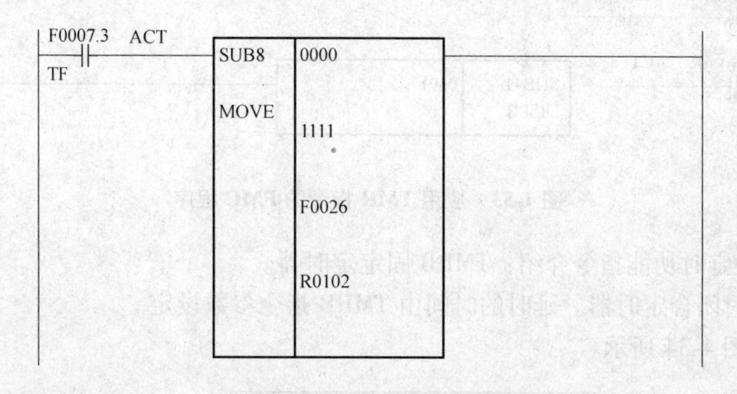

图 4-31　屏蔽空位 PMC 程序

2. 信号延时处理

1）相关功能指令介绍：TMR 定时器。

功能：延时导通定时器。

格式：如图 4-32 所示。

控制条件：ACT =0 时，关闭定时继电器；ACT =1 时，将定时器初始化，当 ACT =1 并达到预置时间时，定时器接通。定时器的地址由设计者决定。

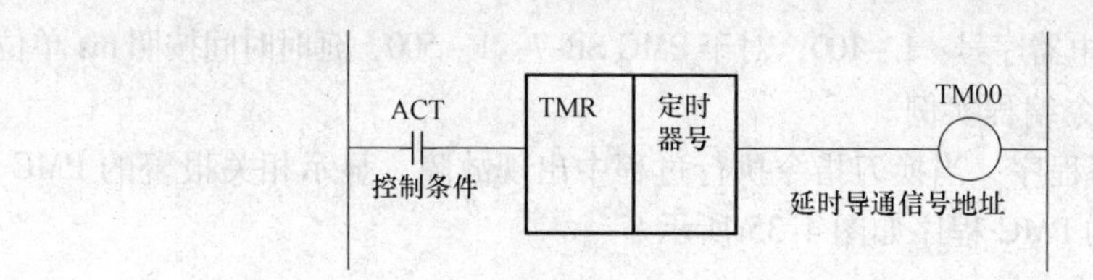

图 4-32　TMR 梯形图格式

相关参数：定时器可以由 CNC 的 CRT/MDI 单元进行设置。对于1 ~8 号定时器，设定时间为 48ms；对于 9 ~40 号定时器，设定时间为 8ms。

2）应用 TMR 指令编程实例。

编写利用外部开关控制系统显示相关报警信息的 PMC 程序。

已知：X0004.0 为主轴刀具夹紧信号，X0004.1 为主轴刀具松开信号，X0003.0 为主轴刀具夹紧/松开异常复位信号。

要求：出现刀具夹紧异常，延时 4s 显示相关报警信息。

分析：主轴夹紧/松开刀具是由一个液压缸进行控制的，如果液压缸动作不正常而影响主轴正常夹紧/松开时，如液压缸卡在中间，夹紧和松开的检测开关状态都为 0，这种故障状态持续超过4s后，A0001.0置为1，屏幕显示相应报警。

PMC程序如图4-33所示。

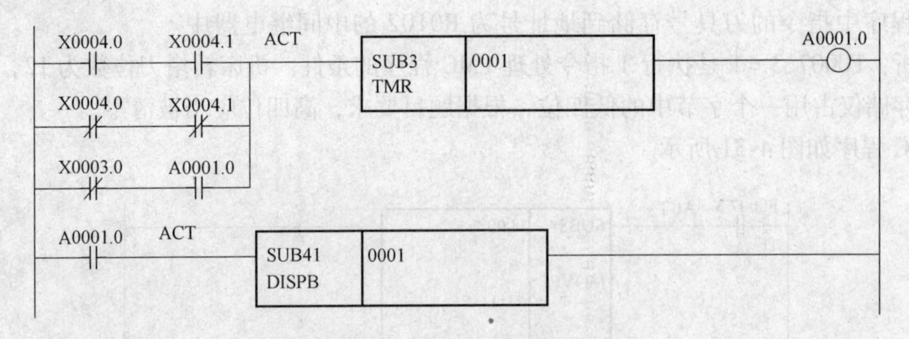

图4-33　应用TMR指令的PMC程序

3）另一种定时功能指令介绍：TMRB固定定时器。

功能：延时闭合定时器。延时的时间由TMRB指令参数设定。

格式：如图4-34所示。

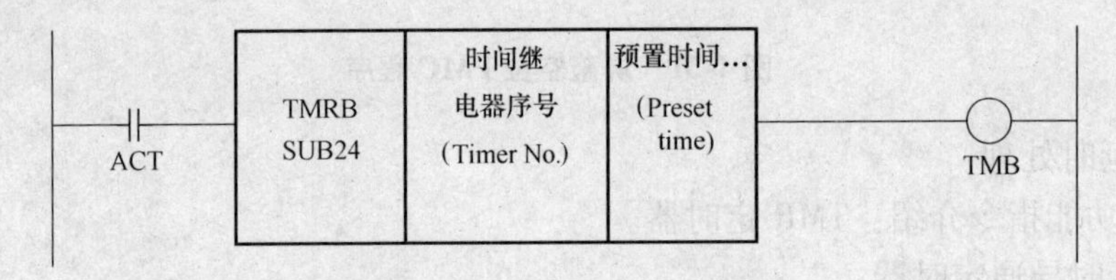

图4-34　功能指令TMRB格式

用法：ACT=1，执行TMR；ACT =0，关断定时器继电器（TM），定时器序号由Timer No. 指定。

参数设定：时间继电器序号：1~100，对于PMC SB-7：1~500，延时时间按照ms单位输入。

4）应用TMRB指令编程实例。

如前文所述，编写程序，当换刀指令执行过程中出现故障，显示相关报警的PMC程序。应用TMRB指令编程的PMC程序如图4-35所示。

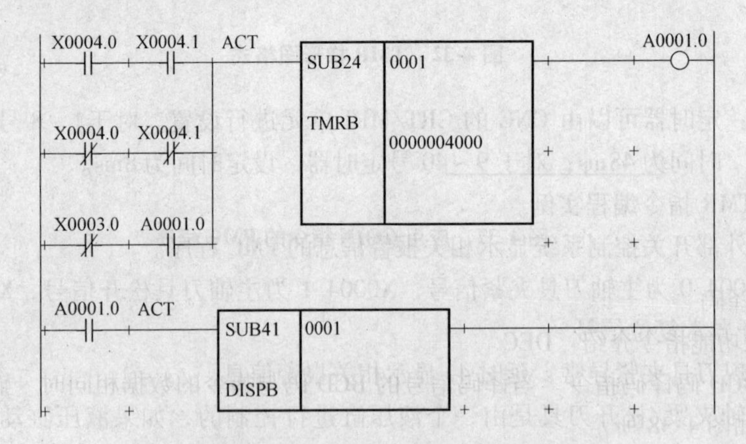

图4-35　应用TMRB指令的PMC程序

3. 一致性检测

1）相关功能指令介绍：COIN 一致性检测。

功能：检验 BCD 码格式的基准数据和比较数据是否一致。

格式：如图 4-36 所示。

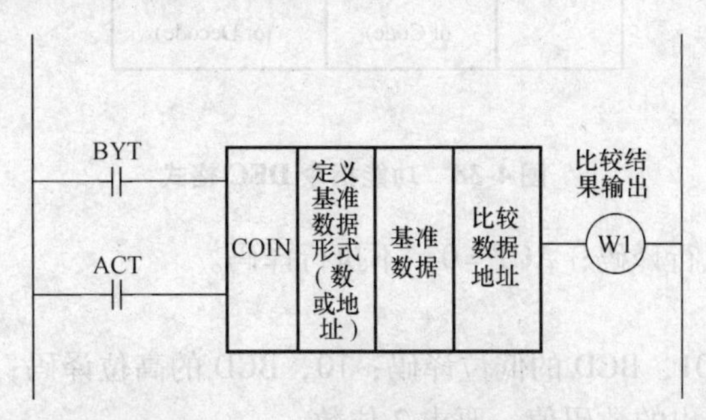

图 4-36　COIN 指令梯形图格式

控制条件：BYT 指定数据类型：

BYT =0 基准数据、比较数据均为 2 位 BCD 码。

BYT =1 基准数据、比较数据均为 4 位 BCD 码。

ACT 指令执行：ACT =0 时，不执行 COMP 指令，W1 状态保持；ACT =1 时，执行 COMP 指令，比较结果输出到 W1。

当基准数据≠比较数据时，W1 =0；当基准数据 = 比较数据时，W1 =1。

相关参数：定义基准数据形式，0 用常数指定基准数据，1 用地址指定基准数据。

2）应用 COIN 指令编程实例。

已知：若当前处于手动选刀状态（R0120. 2 = 1），并且手动选刀目标刀具号存储在 R0102；转塔当前刀位号存储在 R0100。

要求：用 COIN 指令判断转塔当前刀位号与手动选刀目标刀具号是否一致，若一致手动转塔到位检测信号 R0120. 3 =1，则 PMC 程序如图 4-37 所示。

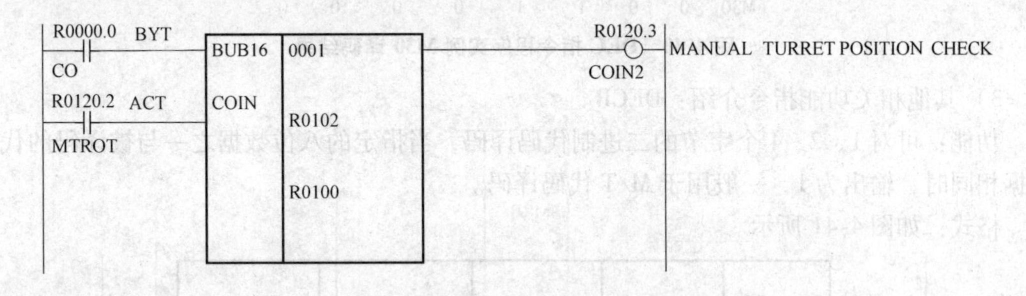

图 4-37　应用 COIN 指令的 PMC 程序

4. 信号译码

1）相关功能指令介绍：DEC。

功能：BCD 码译码指令。当译码信号的 BCD 码与指令的数据相同时，输出继电器为 1。

格式：如图 4-38 所示。

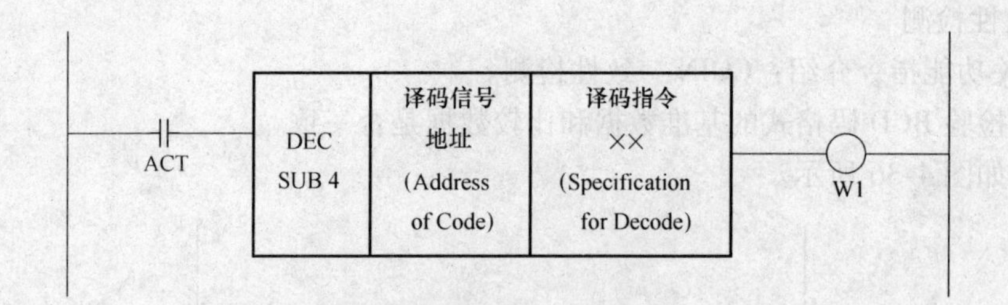

图 4-38 功能指令 DEC 格式

用法：ACT＝1，执行译码；ACT＝0，不执行译码。

参数说明：

指定译码的位置：01，BCD 的低位译码；10，BCD 的高位译码；11，两位同时译码。

00 译码值：指定评出的数码值。要求 2 位数。

2）应用 DEC 指令编程实例（见图 4-39）。

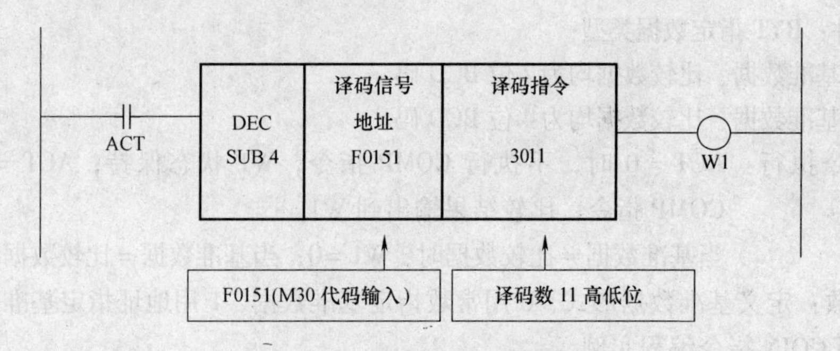

图 4-39 DEC 指令程序实例

译码指令：译码数＝30，译码的位置＝11。

译码指令执行结果如图 4-40 所示。

F0151	#7	#6	#5	#4	#3	#2	#1	#0
M30	0	0	1	1	0	0	0	0

图 4-40 DEC 指令程序实例 M30 译码结果

3）其他相关功能指令介绍：DECB。

功能：可对 1、2、4 个字节的二进制代码译码，当指定的八位数据之一与被译码的代码数据相同时，输出为 1，一般用于 M/T 代码译码。

格式：如图 4-41 所示。

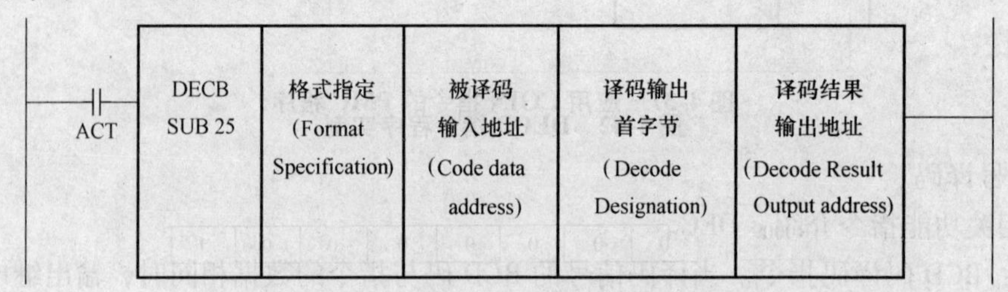

图 4-41 功能指令 DECB 格式

用法：二进制译码，ACT＝1，执行译码；ACT＝0，不执行译码指令。

格式指定：0001，1个字节长二进制译码；0002，2个字节长二进制译码；0004，4个字节长二进制译码。

M指令对应的F信号地址见表4-4。

表4-4　M指令对应的F信号地址

F0010	M07	M06	M05	M04	M03	M02	M01	M00
F0011	M15	M14	M13	M12	M11	M10	M09	M08
F0012	M23	M22	M21	M20	M19	M18	M17	M16
F0013	M31	M30	M29	M28	M27	M26	M25	M24

说明：

① 被译码输入地址是指从CNC来的指令代码，作为PMC-SB7版本（FANUC 0i-B），M代码地址是F0010～F0013，T代码地址是F0026～F0029。

② 首字节是指译码输出的首个字节，如：被译码地址＝F0010，首字节＝8，说明对M代码译码，从M8开始译码输出。

4）应用DECB指令编程实例。

译码数据格式：数据为2字节长度。

译码输出地址：被译码数据输出到F0010。

译码输出首字节为8。

译码数据输出地址：R0009。

梯形图程序如图4-42所示。

译码执行结果如图4-43所示。

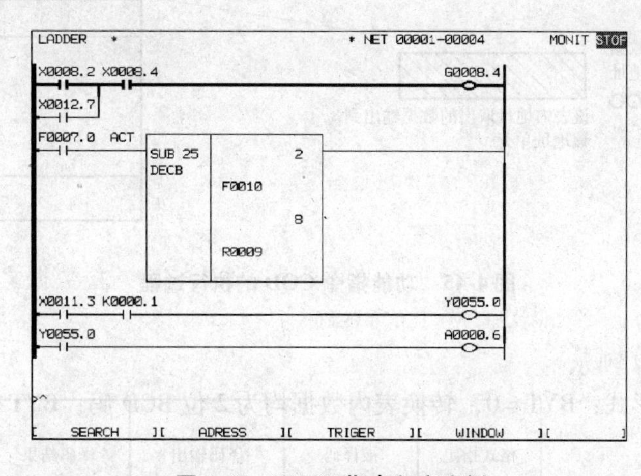

图4-42　DECB指令程序实例

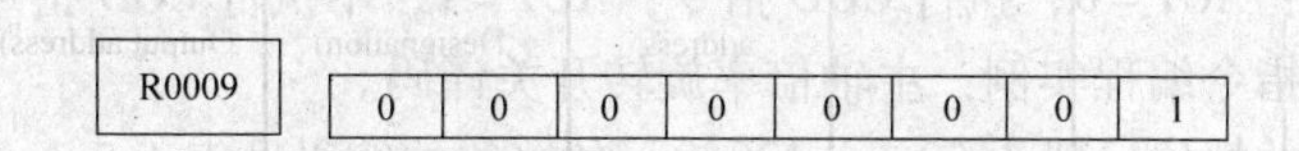

图4-43　DECB指令程序实例执行结果

5. 操作面板上速度控制旋钮信号的译码

1）相关功能指令介绍：COD 代码转换。

功能：将一组 BCD 码转换成另一组任意的 2/4 位的 BCD 码。

格式：如图 4-44 所示。

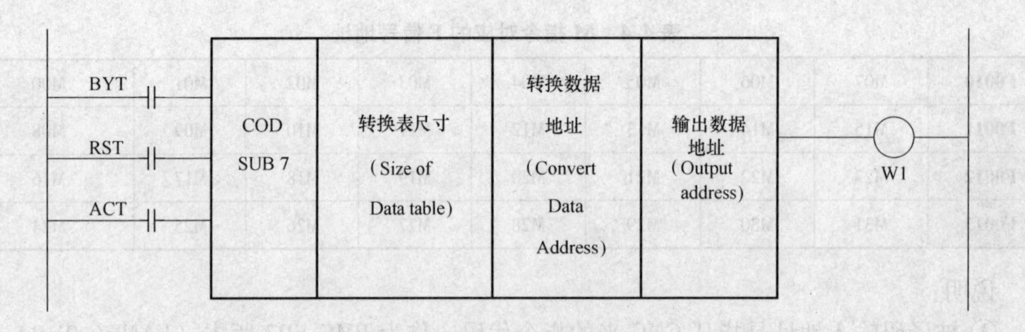

图 4-44　功能指令 COD 格式

用法：在指令中的“转换输入数据地址”中以两位 BCD 码形式指定一个表内地址，根据该地址从转换表中取出转换数据。再按照指令中的“输出数据地址”，将表内指定地址中存储的信息存入该地址。功能指令 COD 的执行过程如图 4-45 所示。

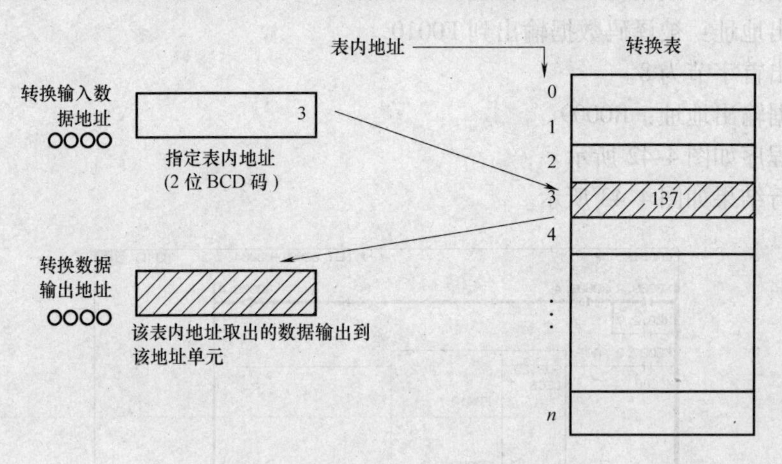

图 4-45　功能指令 COD 的执行过程

参数说明：

BYT 指定数据形式：BYT = 0，转换表内数据均为 2 位 BCD 码；BYT = 1，转换表内数据为 4 位 BCD 码。

RST 复位信号：RST = 0，不执行复位操作；RST = 1，执行复位操作，输出信号 W1 = 0。

ACT 触发信号：ACT = 0，执行 COD 指令；ACT = 1，不执行 COD 指令。

2）应用 COD 指令编程实例：主轴倍率旋转开关译码。

主轴倍率旋钮的档位一般为 50% ~120%，各档位的编码见表 4-5。

主轴倍率旋钮译码 PMC 程序如图 4-46 所示。

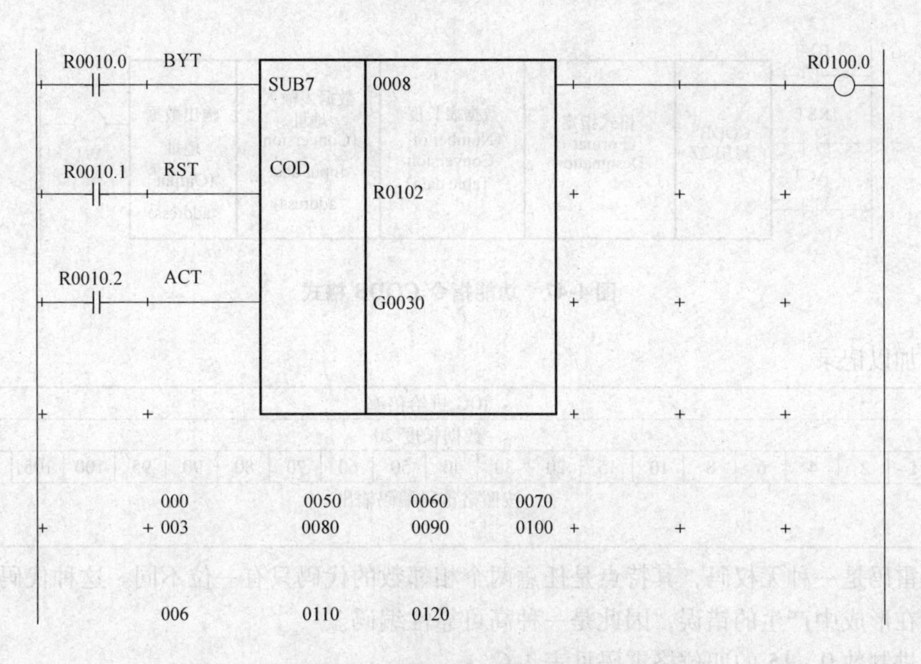

图 4-46　功能指令 COD 程序实例

表 4-5　主轴倍率旋钮档位编码表

档　　位	SPC	SPB	SPA	表内数据
50%	1	1	1	7
60%	0	1	1	3
70%	0	1	0	2
80%	1	1	0	6
90%	1	0	0	4
100%	0	0	0	0
110%	0	0	1	1
120%	1	0	1	5

主轴倍率开关控制：

主轴倍率	50%	60%	70%	80%	90%	100%	110%	120%
R0100 →								
表内编号	0	1	2	3	4	5	6	7
R0102 ←								
表内数据	7	3	2	6	4	0	1	5

3）其他相关功能指令介绍：二进制代码转换。

功能：用 2 位的二进制码指定变换数据表内的号，将与输入的表内号对应的 1、2、4 字节的数值输出。

格式：如图 4-47 所示。

JOG 进给倍率共 20 档，从 1～120。系统把这些档以格雷码的形式，利用 G10 和 G11 两

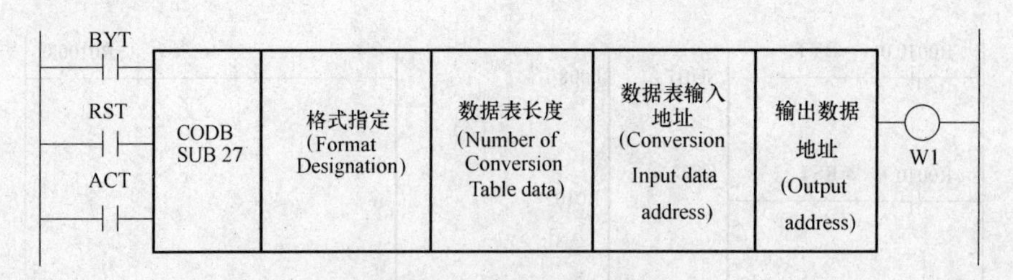

图 4-47 功能指令 CODB 格式

个信号加以记录。

	JOG 进给倍率																			
	数据长度 20																			
R200	1	2	4	6	8	10	15	20	30	40	50	60	70	80	90	95	100	105	110	120
G10 G11	按照格雷码编码输出																			

格雷码是一种无权码，其特点是任意两个相邻数的代码只有一位不同。这种代码可以减少代码在形成中产生的错误，因此是一种高可靠性编码。

十进制数 0 ~ 15 的四位格雷码见表 4-6。

表 4-6 十进制数 0 ~ 15 的四位格雷码

十进制数	格雷码	十进制数	格雷码
0	0000	8	1100
1	0001	9	1101
2	0011	10	1111
3	0010	11	1110
4	0110	12	1010
5	0111	13	1011
6	0101	14	1001
7	0100	15	1000

4）应用 CODB 指令编程实例：进给倍率旋转开关译码。

PMC-SB7 型 PMC，进给倍率旋钮各档位译码 PMC 程序如图 4-48 所示。

6. 指令刀具号有效性判断

1）相关功能指令介绍：COMP 数值大小判断。

功能：将输入数和比较数进行比较，判断大小。

格式：如图 4-49 所示。

控制条件：

BYT 指定数据类型：BYT = 0，基准数据、比较数据均为 2 位 BCD 码；BYT = 1，基准数据、比较数据均为 4 位 BCD 码。

ACT 指令执行：ACT = 0，不执行 COMP 指令，W1 状态保持；ACT = 1，执行 COMP 指令，比较结果输出到 W1。

当基准数据 > 比较数据时，W1 = 0；当基准数据 ≤ 比较数据时，W1 = 1。

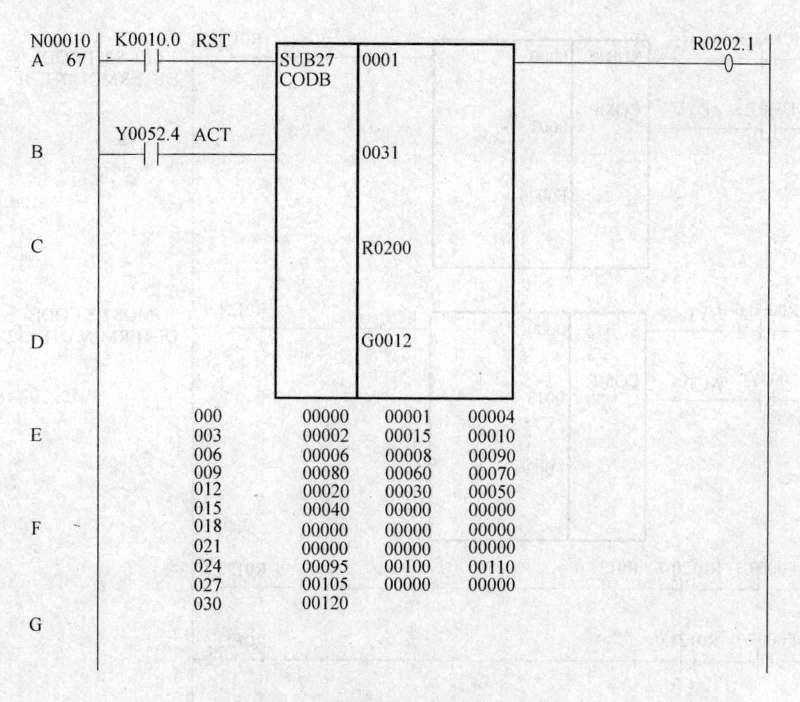

图 4-48　功能指令 CODB 编程实例

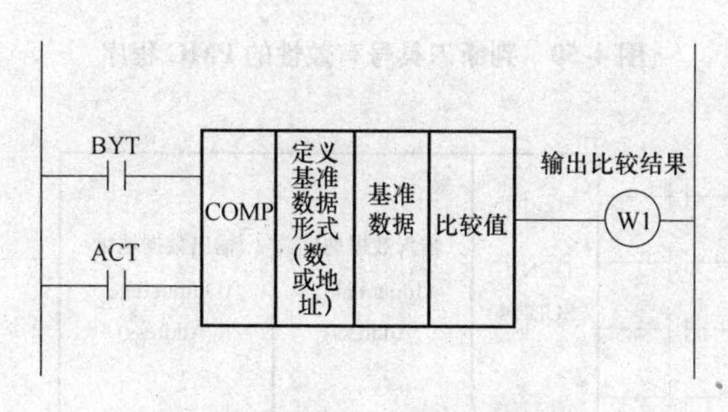

图 4-49　COMP 指令梯形图格式

相关参数：定义基准数据形式，0 用常数指定基准数据，1 用地址指定基准数据。

2）应用 COMP 指令编程实例。

已知：某数控车床的转塔具有 12 个刀位，设计一个简单的程序，判断用户编制的加工程序中指定的刀具号是否在 1 ~ 12 范围内：

① 若刀具号在 1 ~ 12 范围内，即刀具号正确，置内部继电器 R0121. 2 = 1。

② 若刀具号不在 1 ~ 12 范围内，即刀具号错误，置内部继电器 R0121. 3 = 1。

判断刀具号是否在 1 ~ 12 范围内的 PMC 程序如图 4-50 所示。

7. 数据变换 DCNV

1）相关功能指令介绍。

功能：将二进制代码转换为 BCD 代码或 BCD 代码转换为二进制代码。

格式：如图 4-51 所示。

参数：

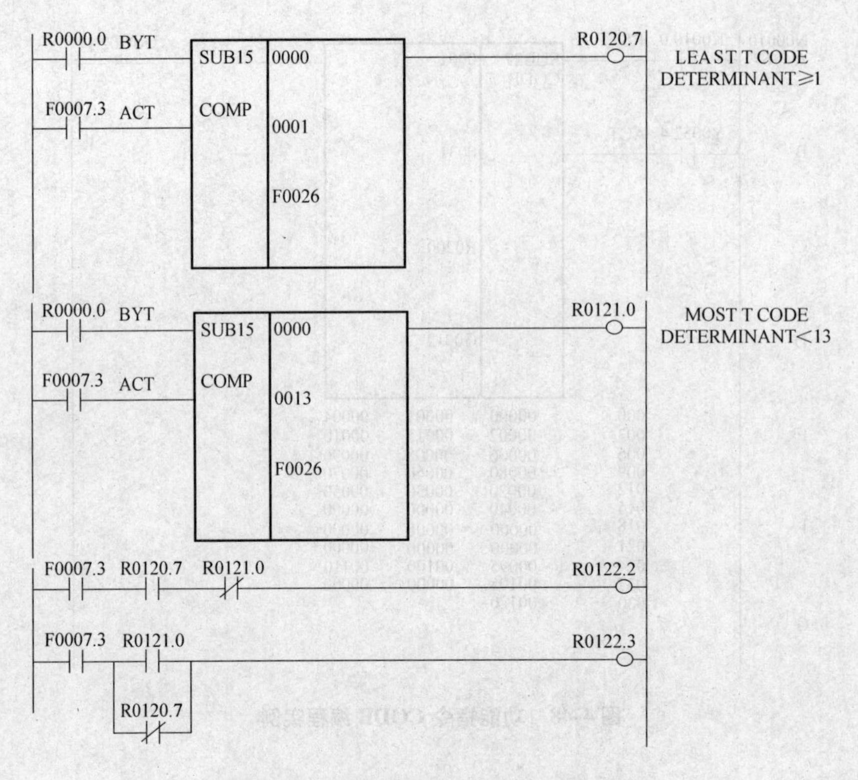

图 4-50　判断刀具号有效性的 PMC 程序

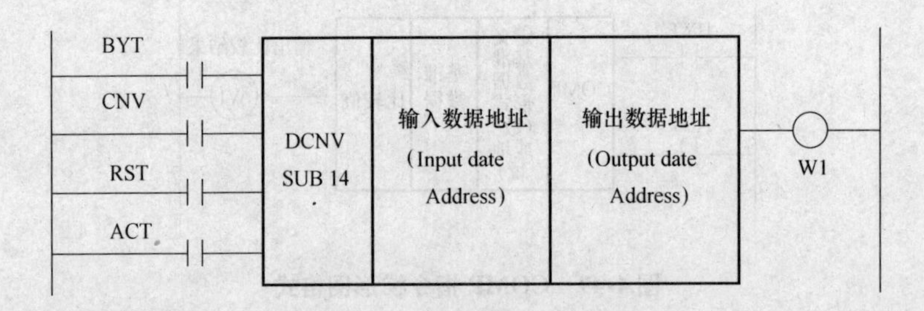

图 4-51　功能指令 DCNV 格式

BYT 指定数据长度：BYT＝0，被处理数据为 1 字节数据；BYT＝1，被处理数据为 2 字节数据。

CNV 指定数据转换类型：CNV＝0，将二进制代码转换成 BCD 码；CNV＝1，将 BCD 码转换成二进制代码。

复位信号 RST：RST＝0，不执行复位；RST＝1，对 W1 信号进行复位处理。

触发信号 ACT：ACT＝0，不执行 DCNV 指令；ACT＝1，执行 DCNV 指令。

输出信号 W1：W1＝0，无报警；W1＝1，DCNV 执行过程中出错。

W1 报警产生的原因包括，输入数据应为 BCD 码的地方，如果是二进制码，则输出报警；或者从二进制码变换成 BCD 码时超过指定字节长，输出报警。

2）应用指令编程实例。将设定在 R0100 中的 1 字节 BCD 码变换成二进制代码后输出到 R0102。

程序如图4-52所示。

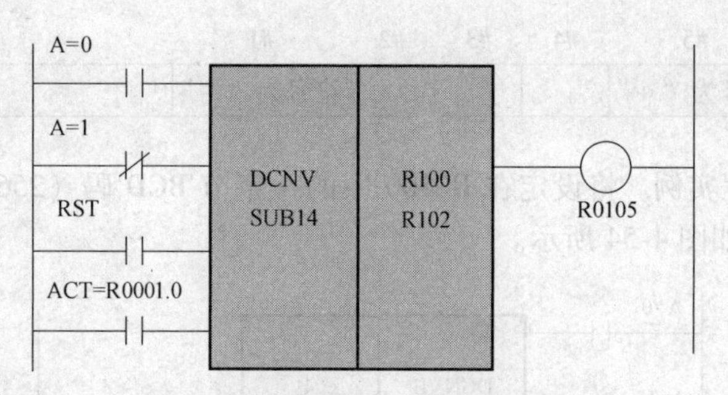

图4-52　功能指令DCNV程序实例

DCNV指令执行结果如下：

BCD码	R0100（12）	0 0 0 1 0 0 1 0
二进制	R0102	0 0 0 0 1 1 0 0

8. 扩展数据变换DCNVB

1）相关功能指令介绍。

功能：将二进制代码转换为BCD代码或BCD代码转换为二进制。

格式：如图4-53所示。

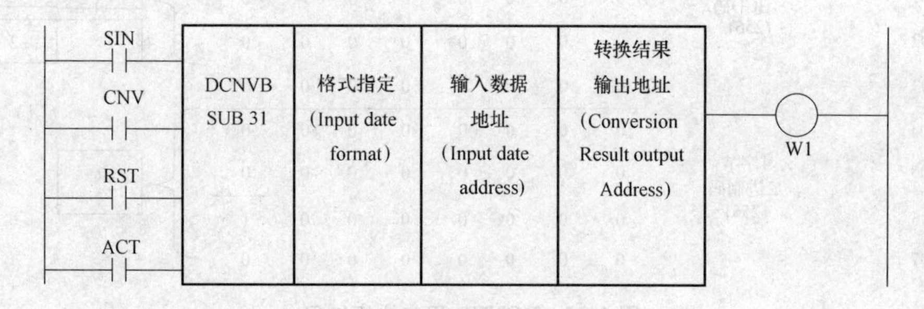

图4-53　功能指令DCNVB格式

参数：

SIN：被转换的BCD数据的符号，此参数仅在将BCD码转换为二进制数时有意义；当需要将二进制数转换为BCD码时，此数据无意义。SIN=0，被转换的BCD码为正；SIN=1，被转换的BCD码为负。

CNV：指定数据转换的类型，CNV=0，二进制码转换成BCD码；CNV=1，BCD码转换成二进制码。

RST：复位信号，RST=0，不执行复位操作；RST=1，将W1复位。

ACT：触发信号，ACT=0，不执行数据转换DCNVB指令；ACT=1，执行DCNVB指令。

格式指定：指定数据长度。1，1字节；2，2字节；4，4字节。

输出信号W1：W1=0，表示程序执行过程中无报警；W1=1，报警输出。

W1报警产生原因包括，输入数据应为BCD码，但却输入了二进制码，则输出报警；或者从二进制码变换成BCD码时超过指定字节长，则输出报警。

系统使用“运算输出寄存器”表示从二进制码变换 BCD 码后的符号。

	#7	#6	#5	#4	#3	#2	#1	#0
R9000			符号为“+”				符号为“-”	数据为0

2）应用指令编程实例。将设定在 R0100 中的 4 字节 BCD 码（256），变换成二进制后输出到 R0104，程序如图 4-54 所示。

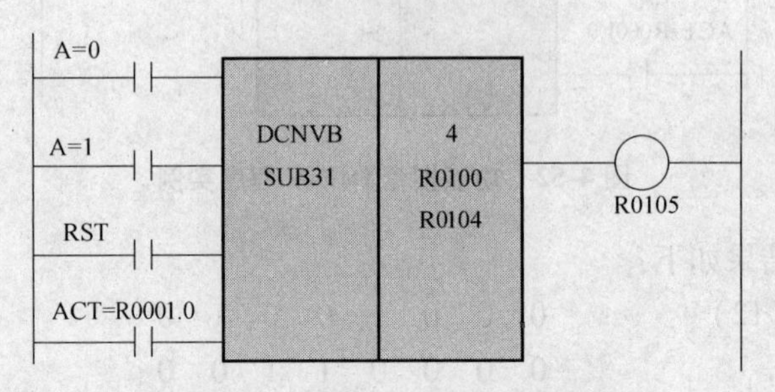

图 4-54　DCNVB 指令程序实例

程序执行结果如图 4-55 所示。

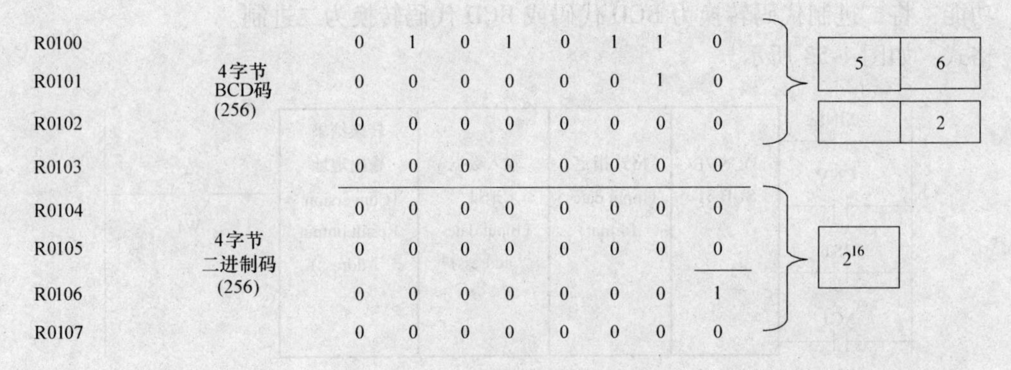

图 4-55　DCNVB 程序执行结果

9. BCD 数据检索 DSCH

1）相关功能指令介绍。

功能：检索指定的数据是否存在于数据表内，并输出表内号数。

格式：如图 4-56 所示。

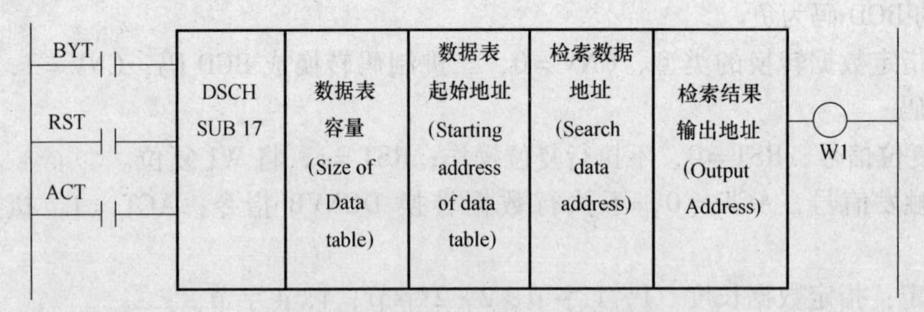

图 4-56　功能指令 DSCH 指令格式

参数：

BYT：指定表内数据长度，BYT＝0，数据表内存储数据为 2 位 BCD 码；BYT＝1，数据表内存储数据为 4 位 BCD 码。

RST：复位信号，RST =0，不执行复位；RST =1，对 W1 信号进行复位，W1 =0。

ACT：触发信号，ACT =0，不执行 DSCH 指令；ACT =1，将指定数据的表内地址输出。

W1：检索数据是否存在标志位，W1 =0，检索数据存在；W1 =1，检索数据不存在。

2）应用指令编程实例。已知机床刀库容量为 20，采用随机选刀方式，刀具号管理数据表见表 4-7。

表 4-7　刀具号管理数据表

刀库容量 =20	位　置	数据表	刀库容量 =20	位　置	数据表
D430	0	12		…	
D431	1	2		…	
D432	2	10		…	
D433	3	9	D449	19	7

要求搜索刀具号 10 在数据表中所处位置。

程序如图 4-57 所示。

图 4-57　DSCH 程序实例

10. BCD 常数赋值 NUME

1）相关功能指令介绍。

功能：定义 BCD 2 位或 4 位的常数。

符号：如图 4-58 所示。

参数：

BYT：指定数据位数，BYT =0，被处理数据为 2 位 BCD 码；BYT =1，被处理数据为 4 位 BCD 码。

ACT：触发信号，ACT = 0，不执行常数赋值 NUME 指令；ACT = 1，执行常数赋值 NUME 指令。

2）应用指令编程实例。将常数 12 的 BCD 码写入 R0100 存储器中。程序如图 4-59 所示。

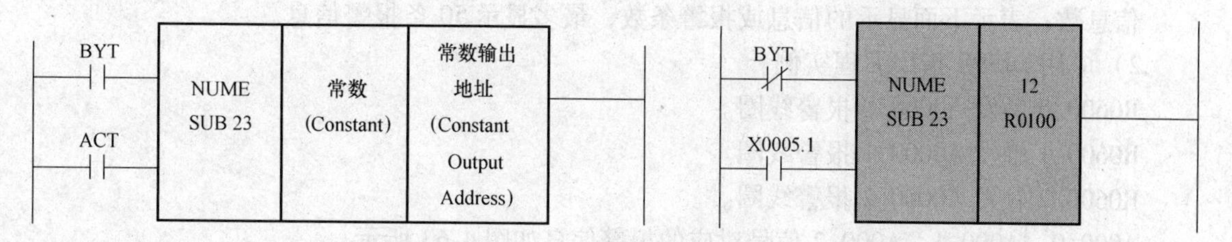

图 4-58　功能指令 NUME 格式　　图 4-59　NUME 指令实例

程序执行结果：用BCD码将常数12写入R0100中，程序执行结果是R0100 = 00010010。

11. 二进制常数赋值 NUMEB

1）相关功能指令介绍。

功能：定义1、2、4字节长的二进制形式的常数。

格式：如图4-60所示。

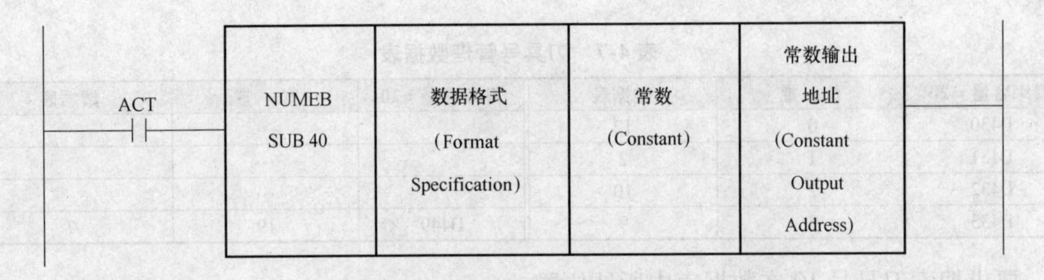

图4-60 功能指令 NUMEB 格式

参数：数据格式，1，1个字节；2，2个字节；4，4个字节。

2）应用指令编程实例。将常数12的二进制代码写入存储器R0100中。程序如图4-61所示。

程序运行结果：将常数12的二进制代码写入R0100后，R0100的状态为R0100 = 00001100。常数12的二进制代码为1字节数据。

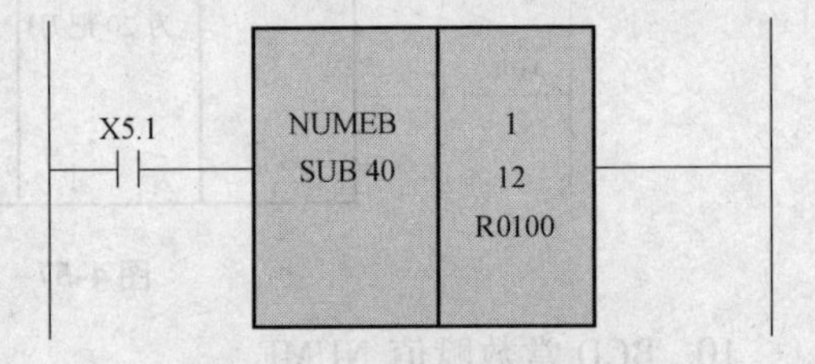

图4-61 NUMEB 指令实例

12. 信息显示 DISPB

1）相关功能指令介绍。

功能：将梯形图报警显示到控制系统CRT或LCD屏幕上。

格式：如图4-62所示。

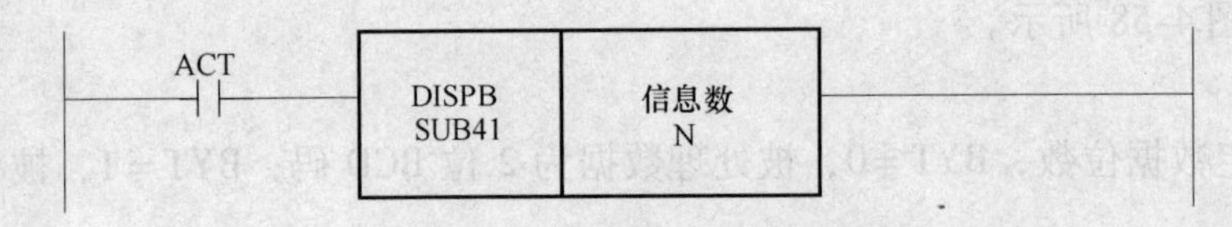

图4-62 功能指令 DISPB 格式

参数：

ACT = 1 执行信息显示。

信息数：表示下面显示的信息或报警条数，最多显示50条报警信息。

2）应用 DISPB 指令编程实例。

R0600. 0 触发 A0000. 0 报警线圈。

R0600. 1 触发 A0000. 1 报警线圈。

R0600. 2 触发 A0000. 2 报警线圈。

A000. 0、A000. 1、A000. 2 信号对应的报警信息如图4-63所示。

显示以及编辑报警信息的操作方法：

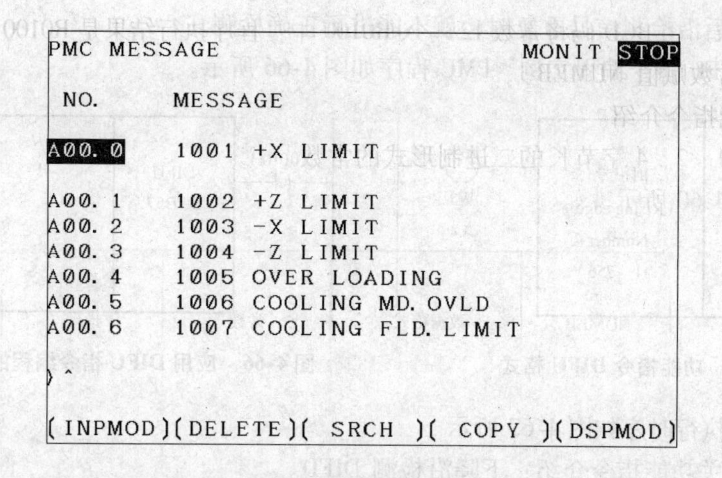

图 4-63　PMC 报警信息编辑操作界面

① 按下功能键 SYSTEM，并按下 PMC 功能键。
② 选择 PMC 功能键菜单中的 EDIT 功能键。
③ 选择［MESSAGE］软键，编辑报警显示内容。
PMC 程序如图 4-64 所示。

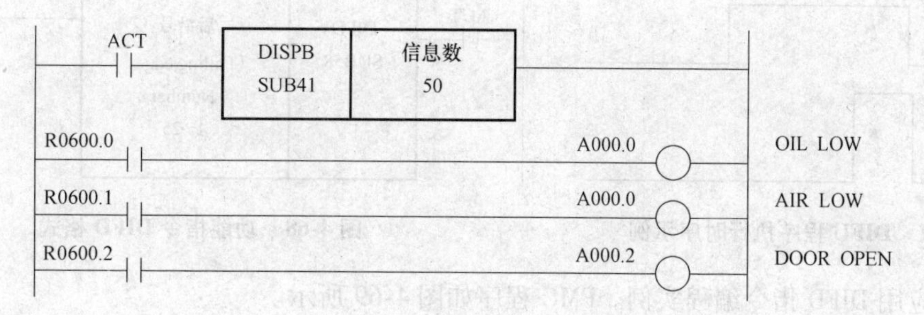

图 4-64　报警信息 PMC 程序

信息号分类为

信　息　号	屏　　幕	显示状态
1000 ~ 1999	报警信息	CNC 切换到报警状态
2000 ~ 2099	操作信息	操作者信息
2100 ~ 2199		只有信息数据，没有报警号显示

13. 信号处理

1）相关功能指令介绍：上升沿检测 DIFU。

功能：读取输入信号的前沿，扫描到 1 后输出即为 1。

格式：如图 4-65 所示。

参数说明：前沿号 1 ~ 256，指定进行前沿检测的作业区号。

其他前沿/后沿检测信号重复时，就不能进行正确检测。

2）应用 DIFU 指令编程实例。PMC 程序如图 4-66 所示。

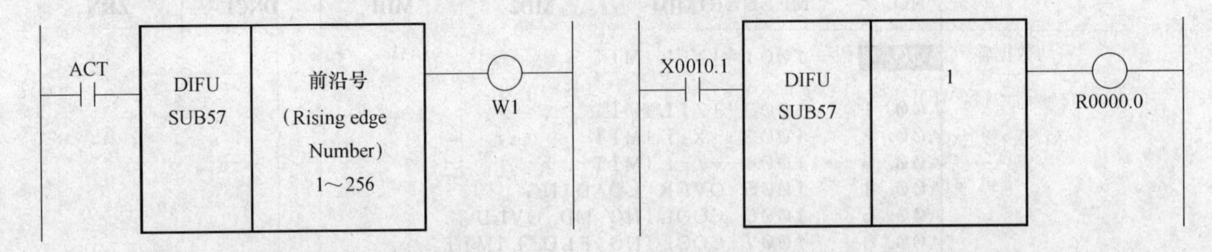

图 4-65　功能指令 DIFU 格式　　图 4-66　应用 DIFU 指令编程的 PMC 程序实例

DIFU 程序执行时序如图 4-67 所示。

3）其他相关功能指令介绍：下降沿检测 DIFD。

功能：读取输入信号的后沿，扫描到 1 后输出即为 1。

格式：如图 4-68 所示。

参数说明：后沿号 1 ~256，指定进行后沿检测的作业区号。

其他前沿/后沿检测信号重复时，就不能进行正确检测。

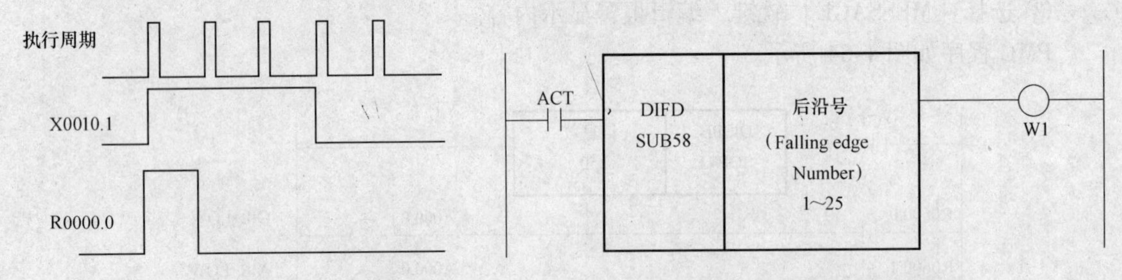

图 4-67　DIFU 程序执行时序示例　　图 4-68　功能指令 DIFD 格式

4）应用 DIFD 指令编程实例。PMC 程序如图 4-69 所示。

DIFD 程序运行时序如图 4-70 所示。

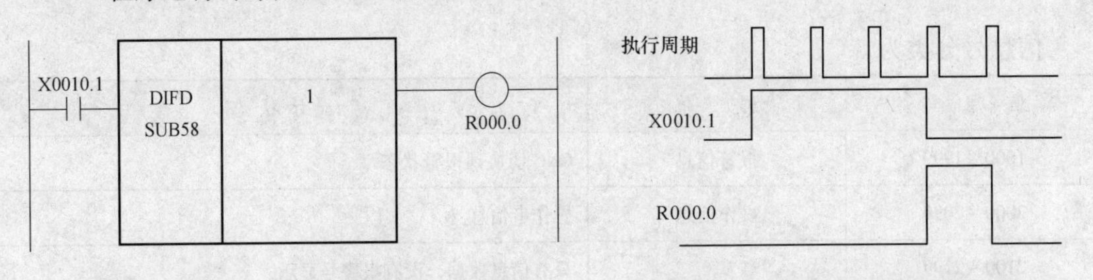

图 4-69　DIFD 程序实例　　图 4-70　DIFD 程序执行时序示例

4.2.4　第二级程序典型控制环节

1. 系统功能设定梯形图程序

1）数控系统运行方式与输入信号对应表见表 4-8。

表 4-8　数控系统运行方式与输入信号对应表

方式		输入信号				
		MD4	MD2	MD1	DNC1	ZRN
自动运行	手动数据输入(MDI)(MDI 运行)	0	0	0	0	0
	存储器运行(MEM)	0	0	1	0	0
	DNC 运行(RMT)	0	0	1	1	0
编辑(EDIT)		0	1	1	0	0
手动运行	手动连续进给(JOG)	1	0	1	0	0
	手轮进给(HANDLE)	1	0	0	0	0
	手动返回参考位置(REF)	1	0	1	0	1

	#7	#6	#5	#4	#3	#2	#1	#0
G43	ZRN		DNC1			MD4	MD2	MD1

2）拟用开关 X1.5、X1.6 和 X1.7 设置系统运行状态。

已知：系统运行方式包括 MEM（存储器运行方式：自动运行程序）、EDIT（编程状态）、MDI（手动数据输入）、DNC（RMT：计算机直接数控）、REF（手动返参方式）、JOG（手动连续进给）、HANDLE（手轮进给方式）。

PMC 程序如图 4-71 所示。

2. 换刀控制梯形图程序

当在程序中或手动方式指定了 T 代码后，产生与所定义的刀具相对应的代码信号和选通信号。机床依据所产生的信号选择刀具，代码信号一直保持到
指定了另一个 T 代码时。

系统处理换刀指令的流程主要包括

1）假定程序中指定了 T××。

2）CNC 送出代码信号 T00 ~ T31（F26 ~ F29）后，经过参数 3032 设定时间 TMF（标准值为 16ms），选通信号 TF（F7.3）为 1。M、S、T、B 指令 PMC 编程相关信号见表 4-9。

表 4-9　M、S、T、B 指令 PMC 编程相关信号

功能	编程指令	输出信号，			输入信号
		代码信号	选通信号	分配结束信号	结束信号
辅助功能	M	M00 ~ M31 (F10 ~ F13)	MF F7.0	DEN F1.3	FIN G4.3
主轴转速功能	S	S00 ~ S31 (F22 ~ F25)	SF F7.2		
刀具功能	T	T00 ~ T31 (F26 ~ F29)	TF F7.3		
第 2 辅助功能	B	B00 ~ B31 (F30 ~ F33)	BF		

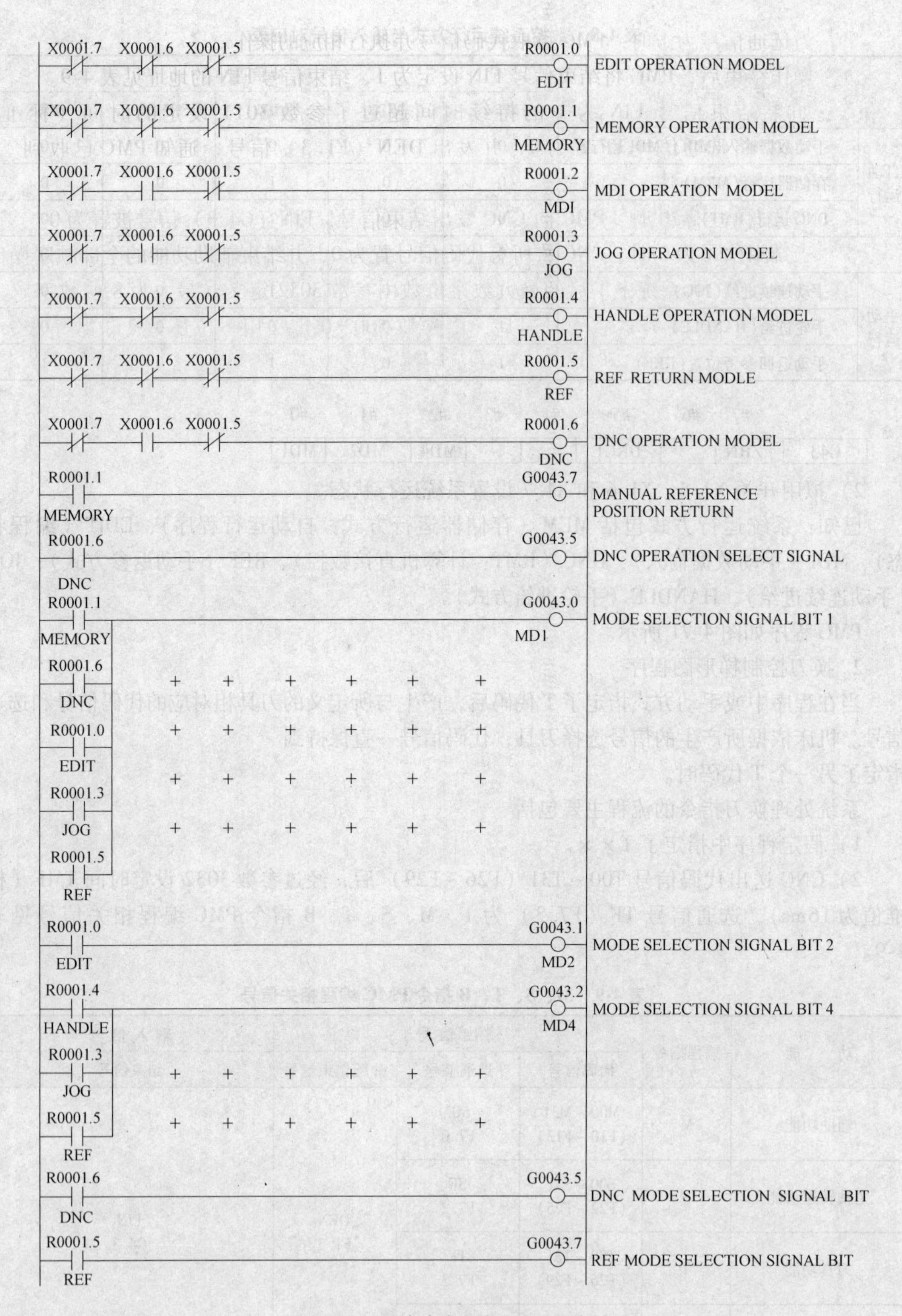

图 4-71　系统功能设定 PMC 程序

3）当选通信号为1时，PMC读取代码信号并执行相应的操作。

4）操作结束后，PMC将结束信号FIN设定为1，结束信号FIN的地址见表4-9。

5）如果结束信号FIN为1的持续时间超过了参数3011设定的时间（标准值16ms），CNC将选通信号TF置为0，并发出DEN（F1.3）信号，通知PMC已收到了结束信号。

6）当选通信号为0时，PMC向CNC发出结束信号，FIN（G4.3）信号被置为0。

7）当结束信号为0时，CNC将所有代码信号置为0，并结束辅助功能的全部顺序操作。

在FANUC 0i-TB系统中T后的最大数字位数由参数3032定义（最大为8位数字），超过此数系统报警；偏置号放在刀具号后，由参数5002.0定义用1位还是2位数字表示偏置号。

1）编程思路。

① 将安装于转塔上的检测元件（霍尔元件或接近开关）检测到的实际刀具号转化成内部继电器可以识别方式存储的当前刀具号。

② 用程序指令控制自动换刀。程序指令控制换刀应依据下列逻辑编程：

a）对刀号（手动选择的刀具号或程序中指定的刀具号）进行处理：高4位屏蔽。

b）设置允许转塔转动的条件：报警状态、安全保险条件是否满足、面板上的选刀旋钮或TF信号是否存在。

c）判断当前刀是否与所要刀具一致。若一致，发信号标志转塔到位；若不一致，使转塔旋转。

图4-72所示为刀具号编码程序。

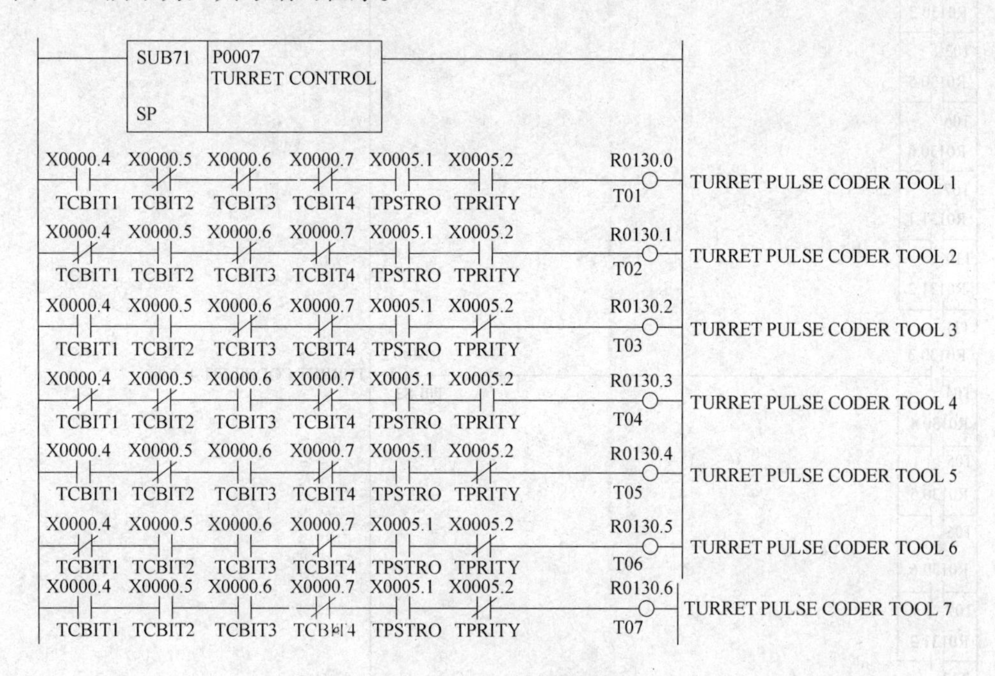

图4-72 刀具号编码程序

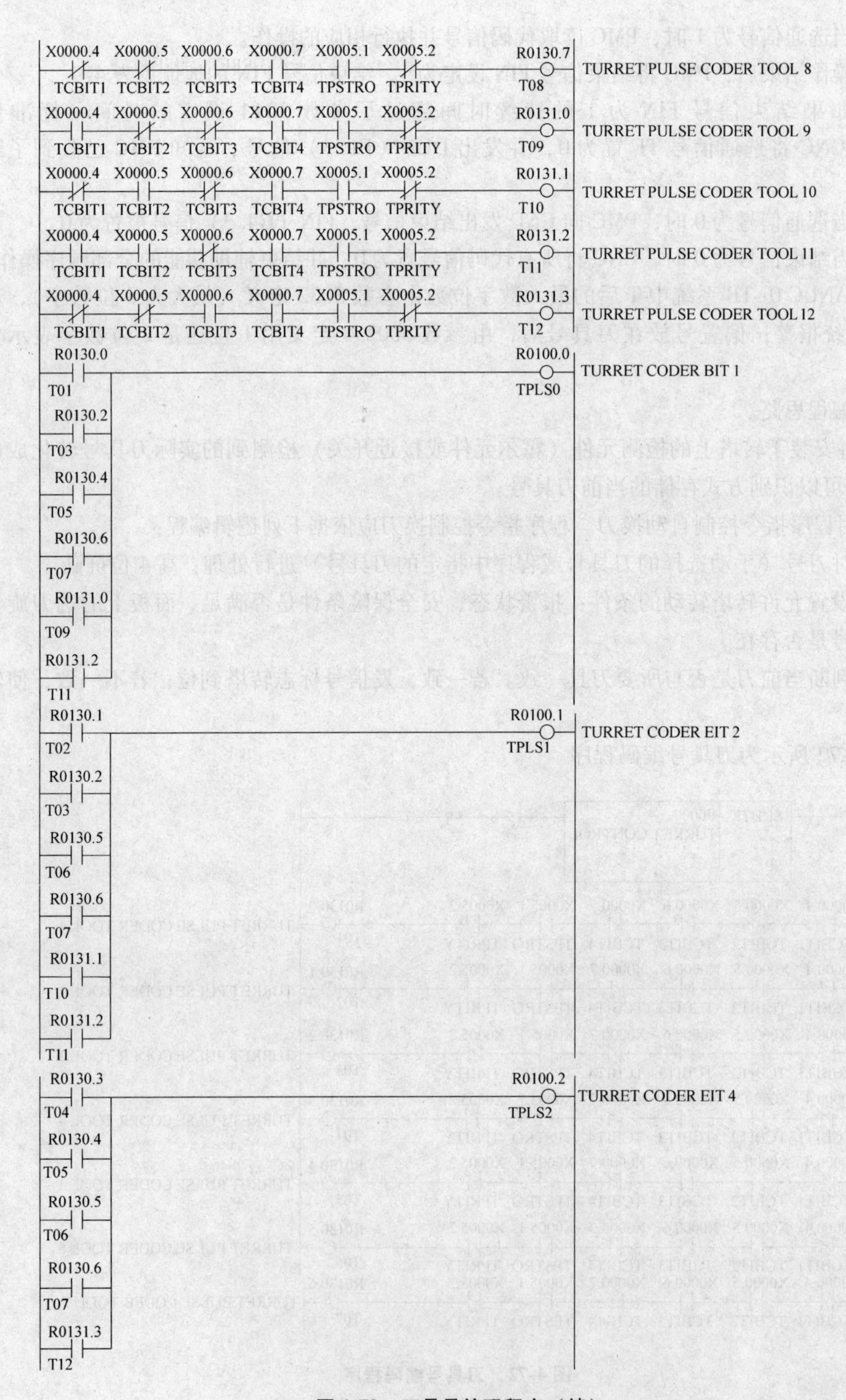

图 4-72 刀具号编码程序（续）

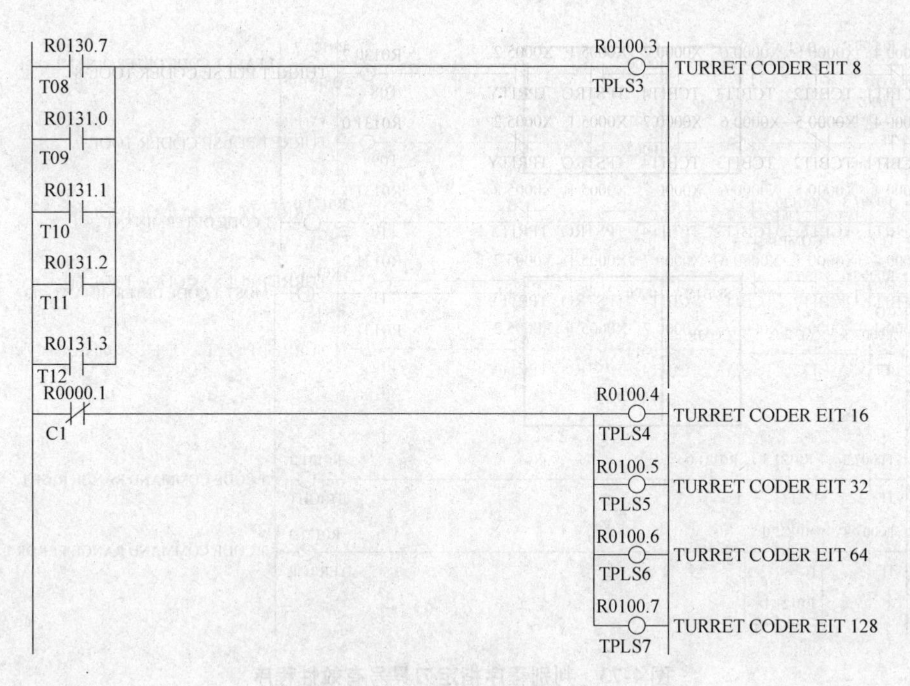

图 4-72　刀具号编码程序（续）

2）程序解析。

转塔容量为 12 把刀。根据 ROT 指令对于刀库正向旋转的判定原则，本台数控车床刀库逆时针旋转时，为正向旋转；顺时针旋转时，为反向旋转。在动作过程中，刀库先以正常速度沿最短路径旋转，使目标刀具趋近换刀位置。在到达目标位置前一刀座位置时刀库减速，使目标刀具在换刀位置实现稳定、精确的定位。

检测到的实际刀具号转化成内部继电器可以识别方式存储的当前刀具号。

X0. 4 ~ X0. 7：安装于刀盘上的四个接近开关（霍尔元件），4 位的组合对应刀具号为 1 ~ 12。检测当前刀具号。

R0130. 0 ~ R0130. 7、R0131. 0 ~ R0131. 3：刀具号 1 ~ 12 对应的转塔编码器脉冲。

判断程序中指令的刀具号是否在 1 ~ 12 之内：如图 4-73 所示梯形图程序，用 COMP 指令判别程序中指定的刀具号是否有效。若刀具号符合 13 ＞ T≥1→R0121. 2 = 1→程序控制转塔转动的一个条件满足；若刀具号不符合 13 ＞ T≥1→R0121. 3 = 1→刀具号错误，报警。

自动换刀时，刀具旋转控制 PMC 程序如图 4-74 所示。

当刀具功能选通信号 F0007. 3 = 1 时执行 MOVE 指令，将 F26 程序中指令的刀具号的高 4 位屏蔽，将处理后的结果存入 R0102，即内部继电器 R0102 记录着程序指令的刀具号（目标刀具号）。

X0. 0 为转塔电动机过载输入信号；X4. 4 为转塔电动机过热输入信号。

满足允许转塔旋转的条件时，出现 R0121. 4 的上升沿信号→R0121. 5 = 1→ROT 指令的触发条件满足→以短路径原则选定旋转方向、在目标刀具前一刀位减速、从 R0100 记录的当前刀位转至 R0102 记录的目标刀位（程序指定的目标刀具号以及手动模式选择的刀具号均存在这一地址）→R0121. 6 = 0：正转、R0121. 6 = 1：反转。

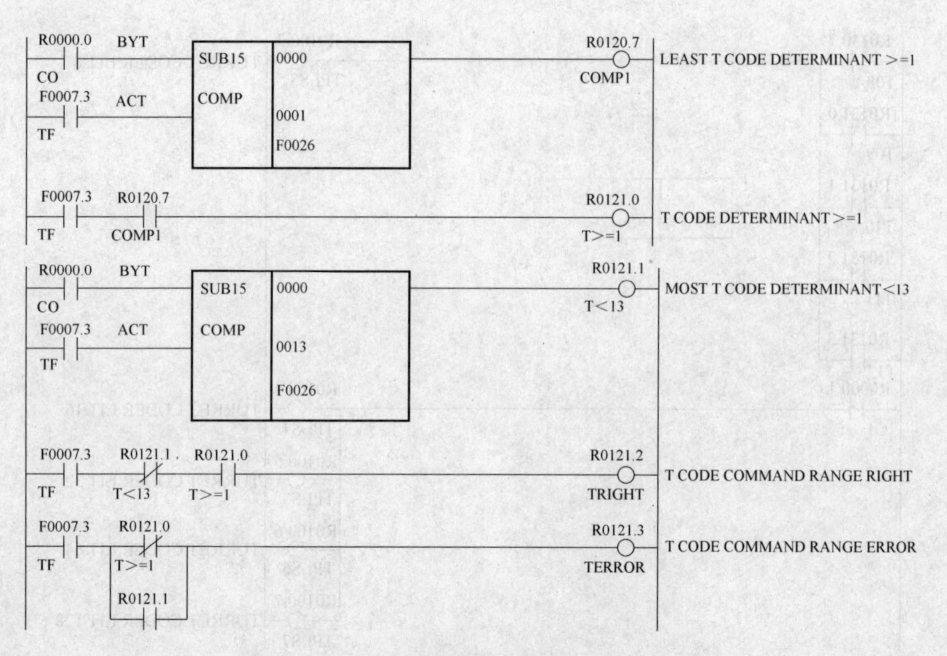

图 4-73　判别程序指定刀具号有效性程序

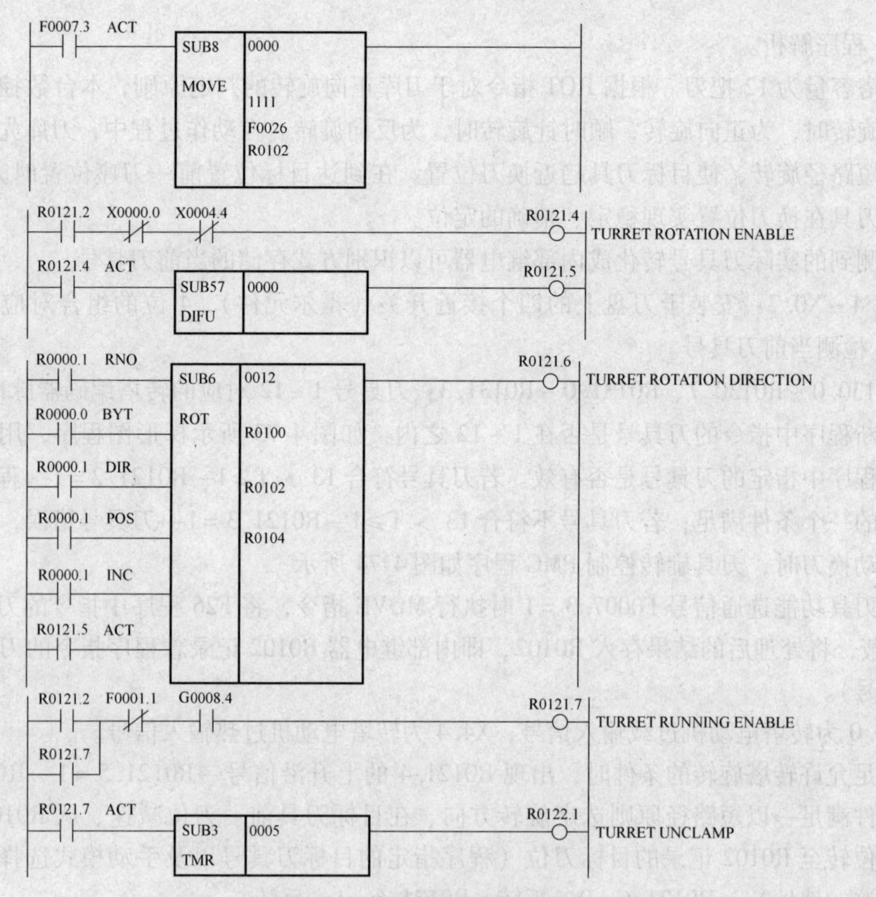

图 4-74　换刀控制 PMC 程序

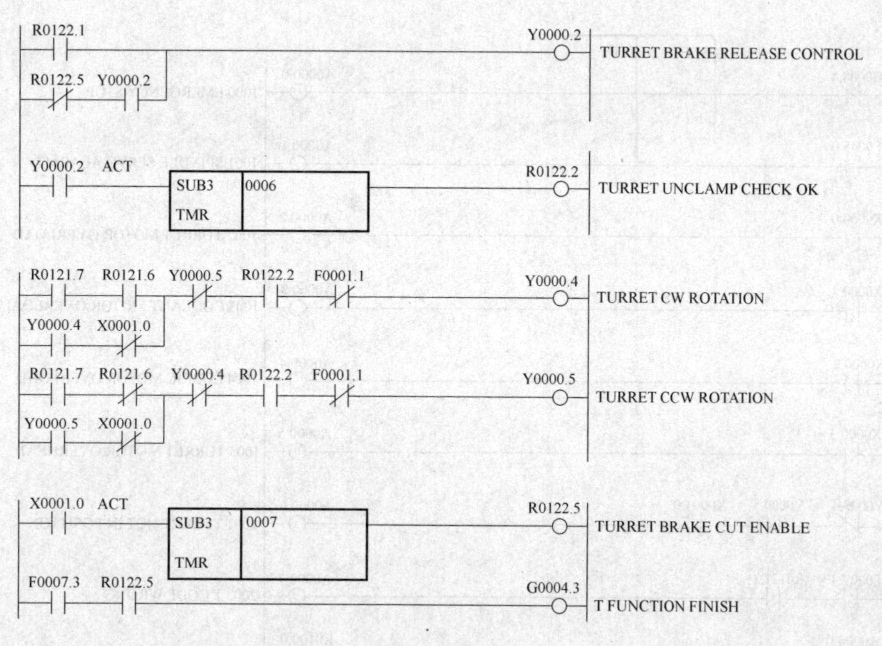

图 4-74 换刀控制 PMC 程序（续）

使用TMR指令加延时控制是为了保证转塔通过电气控制停止，防止转塔通过机械制动停止。

3. 报警处理梯形图程序

编写PMC程序，控制出现急停信号、主轴伺服报警、切削液电动机过载、润滑电动机过载、转塔电动机过载、转塔电动机过热、转塔位置不到位、程序指定的刀具号错误故障时，控制面板上的报警指示灯点亮，同时系统显示相关报警信息。

报警处理程序输入/输出信号地址见表4-10。

表 4-10 报警处理程序输入/输出信号地址

序 号	信 号	地 址
1	Y2. 7	控制面板上的报警指示灯
2	X0. 0	转塔电动机过载信号
3	X0. 1	冷却泵电动机过载信号
4	X0. 2	润滑泵电动机过载信号
5	X0. 3	转塔电动机过热信号
6	X1. 0	转塔到位标准信号

报警处理梯形图程序如图4-75所示。

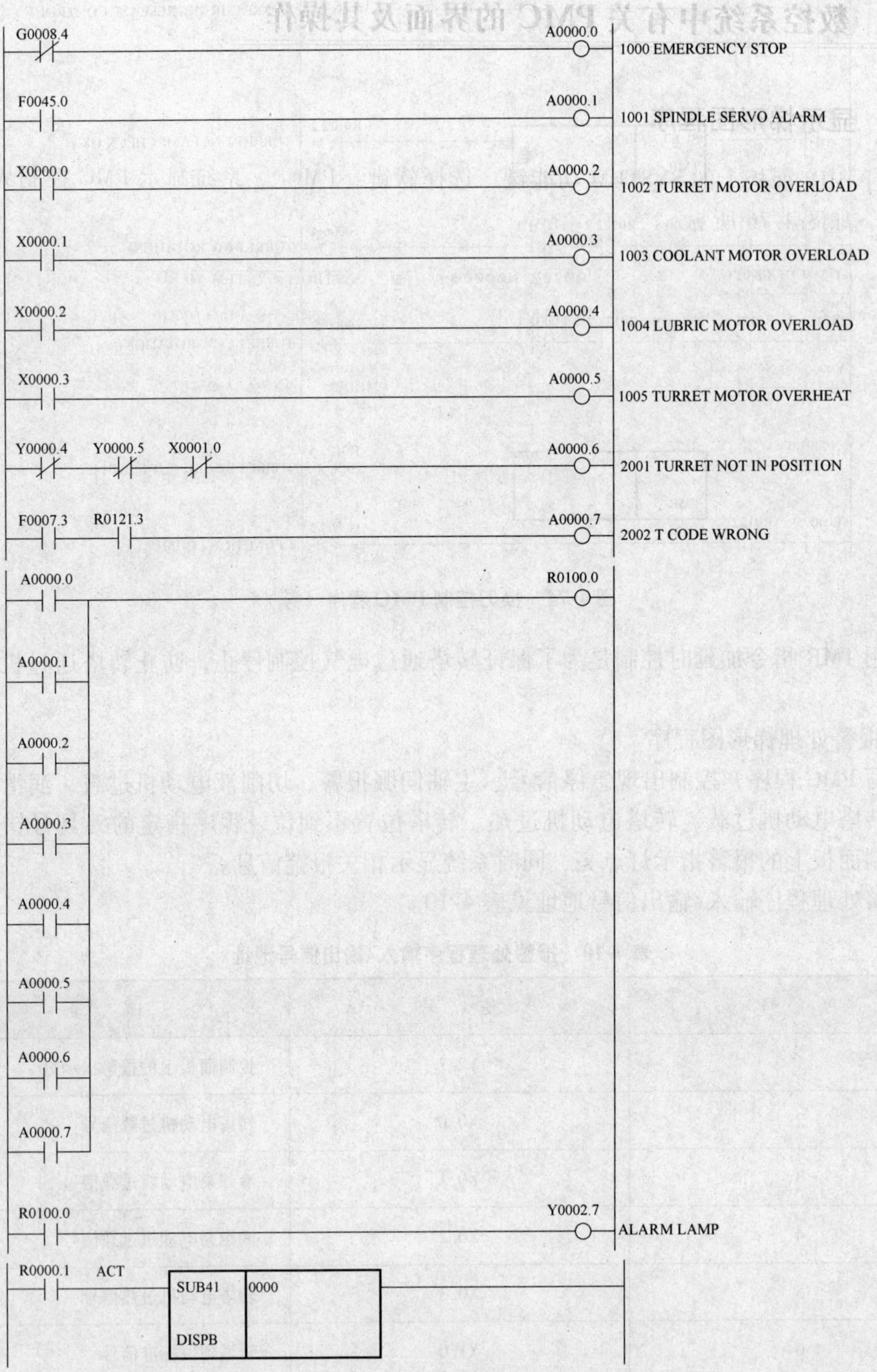

G0008.4 A0000.0 1000 EMERGENCY STOP
F0045.0 A0000.1 1001 SPINDLE SERVO ALARM
X0000.0 A0000.2 1002 TURRET MOTOR OVERLOAD
X0000.1 A0000.3 1003 COOLANT MOTOR OVERLOAD
X0000.2 A0000.4 1004 LUBRIC MOTOR OVERLOAD
X0000.3 A0000.5 1005 TURRET MOTOR OVERHEAT
Y0000.4 Y0000.5 X0001.0 A0000.6 2001 TURRET NOT IN POSITION
F0007.3 R0121.3 A0000.7 2002 T CODE WRONG
A0000.0 R0100.0
A0000.1
A0000.2
A0000.3
A0000.4
A0000.5
A0000.6
A0000.7
R0100.0 Y0002.7 ALARM LAMP
R0000.1 ACT SUB41 0000 DISPB

图 4-75 报警处理程序

4.3 数控系统中有关PMC的界面及其操作

4.3.1 显示梯形图程序

按下MDI面板上的SYSTEM功能键，选择软键［PMC］，系统显示PMC控制界面的基本菜单，如图4-76所示。

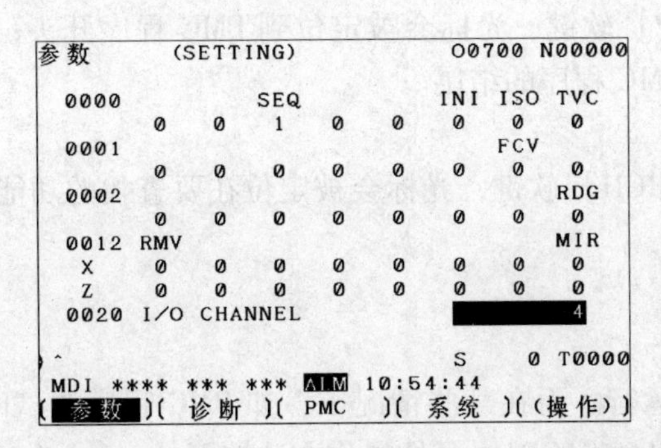

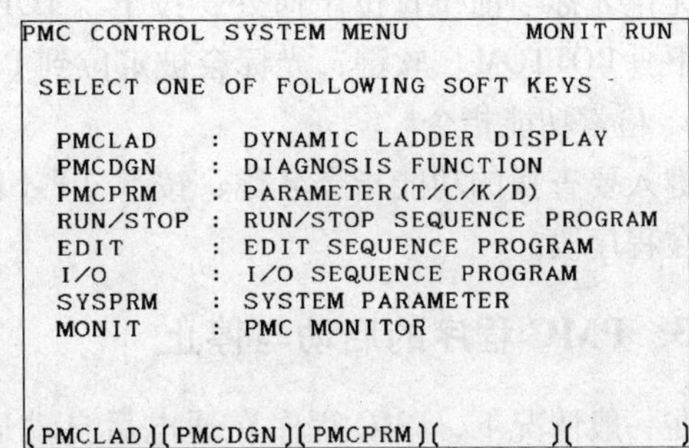

图4-76　PMC控制界面的基本菜单

软键对应PMC的各操作功能，根据所选软键，屏幕画面会相应变化。

显示梯形图程序的操作步骤：

1）在MDI面板上按下SYSTEM功能键，系统界面如图4-76左所示。在系统显示的界面中按下［PMC］软键，系统显示PMC控制界面如图4-76右所示。

2）按下PMC控制界面的［PMCLAD］软键，系统显示梯形图程序列表界面或梯形图程序。

如果当前系统显示PMC程序列表，用光标移动键将光标定位在某一个程序名上，按下［ZOOM］软键，显示梯形图程序。

如果当前系统显示PMC程序，按下［LIST］软键，显示PMC程序列表。

4.3.2 查找信号或指令

在梯形图中查找触点或线圈是日常进行设备保养和维修过程中经常会进行的操作。

1. 检索给定地址的信号

查找报警显示触发信号A0.0的操作如下：

1）在梯形图显示界面中，输入A0.0，按［SEARCH］软键。

2）画面切换成包含第一次出现所查找信号的程序段所在的页面，光标停留在所查找的信号上。

当开始进行地址为A0.0信号的查找时，会从梯形图的开头开始向下查找。当再次要求查找A0.0信号时，会从当前梯形图的位置开始向下查找，直到到达该信号在梯形图中最后出现的位置，再回到梯形图的开头重新向下查找。

在用［SEARCH］软键进行信号查找时，系统既会查找该地址的输入信号，也会查找以该地址命令的输出信号。

2. 检索给定地址的输出信号

输出信号是以线圈的形式出现在梯形图中的。检索给定地址的线圈信号的操作如下：

1）输入要查找的线圈的地址，按［W-SRCH］软键；或者如果没有输入任何地址名，按下［W-SRCH］软键，系统将查找以当前光标所在位置的信号地址为地址名的输出信号。

2）画面切换成包含第一次出现所查找输出信号的程序段所在的页面，光标停留在所查找的输出信号上。

3. 将光标定位到梯形图程序的开头或者结尾

无论光标当前位置位于何处，按下［TOP］软键，光标会被定位到PMC程序开头；再次按下［BOTTOM］软键，光标会被定位到PMC程序的结尾。

4. 检索功能指令

键入要查找的功能指令名称，按下［F-SRCH］软键，光标会被定位在要查找的功能指令所在程序段。

4.3.3 PMC程序的启动与停止

在一般情况下，PMC程序在通电后自动运行。而在某些情况下，如PMC程序调试时，需要将PMC程序从运行（RUN）状态置于停止（STOP）。具体操作方法如下：

1）按下MDI面板的SYSTEM功能键，再按下PMC软键，进入PMC控制系统菜单。

2）按下软键向后翻页键▶，在图4-77所示PMC系统控制菜单按下［STOP］软键，并在系统提示确认是否停止PMC程序的运行时，选择Yes，PMC程序即被停止运行。屏幕右上角显示“STOP”，如图4-77所示。

3）当PMC程序的运行停止后，按下［RUN］软键，可重新启动PMC运行，屏幕右上角显示“RUN”，如图4-77所示。

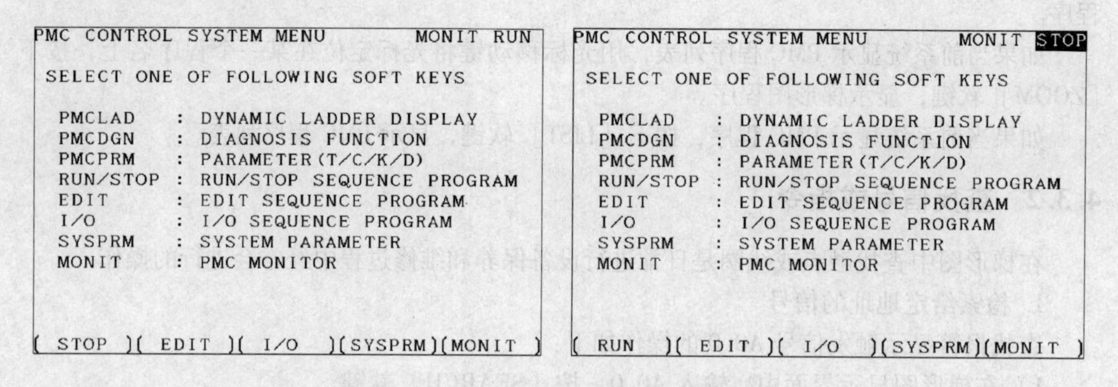

图4-77 PMC程序的运行与停止操作

4.3.4 PMC程序的编辑

1. 编辑梯形图程序的操作

在PMC基本菜单按下［EDIT］软键，按下软键［LADDER］，出现如图4-78所示软键，继续按向后翻页软键▶，软键菜单如图4-79所示。

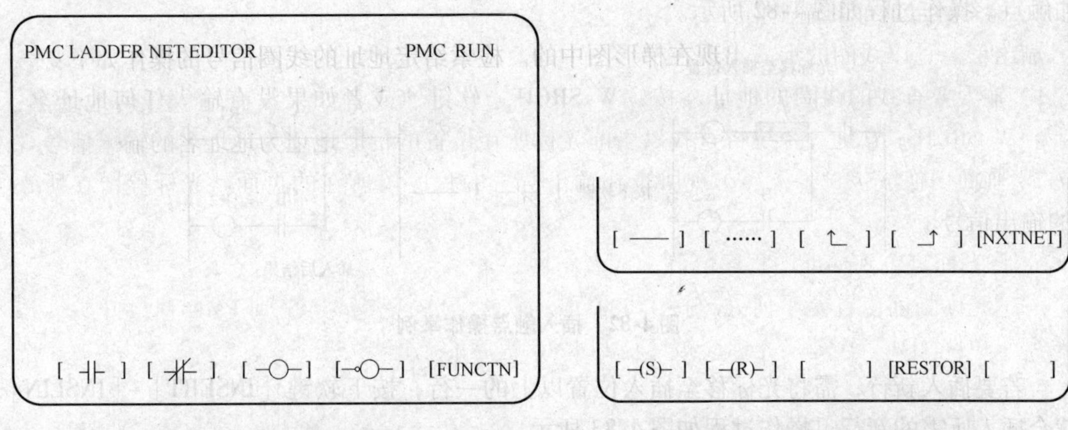

图 4-78　创建梯形图界面　　　图 4-79　创建梯形图软键菜单

(1) 基本指令的输入　利用［┤├］等符号软键，可完成梯形图程序的输入。必须为梯形图中的各个符号指定地址。

在 CRT 屏幕上每行最多可输入 7 个触点和 1 个线圈，但这条限制并不适用于计算机编程软件编制顺序程序。将顺序程序从计算机输入至数控系统时，多余的部分可用两行或更多行来显示，中间用连接符连接，连接符一般不能被删除。

在关闭电源前应先保存已编辑的程序，并退出编辑界面。若在梯形图处于编辑状态时关断电源，梯形图会丢失。

(2) 功能指令的输入　按下［FUNCTN］软键，系统显示功能指令表，按照功能指令表的提示键入指定的功能指令号。键入 25 并按下 INPUT 键，会出现如图 4-80 所示的功能指令。

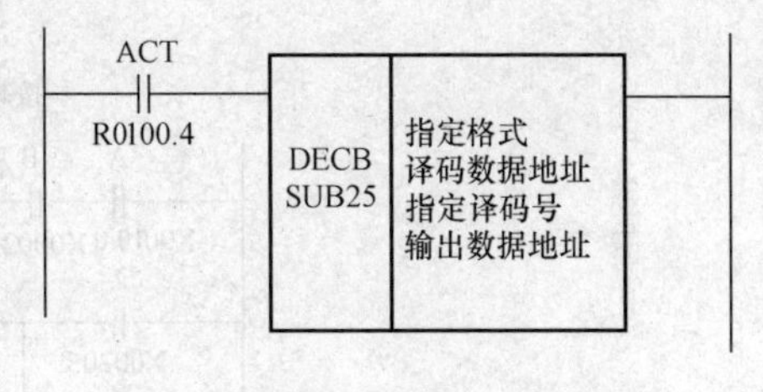

图 4-80　梯形图功能指令输入实例

依次输入功能指令所需的各个参数，每次输入数据后按 INPUT 键，光标会自动下移。

2. 梯形图程序的修改操作

将光标移动到要修改的位置，利用图 4-78、图 4-79 所示的软键，重新输入修改后的指令即可实现修改操作。操作过程如图 4-81 所示。

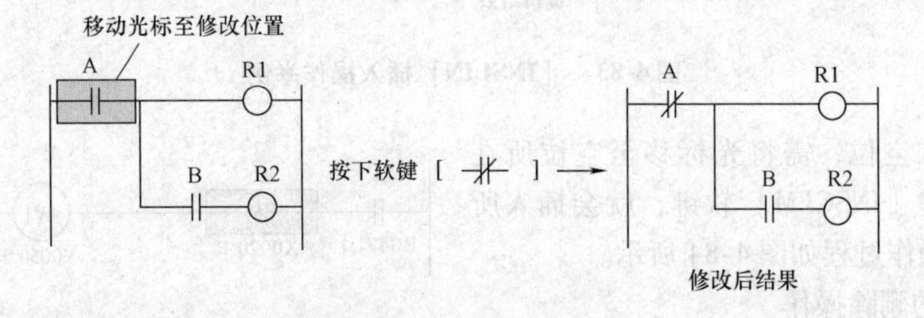

图 4-81　修改操作举例

3. 信号的插入操作

若要在水平线上插入一个继电器触点，只需将光标移至插入位置，按下软键［┤/├］添加触点。操作过程如图 4-82 所示。

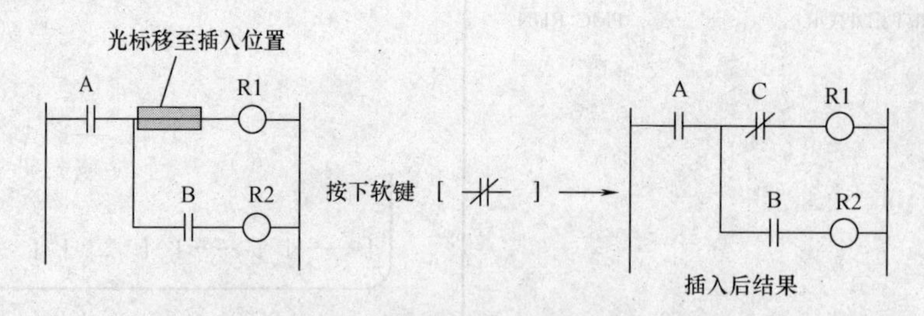

图 4-82　插入触点操作举例

若要插入新行，需将光标移至插入位置以上的一行，按下软键［INSERT］-［INSLIN］，就会插入所需的新行。操作过程如图 4-83 所示。

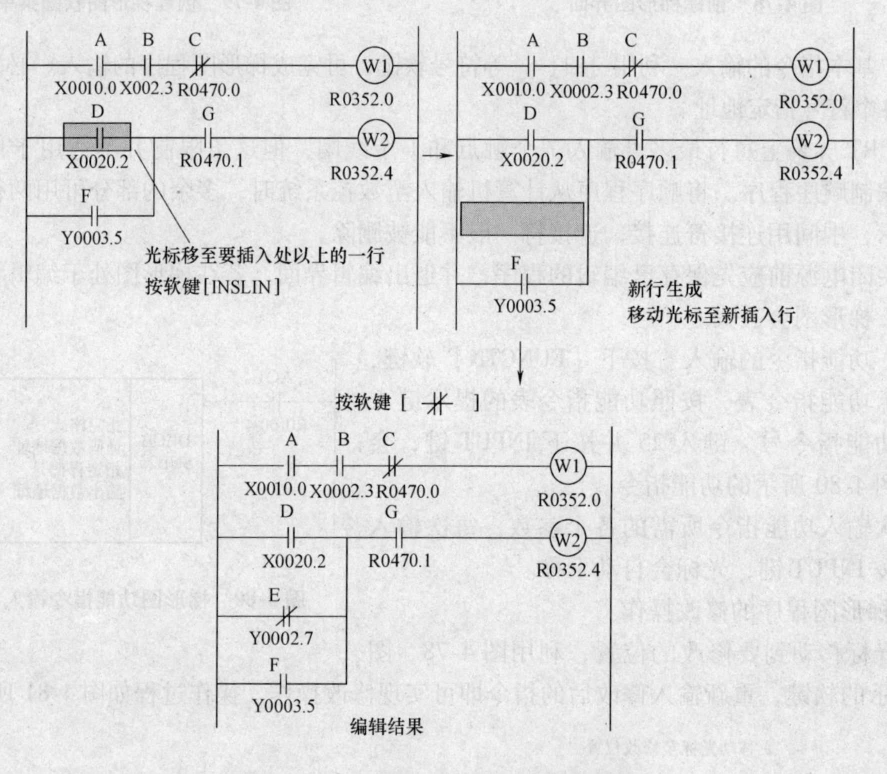

图 4-83　［INSLIN］插入操作举例

若要插入空位，需将光标移至空位所在处，按下软键［INSCLM］软键，就会插入所需的空位。操作过程如图 4-84 所示。

4. 信号的删除操作

系统允许的删除操作方式有：删除触点及线圈；删除程序行。

（1）删除触点及线圈的操作方法　将光标移到需要删除的位置后，按下［……］

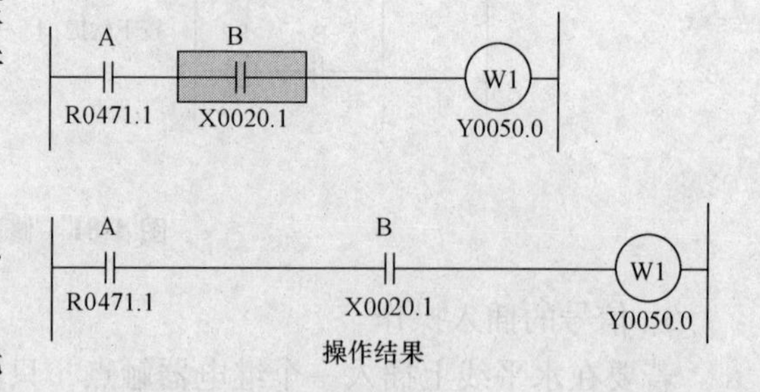

图 4-84　［INSCLM］插入空位操作举例

软键。

（2）删除整行程序的操作方法　在梯形图显示界面中，将光标移到要删除的行，按下软键［DELETE］，即可删除整行。

将光标移到纵线处时，软键［└］变为［└］，软键［└］的含义是删除左上方纵线。同理，软键［┘］变为［┘］，软键［┘］的含义是删除右上方纵线。

4.3.5　PMC参数的设定

功能指令TMR的定时时间、计数器的预设值、保持型继电器的值，以及数据表都可以通过PMCPRM界面进行设定和显示。参数设定的操作方法如下：

1）按下MDI面板上的SYSTEM功能键，在PMC控制系统菜单中按下［PMCPRM］软键，如图4-85所示。

图4-85　PMC控制系统软键菜单

2）按下［TIMER］软键，调出定时器定时时间设定界面，可对定时值进行设定，如图4-86所示。

可变定时器定时时间设定的最小单位为8ms，也就是说所设定的时间值必须是8的倍数，余数将被忽略。例如，预将定时时间设为100ms，系统时间的预置时间为96ms。

3）按下［COUNTR］软键，调出计数器设定界面，可对计数器预置值进行设定，如图4-87所示。

PMC PRM (TIMER) #001　　MONIT STOP

NO.	ADDRESS	DATA	NO.	ADDRESS	DATA
01	T00	0	11	T20	0
02	T02	0	12	T22	0
03	T04	0	13	T24	0
04	T06	0	14	T26	0
05	T08	0	15	T28	0
06	T10	0	16	T30	0
07	T12	0	17	T32	0
08	T14	0	18	T34	0
09	T16	0	19	T36	0
10	T18	0	20	T38	0

(TIMER)(COUNTR)(KEEPRL)(DATA)(SETING)

图4-86　PMC参数——定时器设定界面

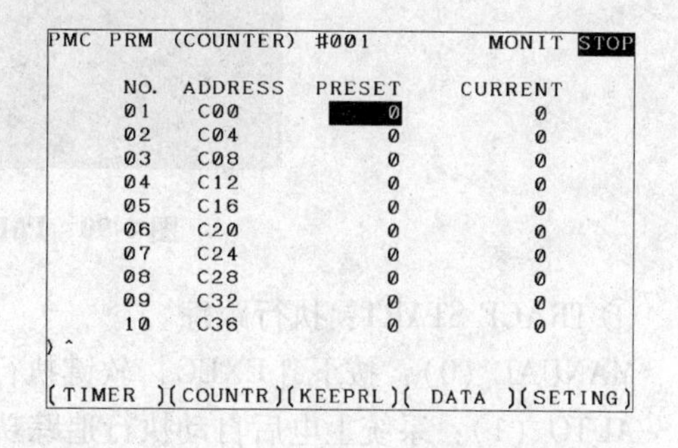
PMC PRM (COUNTER) #001　　MONIT STOP

NO.	ADDRESS	PRESET	CURRENT
01	C00	0	0
02	C04	0	0
03	C08	0	0
04	C12	0	0
05	C16	0	0
06	C20	0	0
07	C24	0	0
08	C28	0	0
09	C32	0	0
10	C36	0	0

(TIMER)(COUNTR)(KEEPRL)(DATA)(SETING)

图4-87　PMC参数——计数器设定界面

4）按下［KEEPRL］软键，调出保持型继电器设定界面，可对其进行设定，如图4-88所示。

在保持型继电器中，有特殊用途的保留区域有K16、K17、K18和K19。其他保持型继电器的状态可以根据编程逻辑的需要确定。

K信号的命令符合二进制数规则，例如K0.0～K0.7分别对应着K00从右至左的各位。

5）按下［DATA］软键，调出数据表设定界面，可对其进行设定，如图4-89所示。

6）按下［SETING］软键，调出PMC状态设定界面，可修改设置，如图4-90所示。图4-90中参数介绍如下：

PMC PRM (KEEP RELAY)　　MONIT STOP

ADDRESS	DATA	ADDRESS	DATA
K00	00000000	K10	00000000
K01	00000000	K11	00000000
K02	00000000	K12	00000000
K03	00000000	K13	00000000
K04	00000000	K14	00000000
K05	00000000	K15	00000000
K06	00000000	K16	00000000
K07	00000000	K17	00000010
K08	00000000	K18	01000000
K09	00000000	K19	00000101

(TIMER)(COUNTR)(KEEPRL)(DATA)(SETING)

图 4-88　PMC 参数——保持型继电器设定界面

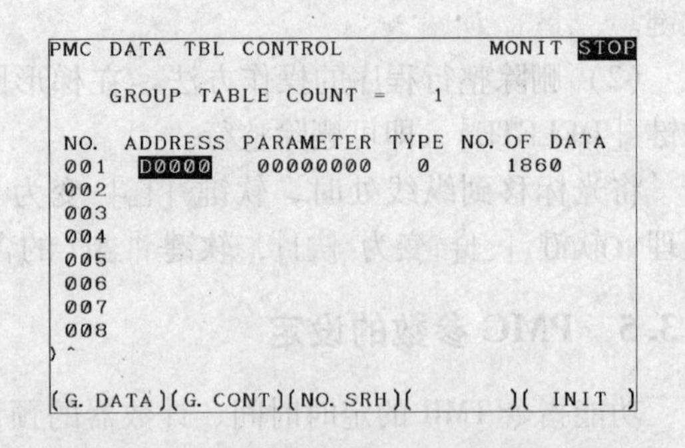

图 4-89　PMC 参数——数据表设定界面

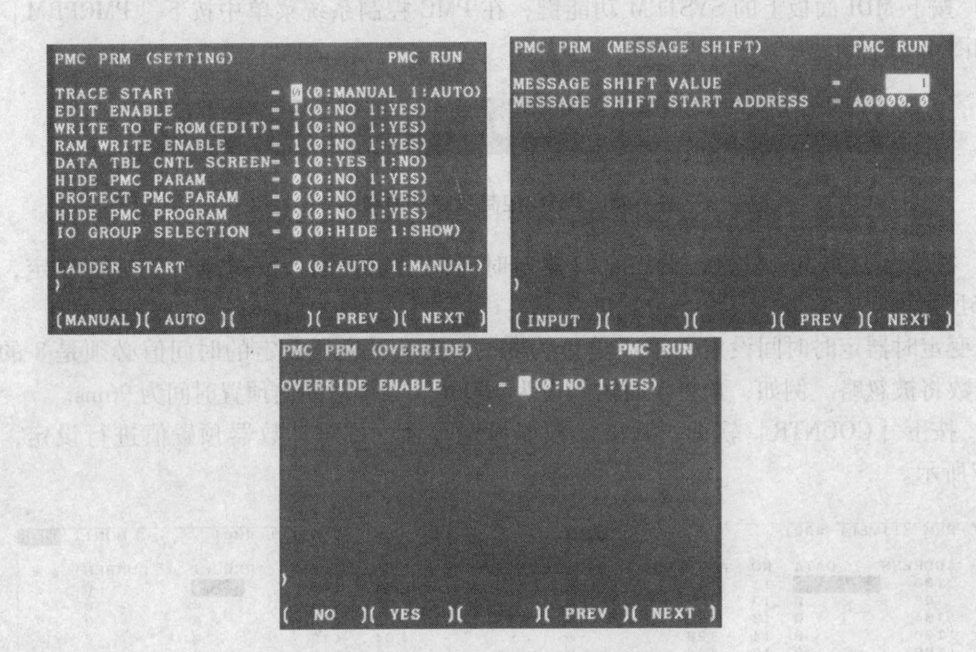

图 4-90　PMC 状态设定界面

① TRACE START：执行跟踪。

MANUAL（0）：按下［EXEC］软键执行追踪功能。

AUTO（1）：系统上电后自动执行追踪功能。

② EDIT ENABLE：编辑有效。

NO（0）：禁止编辑顺序程序。

YES（1）：允许编辑顺序程序。

如果“EDIT ENABLE”设为“YES”，则能对程序的下列功能进行编辑。

- PMC 编辑画面
- 标题数据编辑画面
- 符号/注释编辑画面
- 信息编辑画面
- I/O 单元地址设定画面

- 清除阶梯图
- 设定多语言信息显示功能
- 系统参数画图

③ WRITE TO F-ROM：写入 F-ROM。

NO（0）：编辑顺序程序后不会自动写入 Flash ROM。

YES（1）：编辑顺序程序后自动写入 Flash ROM。

④ RAM WRITE ENABLE：写入 RAM。

NO（0）：禁止强制功能。

YES（1）：允许强制功能。

⑤ DATA TBL CNTL SCREEN：数据表管理画面。

NO（1）：不显示 PMC 数据表管理画面。

YES（0）：显示 PMC 数据表管理画面。

⑥ HIDE PMC PROGRAM：隐藏 PMC 程序。

NO（0）：允许显示顺序程序。

YES（1）：禁止显示顺序程序。

如果“HIDE PMC PROGRAM”设为“YES”，下列功能梯形图中的显示将无效。

- PMC 监控画面
- PMC 编辑画面
- 标题数据编辑画面
- 符号/注释编辑画面
- 信息编辑画面
- I/O 单元地址设定画面
- 清除梯形图
- 清除 PMC 参数
- 系统参数画面

⑦ LADDER START：顺序程序的启动。

AUTO（0）：系统上电后自动执行顺序程序。

MANUAL（1）：进入 PMC 控制屏幕，按下［RUN］软键后执行顺序程序。

其他界面的参数含义介绍如下：

① ALLOW PMC STOP：允许 PMC 停止运行。

NO（0）：禁止对 PMC 程序进行 RUN/STOP 操作。

YES（1）：允许对 PMC 程序进行 RUN/STOP 操作。

如果“ALLOW PMC STOP”设为“YES”，则梯形图停止/启动的下列功能将有效。

- 符号/注释编辑画面
- 信息编辑画面
- I/O 单元地址设定画面
- 清除梯形图
- 清除 PMC 参数
- 启动/停止梯形图

- 系统参数画面

② PROGRAMMER ENABLE：编程器有效。

NO（0）：禁止内置编程功能。

YES（1）：允许内置编程功能。

如果“PROGRAMMER ENABLE”设为“YES”，将进入超级用户方式，下面的功能将有效。

- PMC 编辑画面
- 标题数据编辑画面
- 符号/注释编辑画面
- 信息编辑画面
- I/O 单元地址设定画面
- 交叉参考画面
- 清除梯形图
- 清除 PMC 参数
- PMC 有启动/停止
- 强制功能
- 多语言信息显示功能
- I/O 画面
- 系统参数画面
- 在线设定画面

对于 PMC 控制应用系统的开发者来说，PMC 部分包含了很多重要的信息，不正确地执行应用系统会导致安全性的降低。为防止最终用户的误操作，系统提供了 PMC 保护功能，如果最终用户在进行设备维修和调整时，需要调整某些功能，机床厂家可以使用某种方法，使机床处于安全的方式下再让某些功能有效，使得操作者知道并严格按照安全的规则来操作。

PMC 保护功能需要利用 PMC 的 SETTING 画面中的选项来设定。

1）禁止操作者处理梯形图的选项设定。也就是说既要隐藏 PMC 程序，也不允许用户修改 PMC 程序。

PROGRAMMER ENABLE（编程器有效）：NO

HIDE PMC PROGRAM（隐藏 PMC 程序）：YES

EDIT ENABLE（编辑有效）：NO

ALLOW PMC STOP（允许 PMC 停止）：NO

2）只允许操作者监控梯形图的选项设定。也就是说允许显示 PMC 程序，但不允许修改 PMC 程序。

PROGRAMMER ENABLE（编程器有效）：NO

HIDE PMC PROGRAM（隐藏 PMC 程序）：NO

EDIT ENABLE（编辑有效）：NO

ALLOW PMC STOP（允许 PMC 停止）：NO

3）允许操作者监控和编辑梯形图的选项设定。

PROGRAMMER ENABLE（编程器有效）：YES

HIDE PMC PROGRAM（隐藏 PMC 程序）：NO

EDIT ENABLE（编辑有效）：YES

ALLOW PMC STOP（允许 PMC 停止）：NO

4.3.6　PMC 参数的传输

FANUC 系统 PMC 参数的传输需要应用数控系统的串行通信接口，但是串行通信参数的设定必须在 PMC 的控制菜单中调用相关界面才能完成设置，并不能应用数控系统通信参数进行 PMC 参数传输的设置和传输。PMC 参数传输的操作步骤如下：

1）按下 MDI 面板的 SYSTEM 功能键，再按下［PMC］软键，然后按下软键向后翻页键▶，系统弹出如图 4-91 所示的 PMC 控制系统软键菜单。按下［I/O］软键，系统显示如图 4-92所示通信设置界面。

(STOP)(EDIT)(I/O)(SYSPRM)(MONIT)

图 4-91　PMC 控制系统软键菜单

2）将光标定位在“DEVICE”项目上，按下软键向后翻页键▶，选择 OTHERS 作为通信设备，如图 4-93 所示。OTHERS 指利用 RS232C 口作为通信设备。

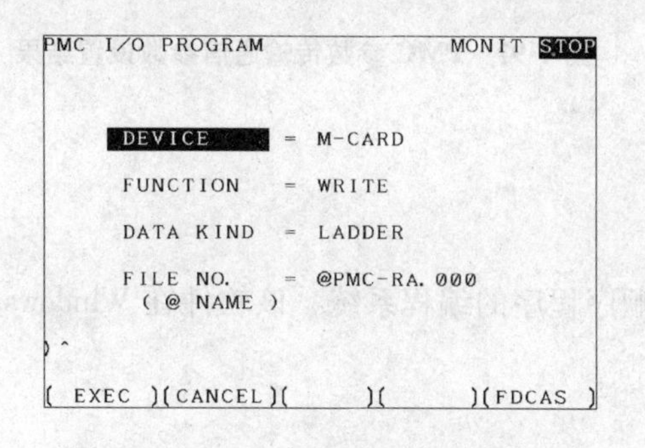

图 4-92　PMC 参数传输操作界面 1

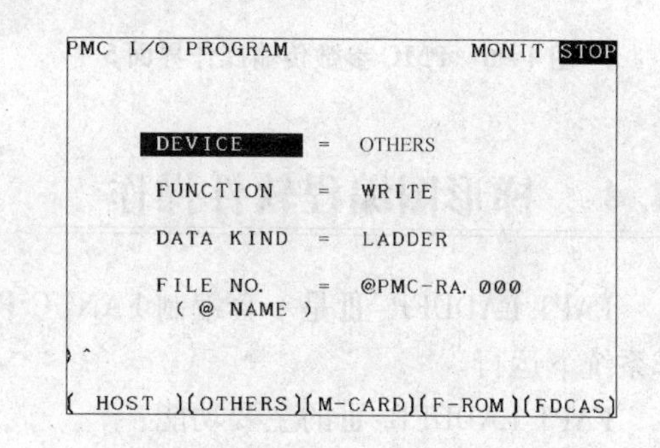

图 4-93　PMC 参数传输操作界面 2

3）设置“FUNCTION”项目为 WRITE，指将 PMC 参数从数控系统传输至计算机，如图 4-94 所示。

如果将“FUNCTION”项目设置为 READ，指将 PMC 参数从计算机传输至数控系统。

如果将“FUNCTION”项目设置为 COMPAR，指将计算机传输的 PMC 参数和数控系统所存储的 PMC 参数进行比较。

4）将光标定位在“DATA KIND”项目上，系统显示如图 4-95 所示。按下［PARAM］软键，即设定参数为传输内容。

5）按下软键向后翻页键▶，选择［SPEED］软键，在图 4-96、图 4-97 所示界面中设定通信参数。

在按上述步骤将 PMC 参数传输时需要的通信参数设置完成后，需要相应地设置计算机通信软件中的参数：BAUD RATE 为 9600，检验方式为 NONE，STOP BIT 为 1。

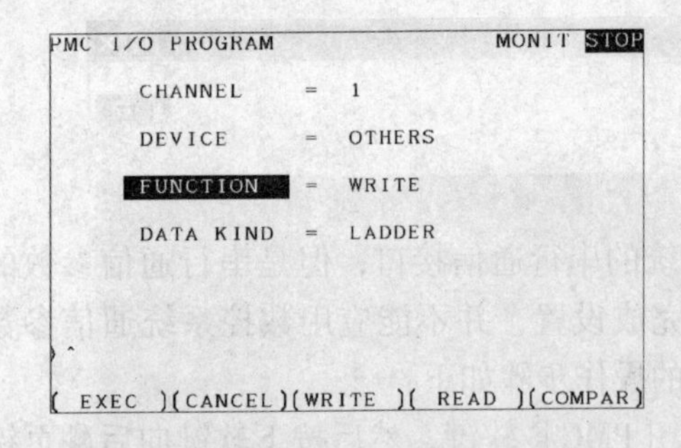

图 4-94 PMC 参数传输操作界面 3

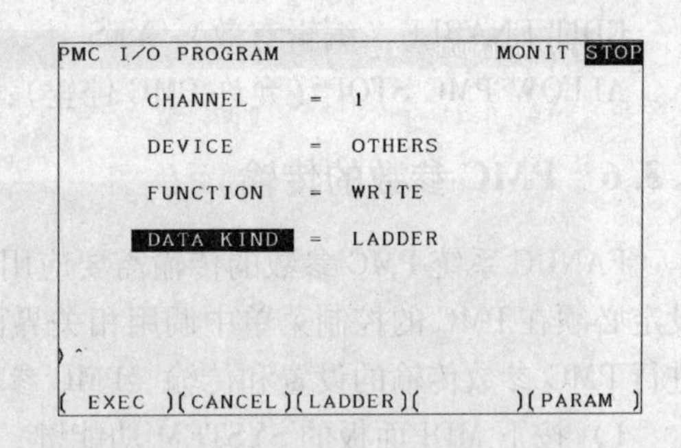

图 4-95 PMC 参数传输操作界面 4

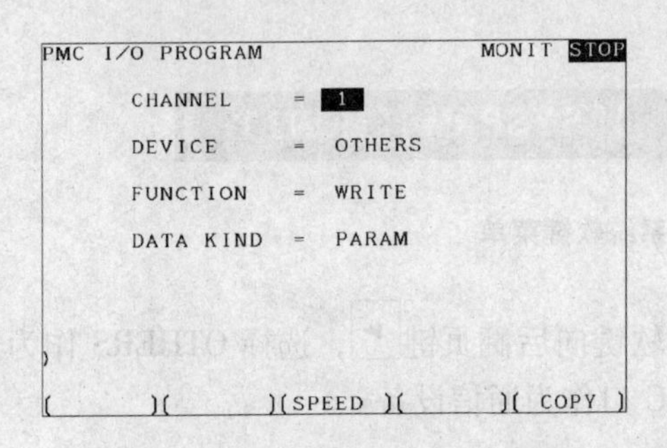

图 4-96 PMC 参数传输操作界面 5

图 4-97 PMC 参数传输通信参数设置结果

4.4 梯形图编程软件操作

FAPT LADDER-Ⅲ是一套编制 FANUC PMC 顺序程序的编程系统。该软件在 Windows 操作系统下运行。

FAPT LADDER-Ⅲ的主要功能：

1）输入、编辑、显示、输出顺序程序。

2）监控、调试顺序程序。在线监控梯形图、PMC 状态、显示信号状态、报警信息等。

3）显示并设置 PMC 参数。

4）执行或停止顺序程序。

5）将顺序程序传入 PMC 或将顺序程序从 PMC 传出。

6）打印输出 PMC 程序。

4.4.1 界面介绍

FAPT LADDER-Ⅲ系统主界面如图 4-98 所示。系统界面的形式具有 Windows 软件的一般特征，具有菜单栏、工具栏等。

1. 启动 FAPT LADDER-Ⅲ软件

用鼠标左键按“开始”按钮，选择“程序”，从程序列表中选择“FAPT LADDER-Ⅲ”文件夹，选择“FAPT LADDER-Ⅲ软件”。

可以同时启动多个 FAPT LADDER-Ⅲ程序，但不可以将多个 FAPT LADDER-Ⅲ程序同时

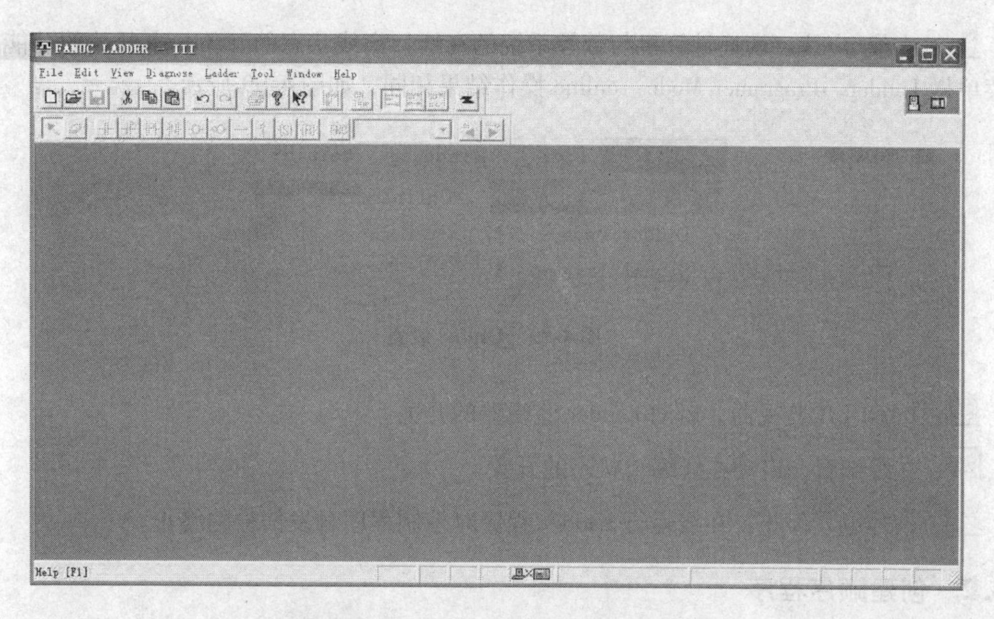

图4-98　FAPT LADDER-Ⅲ系统主界面

与一个PMC相连。但一个FAPT LADDER-Ⅲ程序可以同时与多个PMC相连。

2. 退出FAPT LADDER-Ⅲ软件

退出FAPT LADDER-Ⅲ的操作步骤与其他Windows软件的操作类似，有两种方法：

1）用鼠标左键单击“文件”→“退出”。

2）用鼠标左键单击主界面右上方的⊠按钮。

3. 界面图标的功能

FAPT LADDER-Ⅲ软件界面中的快捷图标，有些图标的功能与其他Windows软件的快捷图标功能相同，有些图标的功能是专门为编制Ladder程序操作方便而设置的。

下面简单介绍图4-98中各图标的功能含义：

：新建程序，创建一个新的顺序程序。

：打开程序，打开一个已存在的顺序程序。

：保存程序，保存顺序程序。

：剪切，将选定部分移走。

：复制，复制选定部分。

：粘贴，粘贴剪切或复制的部分。

：打印，打印顺序程序。

：版本信息，显示版本信息。

：在线帮助，根据鼠标当前所处的位置，显示相关的帮助信息。

：运行/停止程序，设置运行Ladder程序或停止Ladder程序。该按钮仅当计算机处于系统在线状态时可用。

：在线/离线，切换计算机与数控系统的在线、离线状态的开关。本开关的功能与选择菜单栏 Ladder→Programer Mode→online 操作结果相同，如图 4-99 所示。

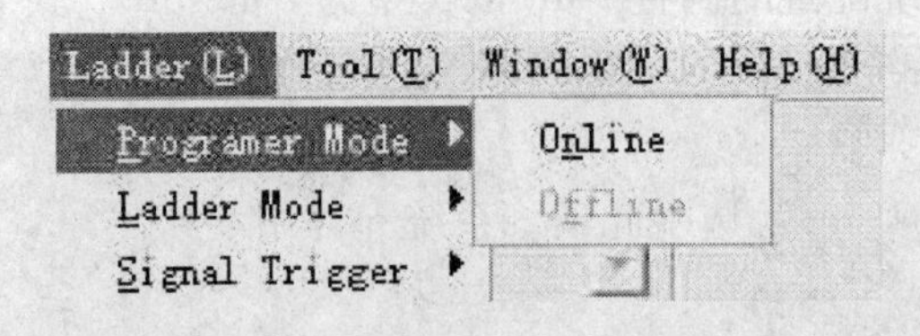

图 4-99　Online 设置

：LADDER 监视器，启动 Ladder 监视器的开关。

：在线编辑，启动在线编辑状态的开关。

：信号触发停止，在线运行 Ladder 程序时控制程序触发信号的终止。

4.4.2　创建顺序程序

1. 创建顺序程序的步骤

利用 FAPT LADDER-Ⅲ 软件编制顺序程序的规则与 PMC 编程规则相同。创建顺序程序的流程如图 4-100 所示。

顺序程序包括的内容如图 4-101 所示。

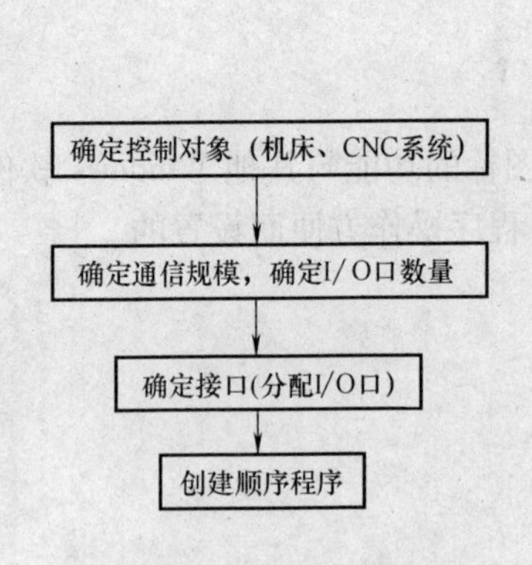

图 4-100　顺序程序编制流程

图 4-101　顺序程序包括的内容

2. 新建顺序程序

选择菜单栏 File→New Program 或用鼠标左键按下新建按钮，系统弹出新建程序对话框，如图 4-102 所示。

根据对话框中的提示，输入下列信息：

1）Name：文件名。输入要创建的文件名，文件名后缀“. Lad”可以省略。在 FAPT LADDER-Ⅲ 软件中创建的顺序程序，系统自动赋予“. lad”的后缀名。用鼠标左键按下文件名输入框右边的 Browse 按钮，设置文件的存储路径，保存文件时，系统自动按照此路径存储文件。

2）PMC Type：PMC 类型。用鼠标左键按下输入框右边的向下箭头按钮，可以调出 PMC 类型列表，选择一种 PMC 类型。

FANUC 0i-B 数控系统配置的内置 PMC 的类型为 PMC-SB7。

FANUC 0i-C 数控系统配置的内置 PMC 的类型为 PMC-SA1/RA1。

3）LEVEL3 Program Using：选中此项，系统允许用户编写 3 层 Ladder 程序。

4）I/O Link Expansion：设定是否使用 I/O 扩展功能。

按下对话框中的"OK"按钮，系统在最近打开或修改过的 Ladder 程序所在的文件夹中创建一个新的程序。

屏幕出现图 4-103 所示标题栏子窗口，在需要编辑的程序名上双击鼠标左键，如在 Program List 程序列表子窗口的"LEVEL 2"项目上双击鼠标左键，系统显示程序编辑子窗口，允许用户开始编制顺序程序。编程界面如图 4-103 所示。

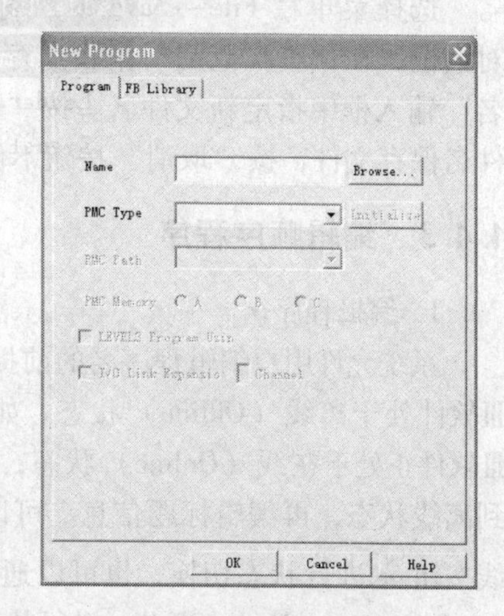

图 4-102 新建程序对话框

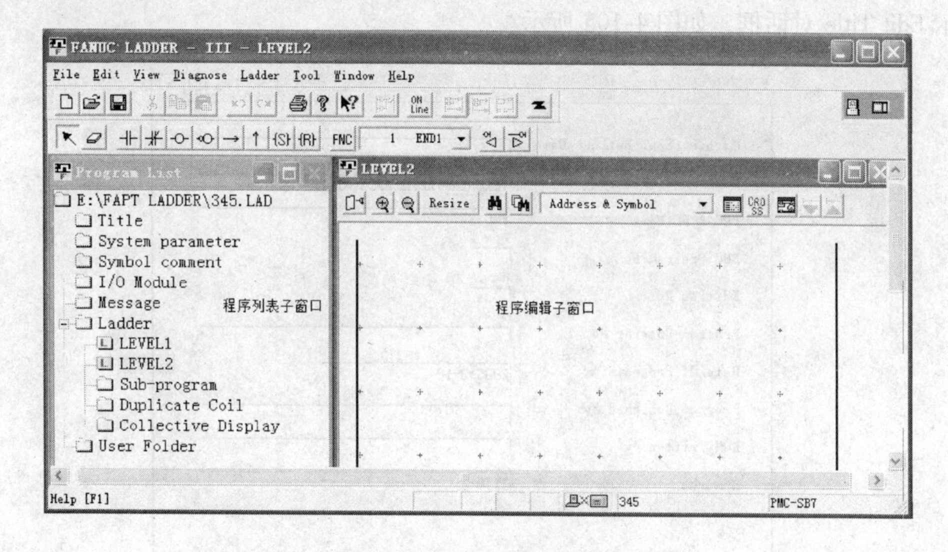

图 4-103 PMC 程序编辑界面

3. 存储顺序程序

选择菜单栏 File→Save，或按下保存程序工具按钮，如果程序已经被修改，系统显示 Program Update 对话框，如图 4-104 所示。图 4-104 中，系统提示用户确认要保存的数据类型，允许保存的信息包括标题信息、梯形图第一级程序、第二级程序、子程序等，如果不想保存对某一部分的更改，可以用鼠标拾取该项前的拾取框，去掉×标记。如果对文件进行保存后，又对文件进行了修改，再次保存文件时，系统会根据修改的内容，显示相应的 Program Update 对话框。例如，若在保存文件后仅对标题信息进行了修改，则再次保存文件时，

Program Update 对话框只在 Data File 列表中列出 Title 一个选项，提示用户确认是否保存对标题信息所做的修改，其余各部分均为空白。按“确定”按钮保存程序，按“取消”按钮不保存程序并退出系统。

选择菜单栏 File→Save as，系统显示“另存为”对话框，在“查找范围”中指定存储路径，在“文件名”输入框中指定新文件名。按“保存”按钮以新文件名保存文件，按“取消”按钮不保存并退出。

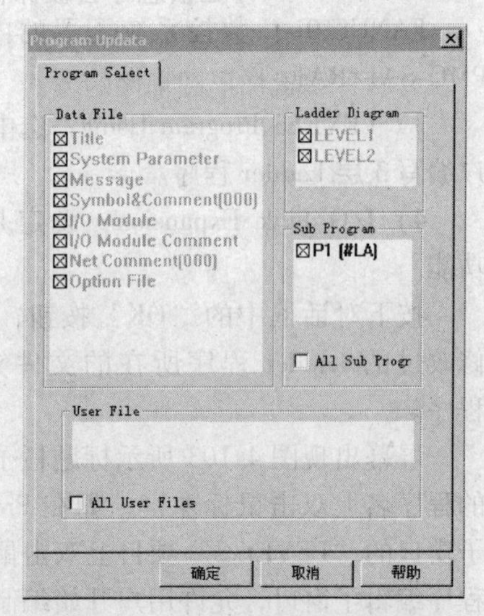

图 4-104　保存数据类型选择对话框

4.4.3　编辑顺序程序

1. 编辑程序名

系统允许用户编辑程序名的前提是 FAPT LADDER-Ⅲ软件处于离线（Offline）状态。如果 FAPT LADDER-Ⅲ软件正处于在线（Online）状态，首先应将软件切换到离线状态，再编辑标题信息。可以通过按下在线/离线按钮 ON Line 进行状态切换，也可以通过选择菜单栏 Ladder-Programmer Mode-Off line 进行状态切换。

双击当前程序 Program List 对话框中的 Title 项，系统显示 Edit Title 对话框，如图 4-105 所示。

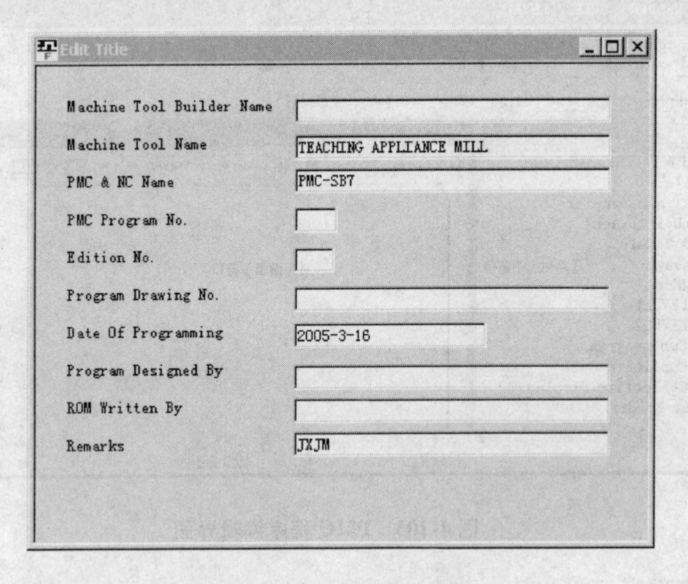

图 4-105　标题编辑对话框

设置必要的注释信息，如机床制造商名称（Machine Tool Builder Name）、机床名称（Machine Tool Name）、PMC 名称（PMC&NC Name）、PMC 程序编号（PMC Program No.）、编程日期（Date Of Programming）、编程人（Program Designed By）等。系统规定了这些信息的最大允许字符数，如机床制造商名称、机床名称、PMC 名称、编程人最大允许输入 32 个字符，编程日期最大允许输入 16 个字符。

完成标题信息的设置后，按下 Edit Title 对话框右上方的关闭按钮，即退出标题编辑状态，但所设置的标题信息并没有被保存。当保存梯形图程序时，在 Program Update 对话框中选中 Title 项，标题信息才会被保存。

2. 编辑程序

有两种编辑梯形图程序的方式：离线编辑，即计算机没有与 CNC 系统相连，在计算机上对梯形图程序进行编辑；在线编辑，即计算机保持与 CNC 系统相连的状态下，利用 FAPT LADDER-Ⅲ软件进行梯形图编辑。

FAPT LADDER-Ⅲ软件的在线/离线状态可通过屏幕下方的 Status Bar（状态栏）反映出来。如图 4-106 所示，Programmer Mode 空白表示处于离线状态；Programmer Mode 显示 Online 表示处于在线状态。下面介绍离线编辑梯形图的方法。

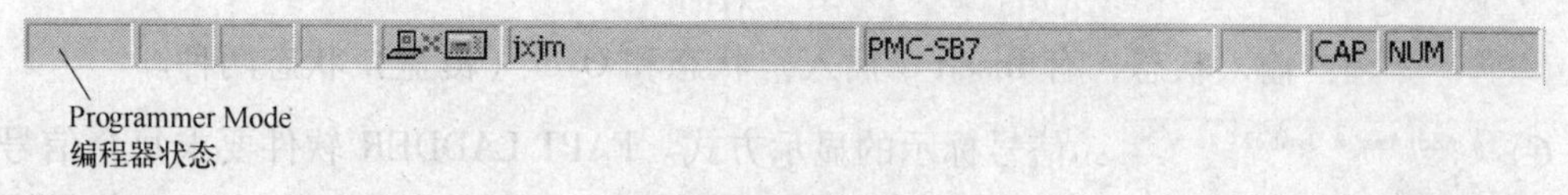

图 4-106 状态栏

（1）显示编辑梯形图程序界面的方法 调出 Program List 对话框。通常，新建一个 LAD 文件或打开一个已存在的 LAD 文件后，系统会自动显示 Program List 对话框。还可以通过选择菜单栏 View→Program List 弹出 Program List 对话框。

双击 Program List 对话框中要编辑的程序名，系统显示梯形图程序编辑界面，如图 4-107 所示。选择 Program List 对话框中要编辑的程序名，按键盘上的 Enter 键或按 F10 功能键，也可以控制系统显示梯形图编辑界面。

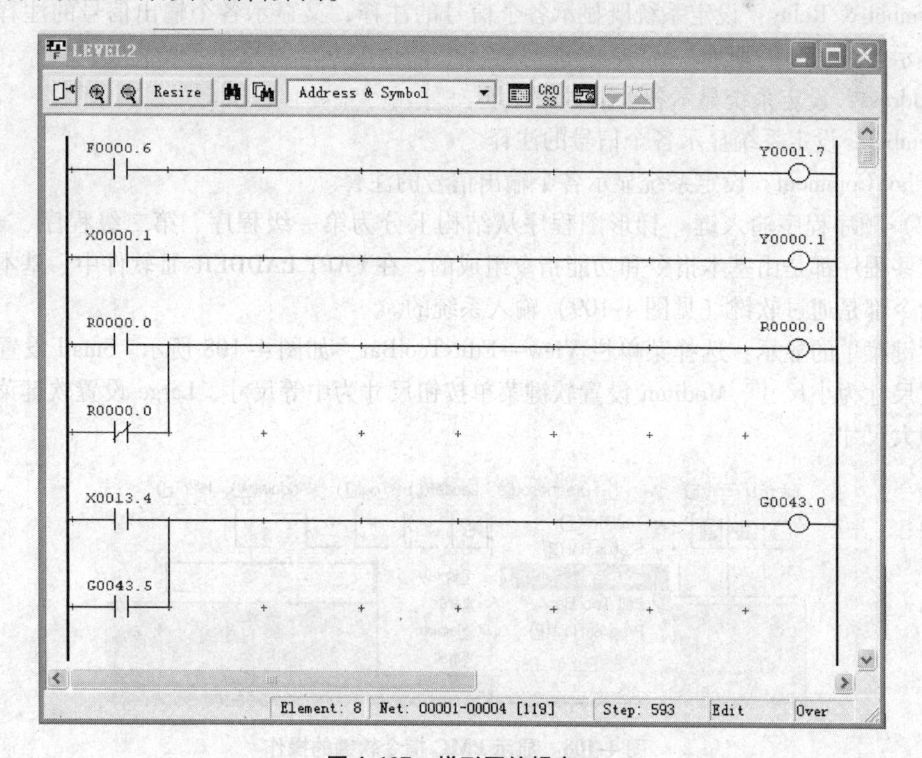

图 4-107 梯形图编辑窗口

图4-107中各按钮功能：

1）：显示放大按钮，放大显示窗口以及编辑窗口中的梯形图程序。

2）：显示缩小按钮，缩小显示窗口以及编辑窗口中的梯形图程序。

3）Resize：重定义显示窗口按钮，根据窗口的尺寸调整梯形图程序的显示。

4）：搜索按钮，搜索指定的地址名或信号。

5）状态栏：位于窗口最下边，显示各种提示信息。

Net: 00001-00002 [6]：当前位置或程序总行数。

Edit：梯形图状态，有Monitor（监控）状态和Editor（编辑）状态两种，可通过选择菜单栏Ladder→Ladder Mode切换。

Over：输入状态，有Insert（插入）状态和Over（覆盖）状态两种。

6）Address & Symbol：信号标示的显示方式。FAPT LADDER软件要求每个信号要有一个唯一的地址，作为该信号的标示。FAPT LADDER软件同时允许用户为每个信号设定相关注释（Symbol）。信号注释的设定是非强制性的，用户可以根据需要决定是否为某一信号添加注释。

用鼠标左键单击信号标示显示方式设定栏右侧的向下箭头按钮，可以切换设定系统采用的显示方式：

Address & Symbol：设定系统既显示各个信号的地址，又显示每个信号的注释。

Address & Relay：设定系统既显示各个信号的地址，又显示各个输出信号的注释。

Symbol & Relay：设定系统既显示各个信号的注释，又显示各个输出信号的注释，但系统不显示各个信号的地址。

Address：设定系统显示各个信号的地址。

Symbol：设定系统显示各个信号的注释。

Relay Comment：设定系统显示各个输出信号的注释。

（2）顺序程序输入键　梯形图程序从结构上分为第一级程序、第二级程序、子程序，所有这些程序都是由基本指令和功能指令组成的。在FAPT LADDER-Ⅲ软件中，基本指令和功能指令都是通过软键（见图4-109）输入系统的。

软键菜单的显示：选择菜单栏View→Edit ToolBar，如图4-108所示。Small设置软键菜单按钮尺寸为小尺寸、Medium设置软键菜单按钮尺寸为中等尺寸、Large设置软键菜单按钮尺寸为大尺寸。

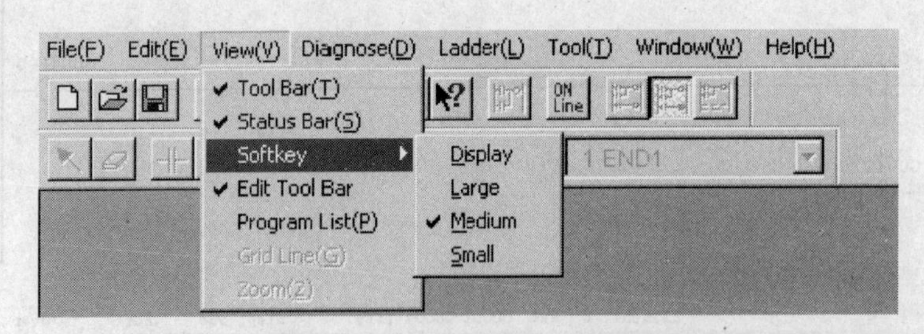

图4-108　显示PMC指令软键的操作

软键菜单将出现在状态栏的上方，如图4-109所示。

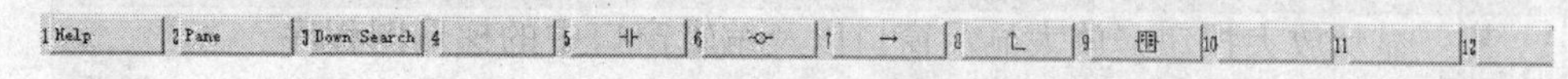

图4-109　PMC指令软键通常状态

有些指令软键的显示需按下键盘上的SHIFT键才会显示，如图4-110所示。

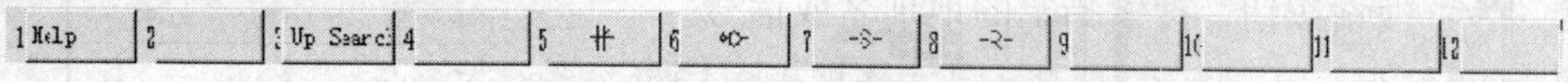

图4-110　PMC指令软键SHIFT状态

系统还提供了编辑工具条，用于输入PMC指令，如图4-111所示。用鼠标拾取编辑工具条的空白处，按住鼠标左键不放并拖动鼠标，可将整个编辑工具条移到屏幕的任意位置。当按下编辑工具条中的某个按钮，并将鼠标移至编辑窗口中，鼠标的顶点会显示所选按钮对应的触点或线圈的形状。此时按下鼠标左键，该触点或线圈会被输入到鼠标所在位置；按下鼠标右键，取消输入操作，编辑工具条中被按下的按钮抬起，鼠标恢复通常的形状。

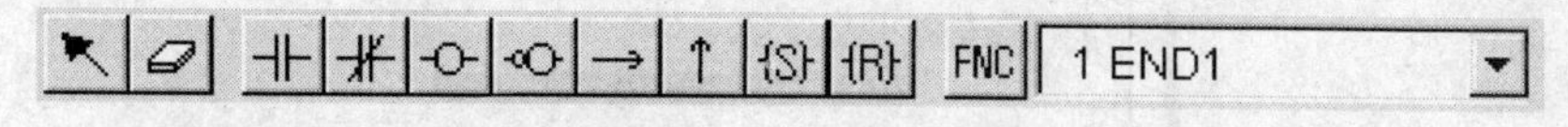

图4-111　编辑工具条

（3）PMC基本指令的输入

1）将鼠标定位在程序编辑窗口中，预输入PMC基本指令的位置。

2）按下PMC基本指令软键或编辑工具条或快捷键，输入触点或线圈。触点或线圈输入快捷按钮如图4-111所示。

3）完成触点和线圈的输入后，由于没有指定信号的地址，系统认为有语法错误，故用红色线条显示程序段，并在状态栏显示相应的报警信息，提示用户输入各信号的地址。

4）用鼠标拾取图4-111所示按钮，退出触点或线圈输入状态。

5）用鼠标拾取该触点或线圈，按键盘，系统自动弹出地址输入条，此时用户可以通过键盘输入地址。

6）所有信号的地址输入完毕，并且程序没有语法错误，系统用黑色线条显示程序段。

7）顺序程序中竖线的输入可以利用编辑工具栏的工具按钮↑完成。按下绘制竖线按钮↑，鼠标顶端显示竖线形状，移动鼠标到要绘制竖线的位置，按鼠标左键，即在指定位置绘制出竖线。

（4）添加信号注释、输出信号注释　用鼠标拾取程序中的触点或线圈，再按鼠标右键，拾取右键菜单中该触点或线圈的属性，如图4-112所示。利用触点或线圈属性对话框中的选项，为该触点或线圈添加注释，如图4-113所示。

图4-113中参数的含义：

SYMBOL：信号注释。

RELAY COMMENT：输出信号注释。

COIL COMMENT：程序段注释。

（5）PMC功能指令的输入

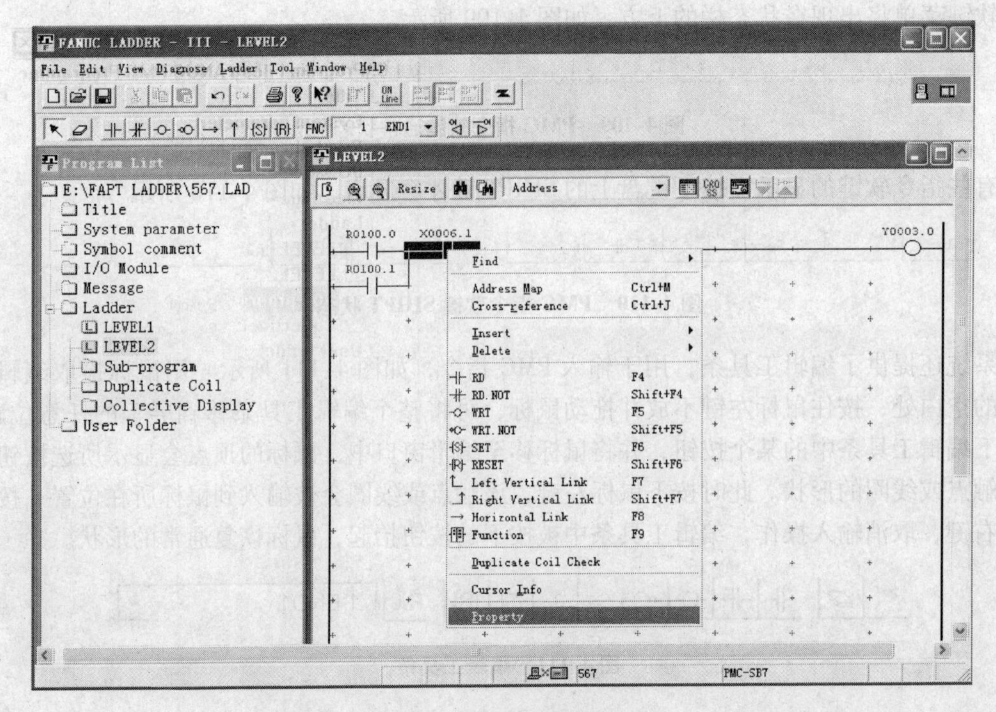

图 4-112　添加注释操作步骤

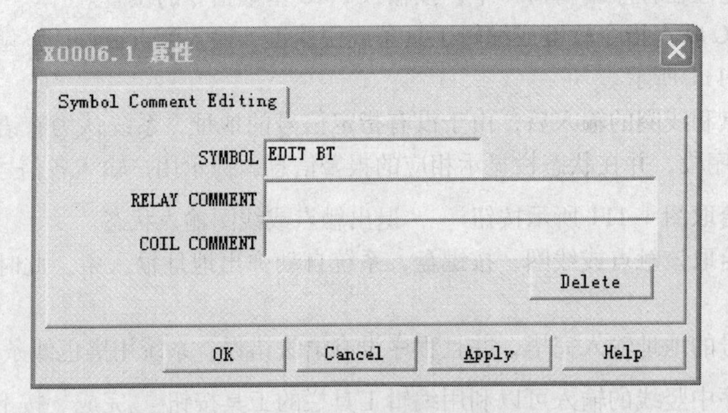

图 4-113　触点/线圈属性对话框

1）将鼠标定位在梯形图编辑窗口中，预输入 PMC 功能指令的位置。

2）按下 PMC 功能指令软键 FNC 1 END1，系统弹出 Select Function（选择功能指令）对话框，如图 4-114 所示。按下 Function 输入条右侧的向下箭头，系统弹出所有功能指令及其 SUB 代码。选择目标功能指令后，Function 输入条显示该功能指令名称，按下 OK 按钮，功能指令即被插入到编辑窗口所显示的程序中。

（6）编制子程序/删除子程序　在 Program List 对话框中 Sub-program 项上按鼠标右键，并拾取 Add sub-program 项，如图 4-115 所示。系统显示 Add sub-program 对话框，如图 4-116所示。在对话框 sub-program 中输入子程序名、Kind of Ladder 中输入 Ladder、Relay Comment 中输入注释；按 OK 按钮，Program List 对话框中显示子程序名，系统弹出子程序显

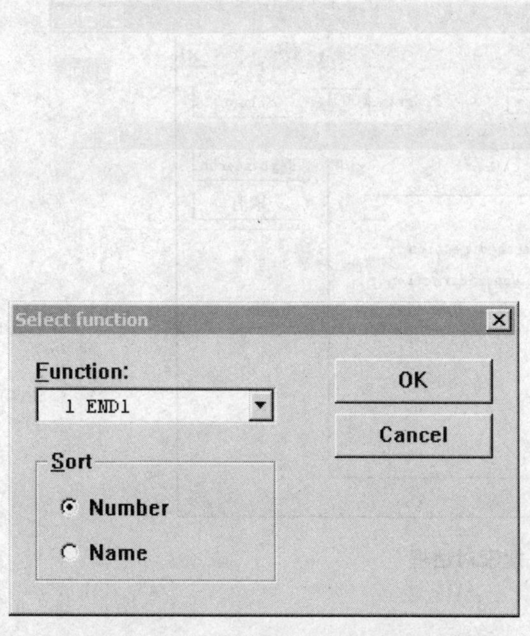
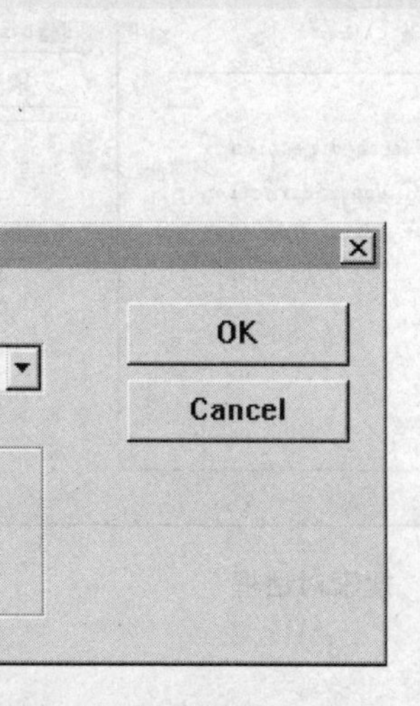

图 4-114　选择功能指令对话框

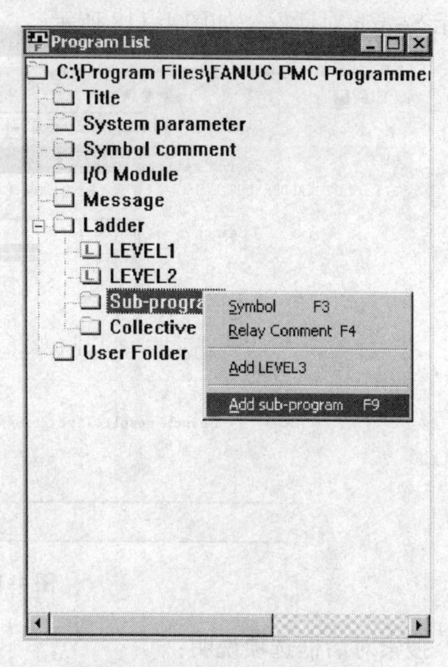

图 4-115　添加子程序操作步骤

示窗口和编辑窗口。

如果要删除子程序，将鼠标移到 Program List 对话框中要删除的子程序名处，按鼠标右键，从弹出的右键菜单中选择 Delete sub-program，如图 4-117 所示，即可删除子程序。

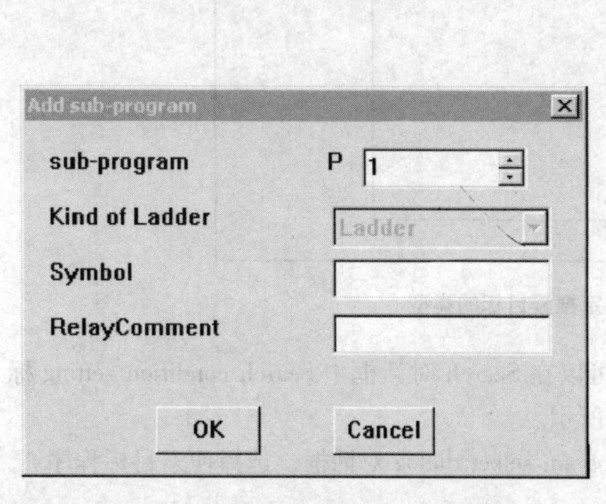

图 4-116　Add sub-program 对话框

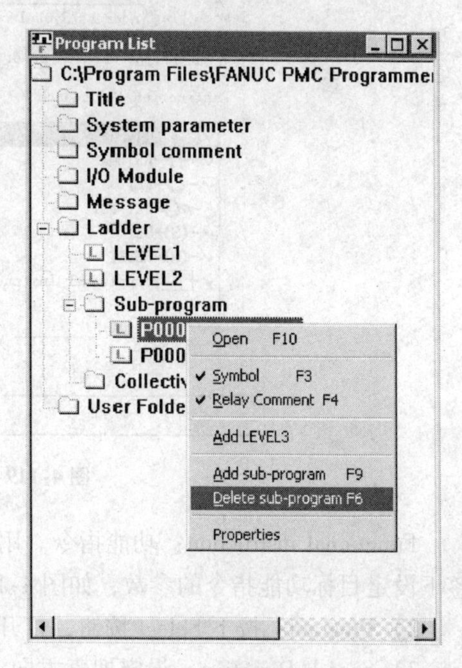

图 4-117　删除子程序

（7）搜索操作　拾取菜单栏 Edit→Search 或按下程序编辑窗口中的工具按钮，系统显示 Search 对话框，如图 4-118 所示。

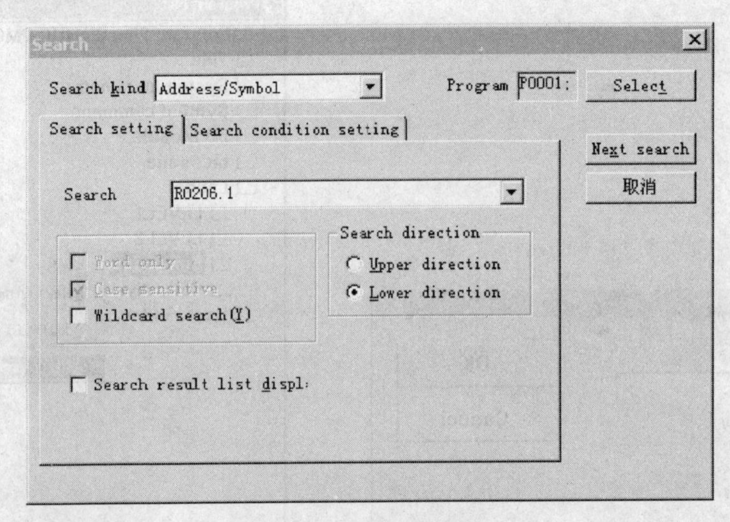

图 4-118　搜索对话框

搜索对话框选项说明：

1）Search kind：指定搜索内容。

Address/Symbol：地址/符号。用户可以在 Search 对话框中 Search condition setting 标签下设定搜索目标的类型，如图 4-119 所示。

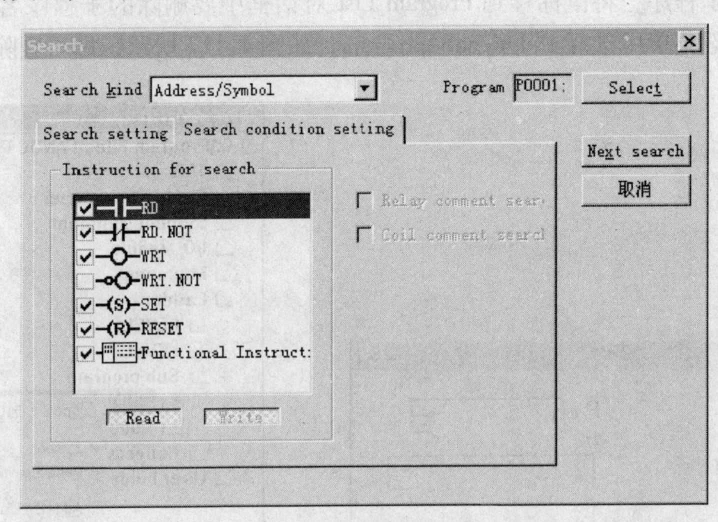

图 4-119　设定搜索目标的类型

Functional instruction：功能指令。用户可以在 Search 对话框中 Search condition setting 标签下设定目标功能指令的参数，如图 4-120 所示。

2）Program：按下 Select 按钮，打开 Program select dialog 对话框，选择搜索目标程序。

3）Search Direction：设定搜索方向。

4）Search result list display：选中此功能，系统显示对话框列出搜索结果，程序号、行号、梯形图及注释。

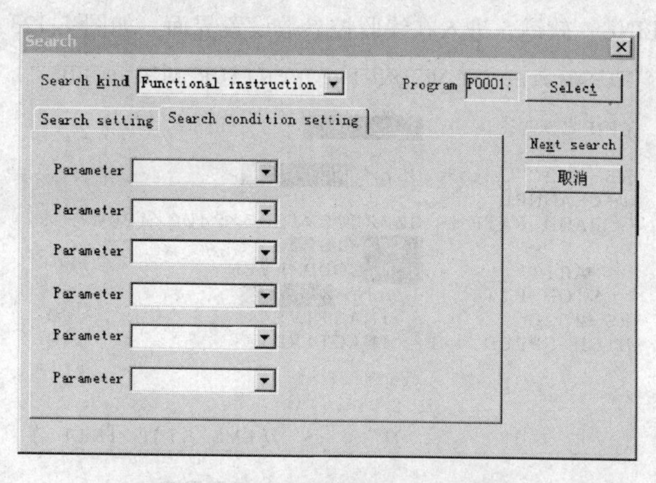

图 4-120　设定目标功能指令的参数

4.4.4　在线连接 FAPT LADDER-Ⅲ

1. 设置数控系统进入 PMC 程序通信状态

设置数控系统进入 PMC 程序通信状态后，可以将系统中运行的 PMC 程序传输到计算机中，进行备份或在线监控或在线编辑。当利用计算机中的编程软件对 PMC 程序进行修改以后，还可以将在线编辑后的 PMC 程序从计算机传输至数控系统。

使数控系统进入 PMC 程序通信状态的操作如下：

1）按下 MDI 面板的 SYSTEM 功能键，再按下［PMC］软键，进入 PMC 系统控制界面。

2）按下向后翻页软键［▶］，系统弹出如图 4-121 所示的 PMC 控制系统菜单，按下［MONIT］软键，进入 PMC 监控器菜单界面，如图 4-122 所示。

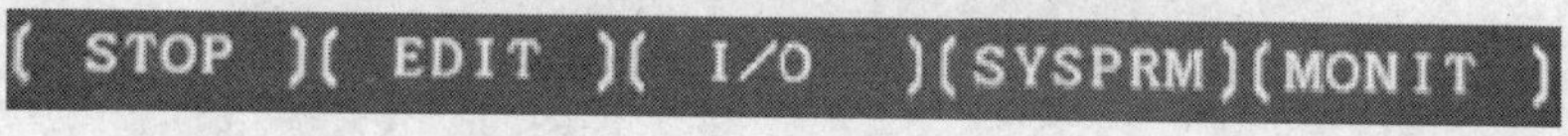

(STOP)(EDIT)(I/O)(SYSPRM)(MONIT)

图 4-121　PMC 控制系统软键菜单

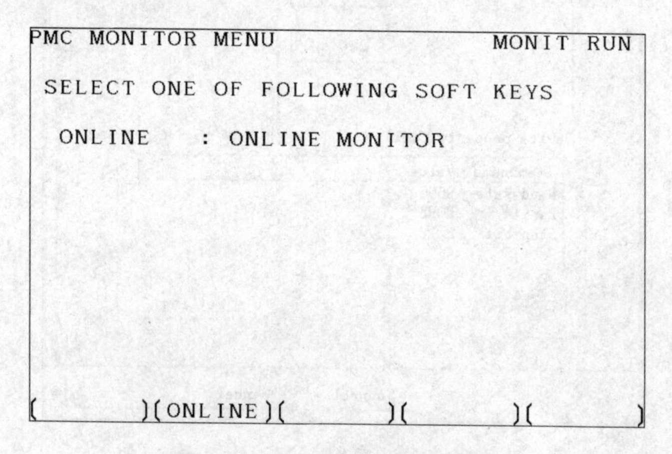

图 4-122　PMC 监控器菜单界面

3）按下［ONLINE］软键，进入在线监控参数设置界面，如图4-123所示。

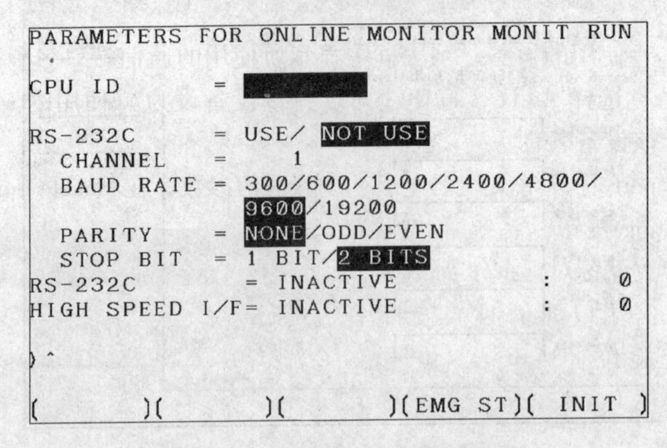

图4-123 在线监控参数设置界面

利用光标移动键，将光标定位在RS-232C设置栏的USE选项上，这时RS-232通信端口将作为PMC程序的传输通道。在PMC程序通信结束后，需要将RS-232C设置栏重新设置为NOT USE选项，否则无法实现数控系统与计算机通信传输加工程序、数控系统参数以及PMC参数。

利用光标移动键，设置通信速度BAUD RATE、校验方式PARITY、停止位STOP BIT。

完成了在线监控参数设置界面的设置后，数控系统PMC程序通信准备就绪。

2. 设置计算机侧的梯形图编辑软件进入PMC程序通信状态

通过在FAPT LADDER-Ⅲ中指定下列项目，可将FAPT LADDER-Ⅲ与某个通信端口自动连接。

选择Tool→Communication→Setting，在弹出的端口设置对话框中，设置所使用的通信端口名称、通信参数，如图4-124所示。

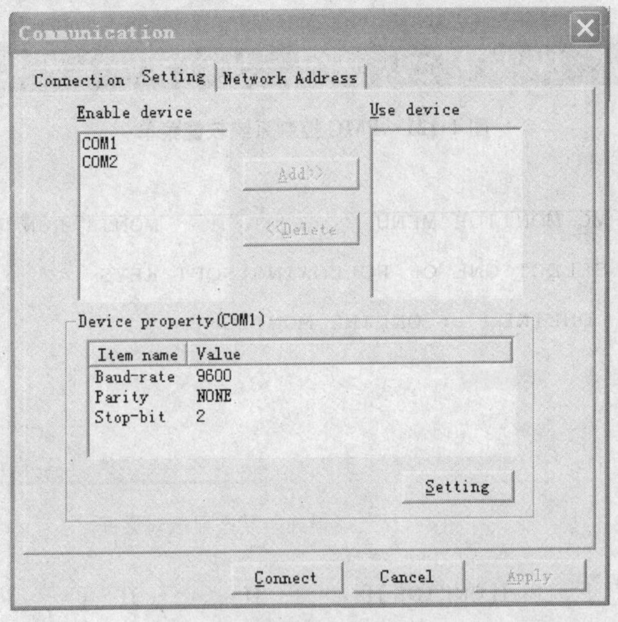

图4-124 设置通信端口及参数

1）Enable device：可使用的设备。列表框中显示可使用的通信端口，即计算机上的通信端口名称。

2）Use device：使用的设备。列表框中显示所使用的通信端口名称。选中 Enable device 列表中的某一设备，选择 Add >> 按钮，即可将该设备设为“使用的设备”，系统会在 Use device 列表中显示该设备名称。

3）Device property：设备属性，显示、设置通信参数。在 Enable device 列表框中选择某一设备，单击 Setting 按钮，系统弹出如图4-125 所示通信参数设置对话框。利用该对话框设置所选通信端口通信时的波特率（Baud-rate）、校验位（Parity）、停止位（Stop-bit）。系统在 Device property 中显示新设置的通信参数。

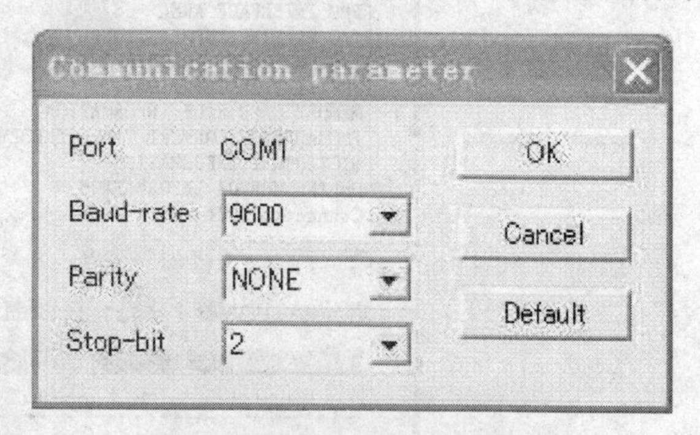

图 4-125 通信参数设置对话框

3. 对 PMC 程序在线监控以及在线编辑

利用 FAPT LADDER-Ⅲ软件对数控系统 PMC 程序进行在线监控的操作步骤如下：

1）选择工具栏 Tool→Communication，系统弹出计算机与数控系统通信连接控制对话框。调整好通信参数后，按下 Connect 按钮，计算机与数控系统开始连通，系统显示连通进度，如图4-126 所示。

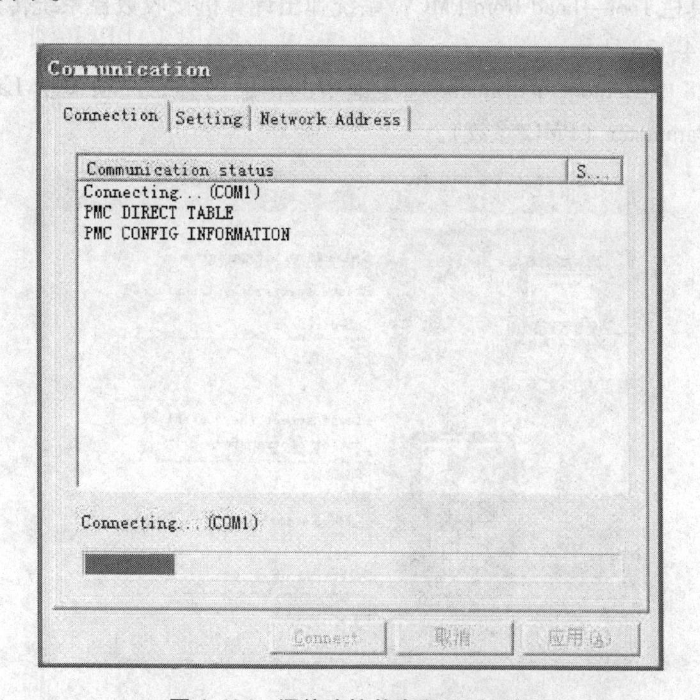

图 4-126 通信连接状态显示对话框

当连通进度指示条被填满，并且 Connect 按钮变为 Disconnect 时，表明连通成功，如图4-127所示。

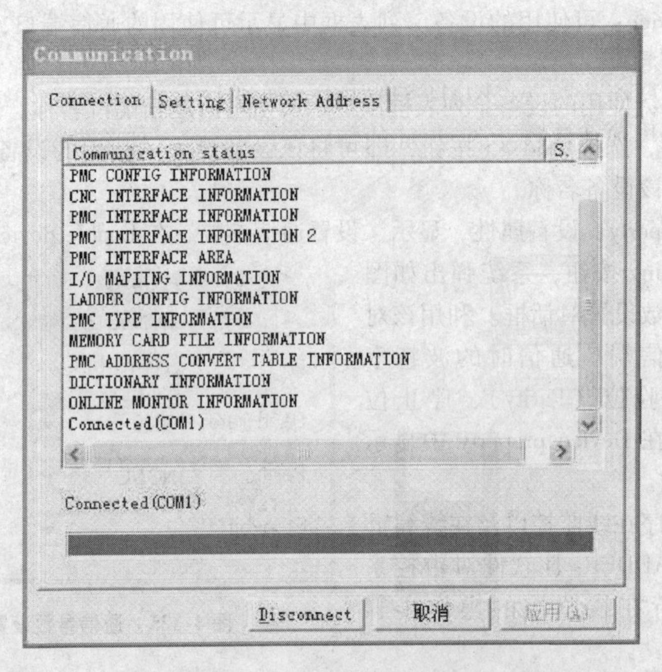

图 4-127 通信连接结束界面

按下 Disconnect 按钮，系统将中断计算机与数控系统的通信连接。

2）选择工具栏 Tool→Load from PMC，系统弹出计算机接收数控系统传入的 PMC 程序控制对话框，如图 4-128 所示。

设置图 4-128 中 Content of transfer 选项框中的传输内容。选项包括 Ladder（梯形图程序）以及 PMC Parameter（PMC 参数）。

图 4-128 将 PMC 程序从数控系统传输至计算机的传输向导对话框

设置完成，按“下一步”按钮，系统显示如图4-129所示界面，提示已完成的设置包括，Transfer传输方式：I/O by MONIT-ONLINE（通过I/O在线监控）、Direction传输方向：Load（从数控系统传至计算机）、Content传输内容：Ladder（梯形图程序）。

图4-129 PMC传输确认操作对话框

确认传输设置正确后，按下“完成”按钮，系统开始执行传输，并弹出传输进度显示窗口，如图4-130所示。

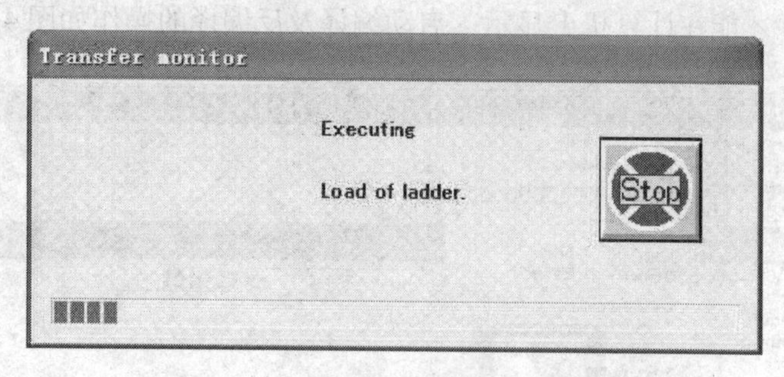

图4-130 梯形图程序传输进度显示窗口

3）从数控系统向计算机装载PMC程序结束后，系统弹出Program List对话框，显示计算机接收到的PMC程序。当前状态即为在线监控状态，FAPT LADDER-Ⅲ软件的在线编辑器快捷按钮处于按下状态，如图4-131所示。

双击某程序名，系统显示该段PMC程序。

进入在线监控状态后，数控系统的PMC控制菜单被锁定。

4）按下“在线编辑”快捷按钮，进入在线编辑PMC程序状态。在线编辑按钮位置如图4-132所示。双击某程序名，系统显示“程序窗口”。利用FAPT LADDER-Ⅲ软件编辑PMC程序的步骤与在FAPT LADDER-Ⅲ软件中编写PMC程序的操作步骤完全相同。

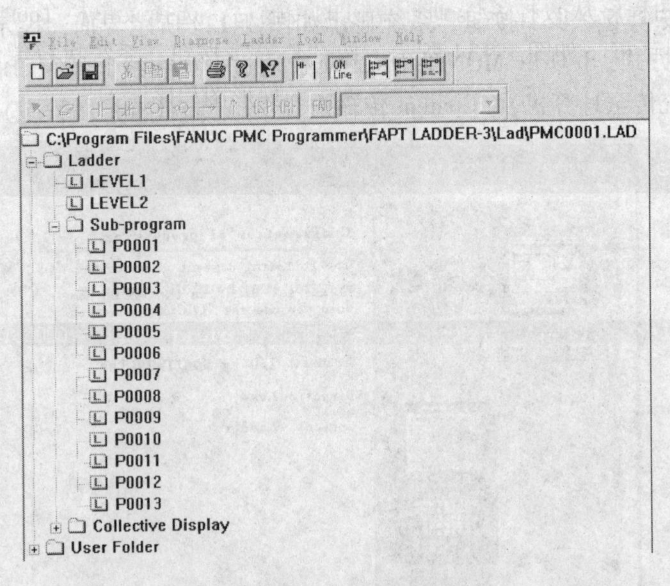

图 4-131　在线编辑 PMC 程序界面

5）按下保存按钮，即实现将 PMC 程序备份到计算机中。

6）在计算机上的 PMC 离线状态下，用 FAPT LADDER-Ⅲ软件编写的顺序程序被称为原程序，将原程序输入到数控系统中，需要经过编译（Compile）才可以被数控系统执行。将数控系统中的顺序程序传输到计算机中需要进行反编译（Decompile），程序才能在计算机上显示。启动编译及反编译的操作如图 4-133 所示。

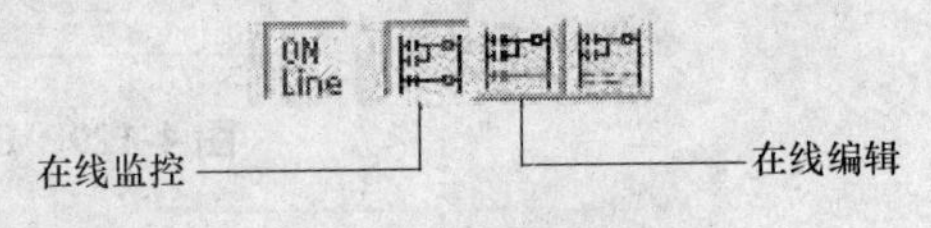

图 4-132　在线编辑按钮

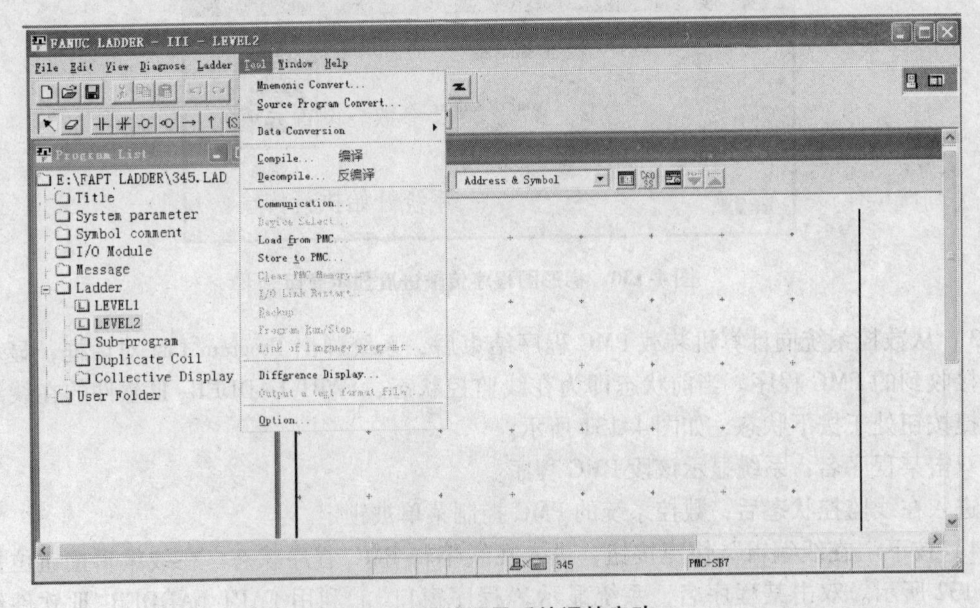

图 4-133　编译及反编译的启动

在完成了梯形图程序从数控系统到计算机的传输后，选择菜单栏 Tool→Decompile，系统弹出 Decompile 对话框，如图 4-134 所示。按“Exec”按钮，系统执行编译操作。反编译完成后，FAPT 软件即显示从数控系统传到计算机的梯形图程序。

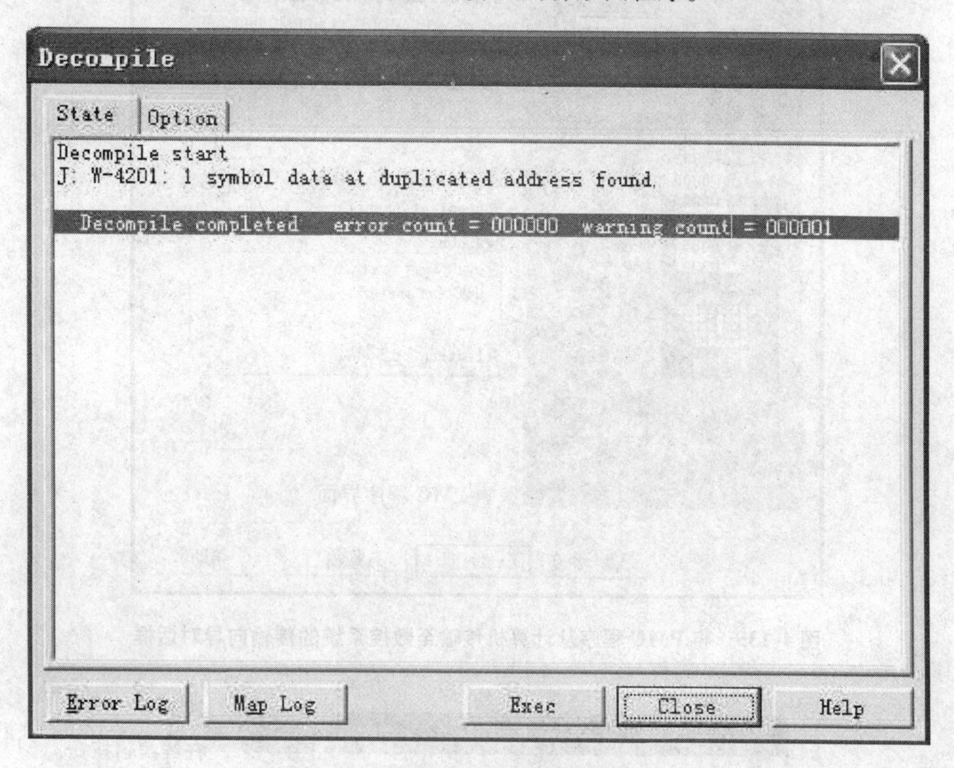

图 4-134 Decompile 对话框

4. 将完成编辑的 PMC 程序传输到数控系统

1）选择工具栏 Tool→Store to PMC，系统弹出将 PMC 程序从计算机传输至数控系统的对话框，如图 4-135 所示。

2）根据需要设置传输内容：梯形图程序、PMC 参数。设置完成后，系统显示确认操作对话框，如图 4-136 所示。

3）确认传输设置正确后，按“完成”按钮，系统开始执行传输，并弹出传输进度显示窗口，如图 4-137 所示。

4）关闭 FAPT LADDER-Ⅲ软件，经过在线编辑 PMC 程序在数控系统上执行。

4.4.5 打印顺序程序

单击菜单栏 File→Print，显示 Print 对话框，如图 4-138 所示。

打印对话框中 Print Data 列出了允许打印的数据类型，选中某个类型的数据后，按下 Option 按钮完成相关打印设置。

Title（标题）的 Option 对话框如图 4-139 所示。其参数含义如下：

Start Page No.：待打印的标题信息的首页页码。

Title：待打印资料的标题。

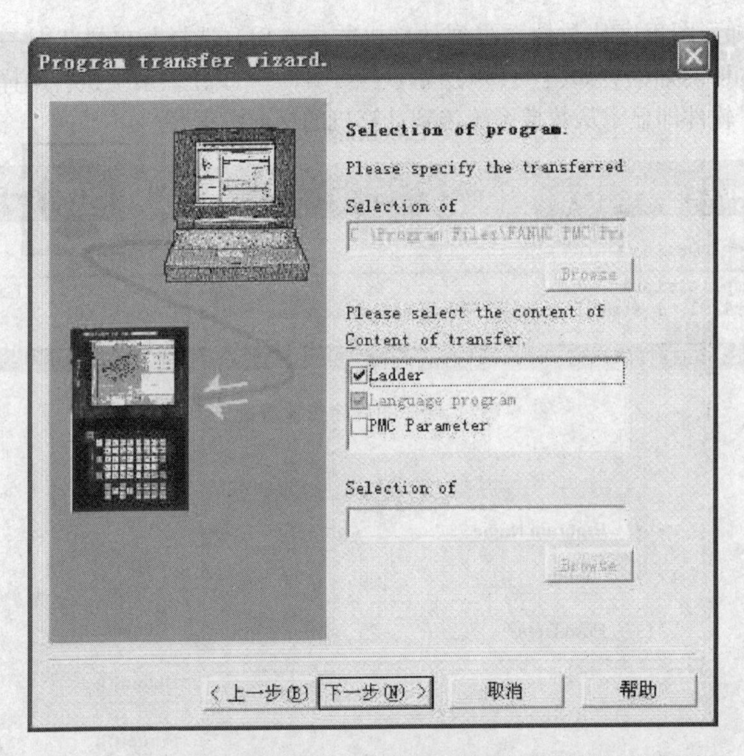

图 4-135　将 PMC 程序从计算机传输至数控系统的传输向导对话框

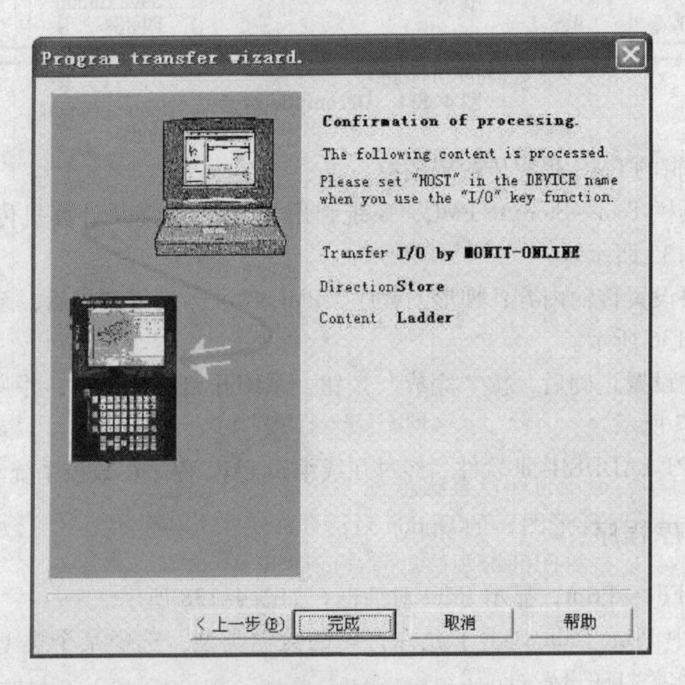

图 4-136　PMC 传输确认操作对话框

Sub：待打印资料的副标题。

按下 Preview 按钮，系统显示打印预览页面。按下［确定］按钮，开始打印。按下［取

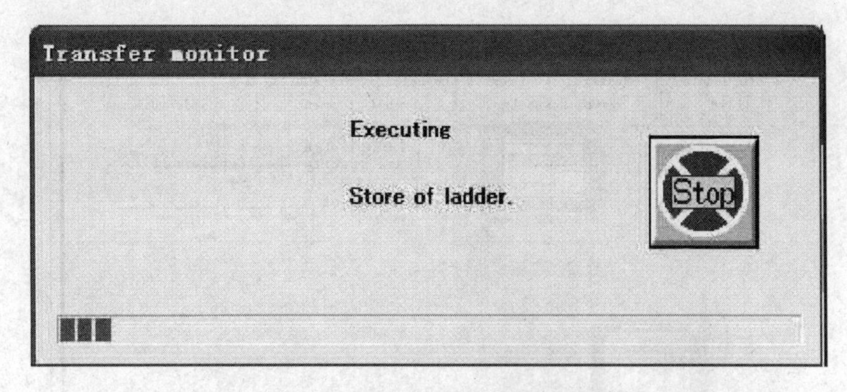

图4-137　梯形图程序传输进度显示窗口

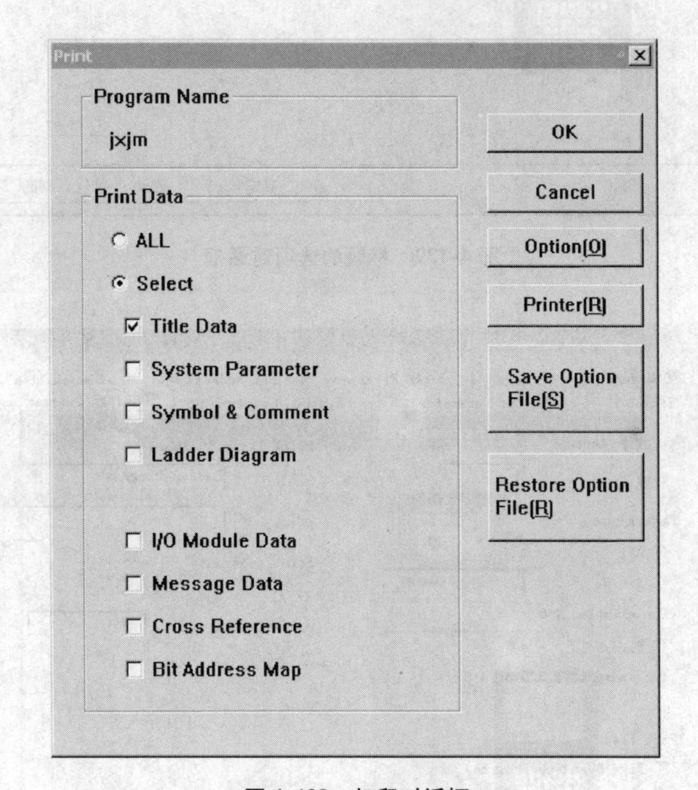

图4-138　打印对话框

消］按钮，不打印，退出打印设置状态。

Ladder Diagram（梯形图）的Option对话框如图4-140所示。其参数含义如下：

Start Page No.：待打印的标题信息的首页页码。

Title：待打印资料的标题。

Sub：待打印资料的副标题。

Print Program：指定预打印的程序。All，包括子程序在内的所有程序都被打印；Unit，输入预打印的子程序名，系统打印指定的程序。要详细设定程序的打印状态，按下［Details］按钮，在弹出的Details对话框中进行设定。

Page Range：指定打印的页码范围。All，打印全部程序；Net No.，打印指定行号间的

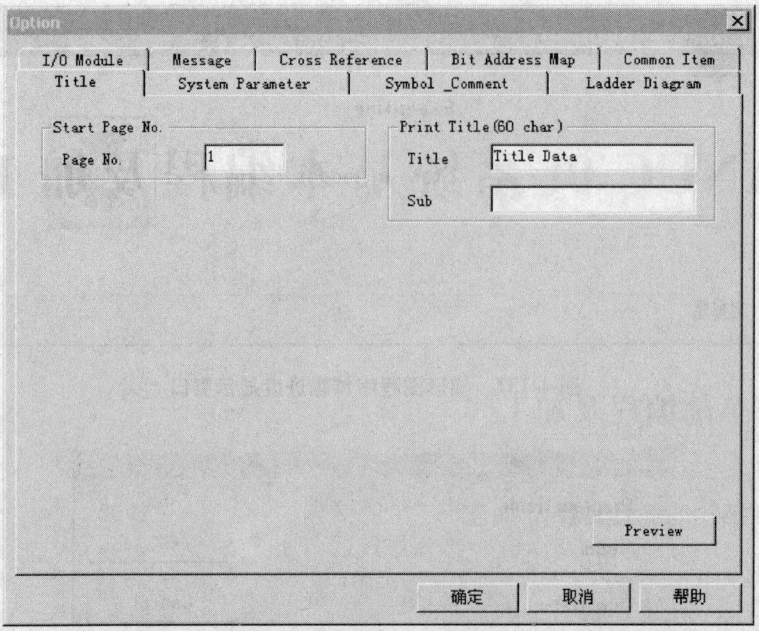

图 4-139　标题的选项对话框

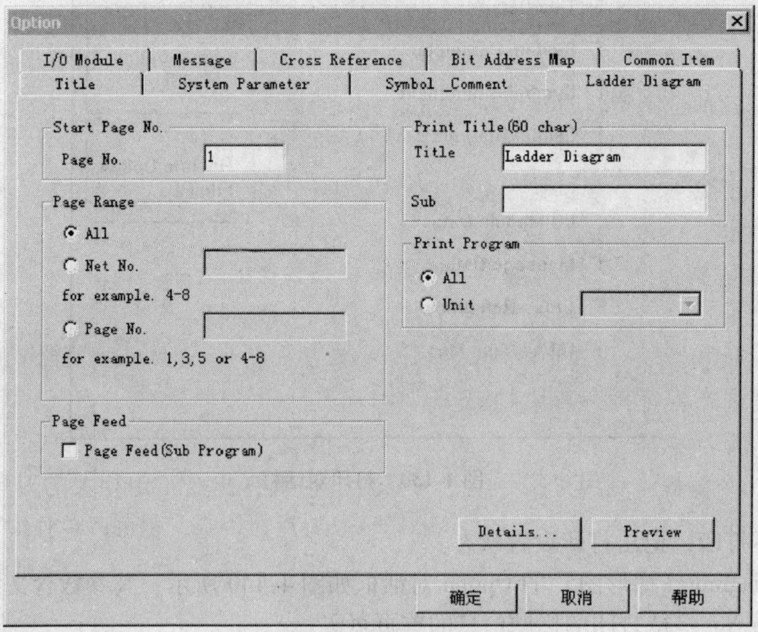

图 4-140　梯形图的选项对话框

程序，若在 Print Program 中指定了某一程序，则这里的 Net No. 是指该程序的行号；Page No.，打印指定页码间的程序。

按下 Preview 按钮，系统显示打印预览页面。按下［确定］按钮，开始打印。按下［取消］按钮，不打印，退出打印设置状态。

第 5 章

FANUC 0i 系统基本编程及加工

5.1 数控车削编程及加工

5.1.1 数控车削的基本编程及加工

1. 编程准备知识

（1）切削平面　一般数控车床具有两个进给轴，即 X 轴和 Z 轴。数控车床的加工平面为 XOZ 面。

三个线性轴联动的数控铣床具有 X 轴、Y 轴和 Z 轴。所以数控铣床的加工平面为 XOY 面、XOZ 面和 YOZ 面。

（2）切削速度的确定　在刀具制造商提供的产品手册或参考表手册中，提供了利用不同刀具材料切削各种金属材料时建议采用的最优切削速度。

（3）进给量的确定　一般粗加工为了提高效率，进给量较大。精加工中，进给量的确定应考虑工件精度要求、刀具材料和工件材料等因素。

2. T、S、F 指令

（1）刀具功能指令 T　刀具和刀具参数的选择是数控编程的重要内容，其编程格式因数控系统的不同而异，主要格式有以下两种。

1）T 指令编程：由 T 和数字组成。有 T× ×和 T× × × ×两种格式，数字的位数由所使用数控系统决定，T 后面的数字用来指定刀具号和刀具补偿号。

例如，T0505 表示程序调用 5 号刀，05 号补偿值。

2）T、D 指令编程：利用 T 指令给定刀具号，利用 D 指令给定相关的刀具偏置号。使用 T、D 指令编程时，顺序应为 T、D。T 和 D 可以编写在一起，也可以单独编写。

例如，T5D05 表示选择 5 号刀，调用刀具偏置表第 5 号刀偏尺寸；T5 则表示选择第 5 号刀，并调用与该刀具对应的刀具偏置值。

（2）主轴转速功能指令 S　主轴转速功能指令 S 用于指定机床主轴的转速，由 S 和其后的若干数字组成。主轴转速的设定方法有以下三种。

1）主轴恒角速度运转，S 给定主轴转动角速度值。准备功能指令 G96、G97 用于设定主轴转速单位，G96 指令设定主轴转速的单位为 m/min 或 in/min，G97 指令设定主轴转速的单位为 r/min。G96 和 G97 是同组的模态代码，开机默认 G97 有效。

例如，G97 S1000 表示主轴转速为 1000r/min。

2）主轴恒线速度运转，S 给定切削点的线速度值。在恒线速度状态下，S 表示切削点的线速度，单位为 m/min。

例如，G96 S30 表示切削点的线速度恒定为 30m/min。

3）用代码表示主轴转速。用代码表示主轴转速时，S 后面的数字不直接表示转速或线速度值，而只表示主轴速度的代号。

例如，某机床用 S00 ~ S99 表示 100 种转速，S40 表示主轴转速为1200r/min，S41 表示主轴转速为 1230r/min，S00 表示主轴转速为 0r/min，S99 表示主轴的最高转速。

（3）进给速度功能指令 F　进给速度功能指令 F 表示刀具中心运动时的进给速度。由 F 和其后的若干数字组成。准备功能指令 G98 和 G99 用来设定进给速度的单位。G98 表示进给速度的单位为 mm/min 或 in/min，G99 表示进给速度单位为 mm/r 或 in/r。

程序中第一次出现直线（G01）或圆弧（G02/G03）插补指令时，必须指定进给速度 F。也可以在第一次出现 G01、G02、G03 指令前指定进给速度 F。

在进行螺纹切削时，由于要求主轴转一转，刀具进给一个螺距，所以进给速度单位应采用 mm/r。例如，G99 S1.5 表示主轴转一转，刀具进给 1.5mm，即螺纹的螺距为 1.5mm。

工作在快速定位（G00）方式时，机床将按照机床轴参数设定的快速进给速度移动，与程序中的 F 指令无关。G00 速度的单位为 mm/min 或 in/min。

机床操作面板上设有进给倍率旋钮，可以将程序中指定的 F 值在 0% ~120% 之间调节。程序中指定的进给速度将通过转换公式，换算成各坐标轴的进给速度分量。

例如，程序 G01 G90 X100 Z20 C270 F1000，此时各轴的进给速度分别为：

$$F_X=\frac{F\Delta X}{\sqrt{(\Delta X)^2+(\Delta Z)^2+(\Delta C)^2}}=\frac{1000\times 100}{\sqrt{100^2+20^2+270^2}}\ \text{mm/min}$$

$$F_Z=\frac{F\Delta Z}{\sqrt{(\Delta X)^2+(\Delta Z)^2+(\Delta C)^2}}=\frac{1000\times 20}{\sqrt{100^2+20^2+270^2}}\ \text{mm/min}$$

$$F_C=\frac{F\Delta C}{\sqrt{(\Delta X)^2+(\Delta Z)^2+(\Delta C)^2}}=\frac{1000\times 270}{\sqrt{100^2+20^2+270^2}}\ \text{mm/min}$$

3. 辅助功能指令

辅助功能指令用字母 M 引导。一个程序段中允许出现多个 M 功能指令；执行程序时，按 M 功能指令在程序中出现的先后顺序执行。

M 功能代码在 PLC 程序中都有相应的子程序，以描述相应的动作过程。根据机床的性能，在编制 PLC 程序时可以定义 M 代码指令。

（1）程序结束

M02：程序结束，即整体复位（所有功能均停止，比如程序结束 M02 被执行的同时，也就执行了 M05 等功能）。

M30：程序结束，并返回程序开头。

必须在最后一个程序段中编写 M02 或 M30。

（2）程序暂停

M00：执行完包含 M00 的程序段后，机床停止自动运行，按下机床操作面板的循环启动按钮时，自动运行重新开始。

M01：与M00类似，该指令的作用是执行完包含M01的程序段后，机床停止自动运行，按下机床操作面板的循环启动按钮时，自动运行重新开始。但是M01指令执行有一个前提条件，只有在MEM（自动运行状态）中设置“选择停止”状态启动，M01指令才有效。

（3）主轴正转、反转、停

M03、M04：分别设定主轴的顺时针方向旋转、逆时针方向旋转。与主轴转速指令一起使用。

格式：M03 S ××

　　　M04 S ××

M05：主轴停转。在该程序段其他指令执行完成后，控制主轴停转。

（4）主轴定向停止

M19：主轴停止时，能控制其停于固定位置。用于具有机械手自动换刀装置的加工中心，控制主轴准确停止，为机械手自动换刀作准备。

格式：M19;——主轴定位于相对零位脉冲的某一默认位置(由数控系统设定)。

M19 S × ×;——主轴定位于指令位置,即相对于零位脉冲××角度的位置。

数控系统控制主轴准停的原理与进给位置控制的原理非常相似，如图5-1所示。机床必须装有主轴位置编码器，以实现对主轴的闭环控制。

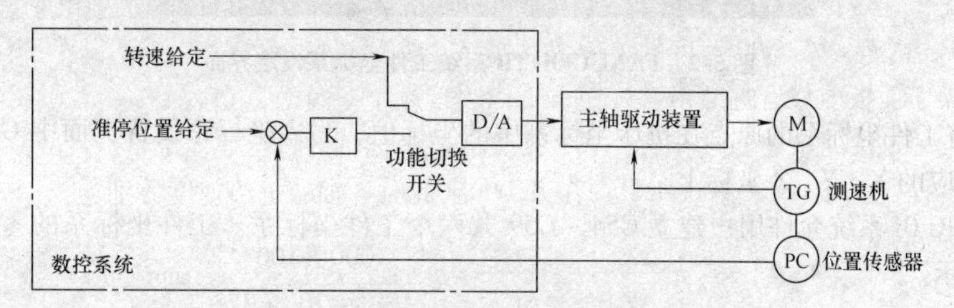

图5-1　数控系统控制主轴准停示意图

数控系统控制主轴准停的步骤：数控系统执行到M19；或M19 S ××；时。

1）首先将M19送至可编程序控制器。

2）可编程序控制器经译码送出控制信号，使主轴进入伺服状态，同时数控系统控制主轴电动机降速，寻找零位脉冲，然后进入位置闭环控制状态。

（5）自动换刀指令

M06：具有自动换刀装置的机床执行自动换刀。

格式：M06 T ××；

（6）切削液控制

M07或M08：切削液开。

M09：切削液关。

4. 准备功能指令

（1）选择工件坐标系指令

格式：G54；

功能：编制加工程序时，首先调用G54～G59中的一个坐标系，该指令执行后，所有坐标值指定的尺寸坐标都是选定的工件坐标系中的位置。

建立工件坐标系即对刀，是执行工件程序前必须完成的操作。对刀的主要步骤包括：

1）在完成了返回参考点操作后，利用位置显示功能键进入坐标显示页面。选择JOG方式或手轮方式，将装在主轴上的测量头沿各进给轴方向移动，使主轴中心与工件坐标系原点重合。

2）按功能键OFFSET SETTING，按下扩展功能软键【坐标系】，进入工件坐标系设定界面。按Page down及Page up上下翻页键可显示全部坐标系（G54～G59）设置页面，如图5-2所示。

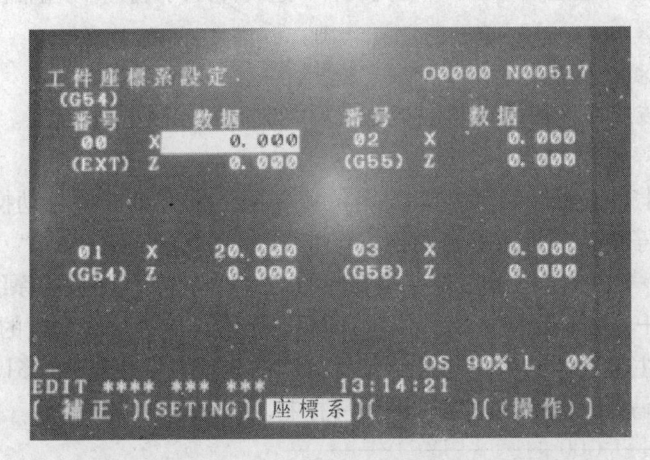

图5-2 FANUC 0i-TB系统工件坐标系设定界面

3）将工件坐标系的原点在机床坐标系中的坐标值，写入坐标系设置页面中G54或G55或G56对应的X、Y、Z坐标上。

FANUC 0i系统允许用户建立G54～G59共六个工件坐标系。工件坐标系的零点偏置如图5-3所示。

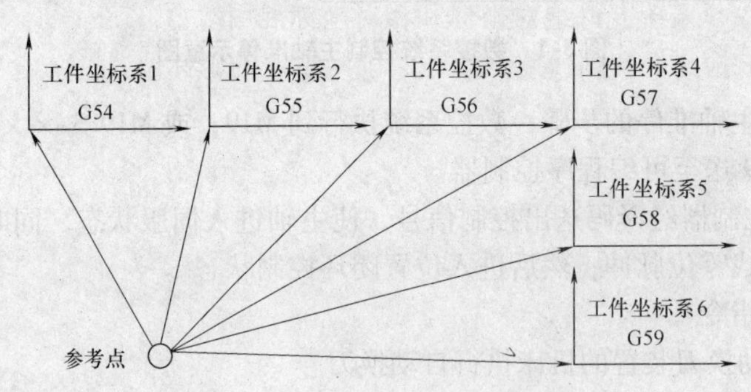

图5-3 工件坐标系零点偏置示意图

（2）主轴限速指令

格式：G50 S××；

功能：防止主轴转速过高。

机床的主轴转速 n 与刀具切削点的线速度 v_c 之间的关系符合如下公式：

$$n=\frac{1000v_c}{\pi d}$$

式中 n——主轴转速（r/min）；

v_c——刀具切削点的线速度（mm/min）；

d——工件直径（mm）。

系统支持 G96 S××，即恒线速度方式指定主轴转速。如果随着加工的进行，工件直径 d 不断变小，若要保证恒线速度（v_c 恒定），主轴转速 n 就会不断变大。因此在主轴恒线速度切削时，必须用 G50 指令限制主轴最高转速。一般根据主轴电动机参数及主轴机械传动环节的参数，设定主轴最高转速。

例如，G96 S200；——主轴恒线速度切削，切削速度为 200m/min。

G50 S1500；——设定主轴最高转速为 1500r/min。

（3）快速直线运动指令

格式：G00 X××Z××；

G00 U××W××；

说明：X××Z××为直线终点的绝对坐标。

U××W××为直线终点相对于直线起点，分别在 X 轴、Z 轴方向的相对距离。

在 G00 指令中，系统允许绝对坐标和相对坐标混用。

功能：以参数 1420 指定的快速移动速度，直线移动到给定的坐标位置。G00 快速直线运动过程中不进行切削。

绝不允许刀具以 G00 的速度切入工件。

（4）直线插补运动指令

格式：G01 X××Z××F××；

G01 U××W××F××；

说明：X××Z××为直线终点的绝对坐标。

U××W××为直线终点相对于直线起点，分别在 X 轴、Z 轴方向的相对距离。

在 G01 指令中，系统允许绝对坐标和相对坐标混用。

功能：以 F 值指定的切削速度，直线切削到给定的坐标位置。

带倒角的直线插补运动指令格式：G01 X××Z××,C××F××；

G01 U××W××,C××F××；

说明：X××Z××为忽略倒角直线终点的绝对坐标。

U××W××为忽略倒角直线终点相对于直线起点，分别在 X 轴、Z 轴方向的相对距离。

在 G01 指令中，系统允许绝对坐标和相对坐标混用。

C××为倒角尺寸，如图 5-4 所示。

带倒圆角的直线插补运动指令格式：G01 X××Z××,R××F××；

G01 U××W××,R××F××；

说明：X××Z××为忽略倒圆角直线终点的绝对坐标。

U××W××为忽略倒圆角直线终点相对于直线起点，分别在 X 轴、Z 轴方向的相对距离。

在 G01 指令中，系统允许绝对坐标和相对坐标混用。

R××为圆角尺寸，如图 5-4 所示。

必须在含有 G01 的语句之前或在该语句中，指定 F 值。

（5）圆弧插补运动指令

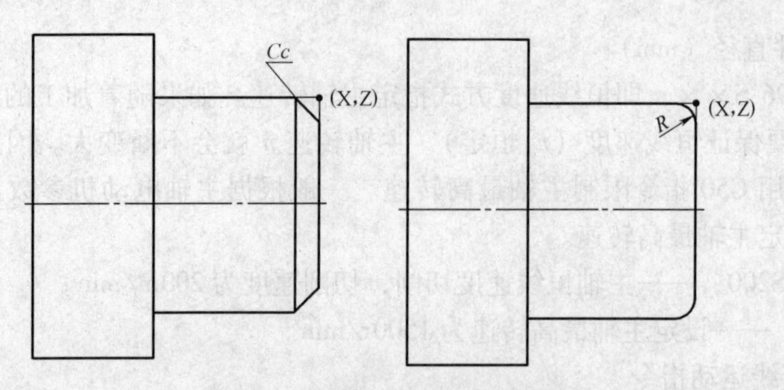

图 5-4　倒圆角、倒角编程示例

格式：G02　(G03)X(U)× ×Z(W)× ×I× ×K× ×F× ×；

G02　(G03)X(U)× ×Z(W)× ×R× ×F× ×；

说明：X× ×Z× ×为圆弧终点的绝对坐标。

U× ×W× ×分别为 X 轴、Z 轴方向圆弧终点与圆弧起点的相对距离。其中 U 值为圆弧终点与起点直径尺寸差值。

I× ×K× ×为圆弧起点相对圆心的坐标差值，系统可以根据 I、K 值确定圆弧半径。

R× ×为圆弧半径，R >0 时圆弧圆心角小于 180°，R <0 时圆弧圆心角大于 180°。

功能：使刀具从圆弧起点，沿顺时针（G02）或逆时针（G03）移动到圆弧终点。

判断顺时针方向、逆时针方向的原则：沿与圆弧所在平面相垂直的另一坐标轴的正半轴向负半轴看去，顺时针为 G02，逆时针为 G03。刀架后置式数控车床 X、Z 轴正方向如图 5-5 所示，根据右手笛卡儿坐标系，与 XOZ 面垂直的另一坐标轴 Y 轴正方向为垂直于纸面向外，所以顺时针 G02、逆时针 G03 方向如图 5-5 所示。

数控车床的工件坐标系可以由编程人员任意确定，但是数控车床的工件坐标系原点，一般定在工件右端面的中心点，如图 5-6 所示。

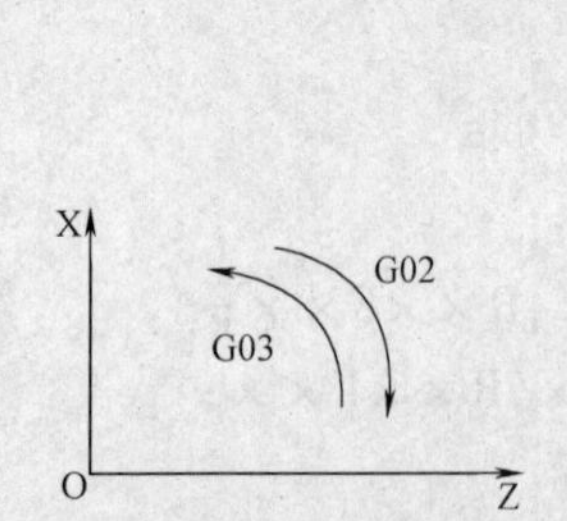

图 5-5　数控车床坐标轴方向及 G02、G03 圆弧方向

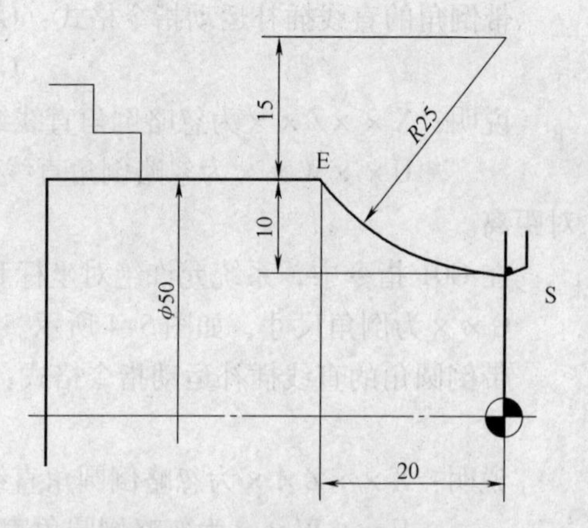

图 5-6　工件坐标系的原点位置

如图 5-6 所示，如果按绝对坐标方式编程，SE 段圆弧对应的加工程序：G02 X50 Z－20 R25；或 G02 X50 Z－20 I25（K0）。当 I 或 K 值为 0 时，可以不输入。

按增量坐标方式编制图5-6所示的 SE 段圆弧加工程序为：G02 U20 W－20 R25；或 G02 U20 W－20 I25；

（6）暂停指令

格式：G04 X××；

G04 P××；

说明：X 为以秒（s）给定暂停时间，X 后的数据允许出现小数点。

P 为以毫秒（ms）给定暂停时间，P 后的数据不允许出现小数点。

功能：该指令可使刀具作短暂停顿。

车削沟槽或钻孔时，为使槽底或孔底得到准确的尺寸精度及光滑的加工表面，通常需要控制刀具加工到槽底或孔底时，暂停适当的时间。

使用 G96 车削工件轮廓后，改成 G97 车削螺纹时，可暂停适当时间，使主轴转速稳定后再执行车螺纹，以保证螺距的加工精度要求。

例如：若要暂停 2s。

指令格式：G04 X2.0；

G04 P2000；

（7）刀具半径补偿　目前的数控机床都具有刀具半径补偿功能，编程时，不用考虑刀具的刀尖圆弧尺寸或刀具半径尺寸，只需按工件的实际轮廓编程。执行程序时，数控系统按照刀尖圆弧尺寸或刀具半径值加以补偿，生成能够加工出程序描述的工件形状的刀具轨迹，以便加工出所要求的工件形状。

格式：$\left.\begin{matrix}G41\\G42\end{matrix}\right\}\left.\begin{matrix}G01\\G00\end{matrix}\right\}$ X(U)××Z(W)××；

说明：G41、G42 必须与 G00、G01 指令组合使用。

在执行 G00、G01 指令的同时执行刀具半径补偿过程，如图 5-7 所示。

图 5-7 所示的刀具运动过程对应的程序：

N1 G42 G00 X60 Z0；

N2 G01 X120 W－150；

N3 G40 G00 X300 W150；

刀具半径补偿值需要在数控系统的刀具半径补偿设定界面中输入刀补（刀具半径补偿）值，数控系统刀补设定界面如图 5-8 所示。

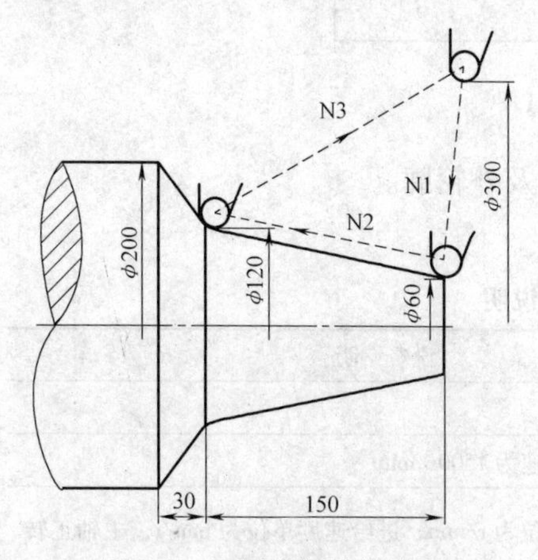

图 5-7　刀具半径补偿过程

偏置/磨损　　　　　　　　　　　　O0700 N00000

NO.	X	Z	R	T
W 01	0.000	0.000	0.000	0
W 02	0.000	0.000	0.000	0
W 03	0.000	0.000	0.000	0
W 04	0.000	0.000	0.000	0
W 05	0.000	0.000	0.000	0
W 06	0.000	0.000	0.000	0
W 07	0.000	0.000	0.000	0
W 08	0.000	0.000	0.000	0

实际位置（相对坐标）

U　0.000　　W　0.000

)^　　　　　S　0 T0000

MDI **** *** ***　10:55:40

[偏置][设定][工件系][　][（操作）]

图 5-8　数控系统刀补设定界面

对于刀架后置式数控车床，G41 和 G42 的补偿方向如图 5-9 所示。

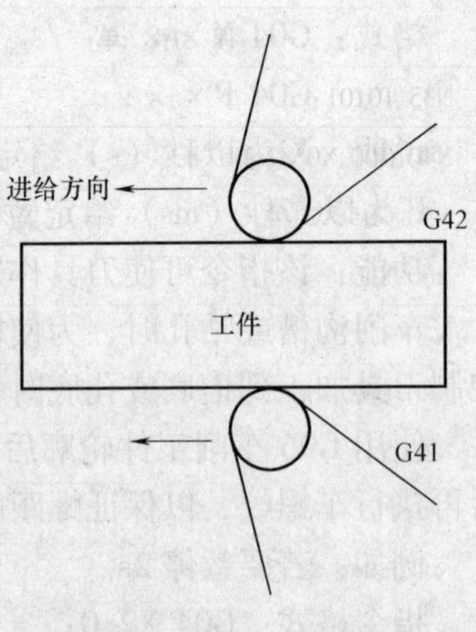

图 5-9　刀具半径补偿方向

G40 指令用于注销刀具半径补偿。

格式：G40 G01 X(U) ×× Z(W) ××；

　　　G40　G00 X(U) ×× Z(W) ××；

说明：G40 必须与 G01、G00 指令组合使用。

注销刀补后，刀具中心点移动到 G40 指令中指定的 X×× Z××点。因此需要特别注意 G40 指令中指定的坐标值，该坐标点应保证刀具中心到达该点时，不会破坏工件轮廓形状。

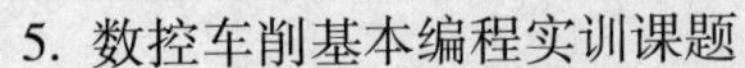

5. 数控车削基本编程实训课题

例 1　编程加工图 5-10 所示的轴类零件。

不考虑刀具半径补偿，假设在此步工序进行前，前序加工已经在工件表面留有 0.5mm 的精加工余量。

要求：车端面、精车工件外轮廓。

1）选定工件右端面的中心点为工件坐标系原点，如图 5-10 所示。

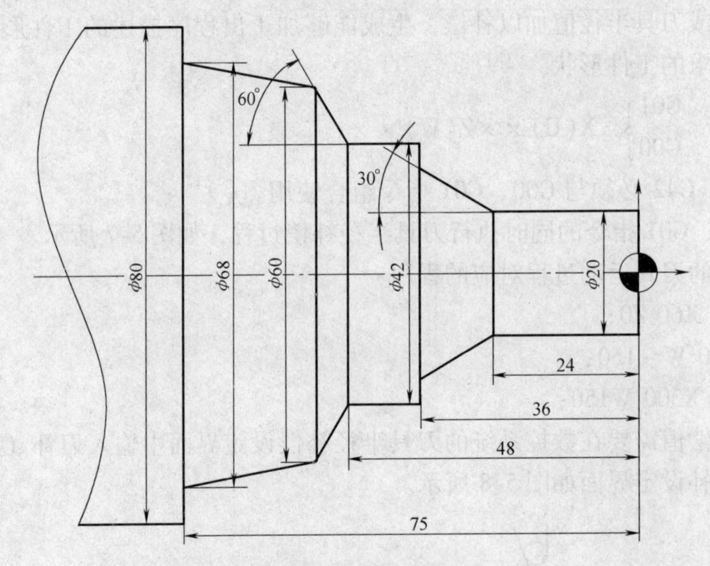

图 5-10　车削轴类零件 1

2）选择刀尖角为 55°的外轮廓精车刀 T0101 车端面及外轮廓。

3）程序单及程序说明见表 5-1。

表 5-1　例 1 程序单及程序说明

程　序　单	说　　明
N10 G54；	调用工件坐标系
N20 G50 S1500；	限制主轴最高转速为 1500r/min
N30 G97 G99 F0.2 S150 M03；	设定主轴转速单位为 r/min，进给速度单位为 mm/r，主轴正转 150r/min，进给速度 0.2mm/r

（续）

程 序 单	说 明
N35 T0101；	调用1号外轮廓精车刀，刀补号为1号
N40 G00 X0 Z2 M07；	快速进刀，准备车端面，切削液开
N50 G01 X0 Z0；	以切削进给速度进刀至端面上（0，0）点
N60 X20；	车端面
N70 Z-24；	精车 ϕ20mm 外轮廓
N80 X33.856 Z-36；	精车30°圆锥面
N90 X42；	精车Z-48台阶面
N100 Z-48；	精车 ϕ42mm 外轮廓
N110 X60 Z-53.196；	精车60°圆锥面
N120 X68 Z-75；	精车圆锥面
N130 X84；	退出工件
N140 G00 X100 Z100；	返回换刀点
N150 M30	程序结束

例2 编程加工图5-11所示的轴类零件。

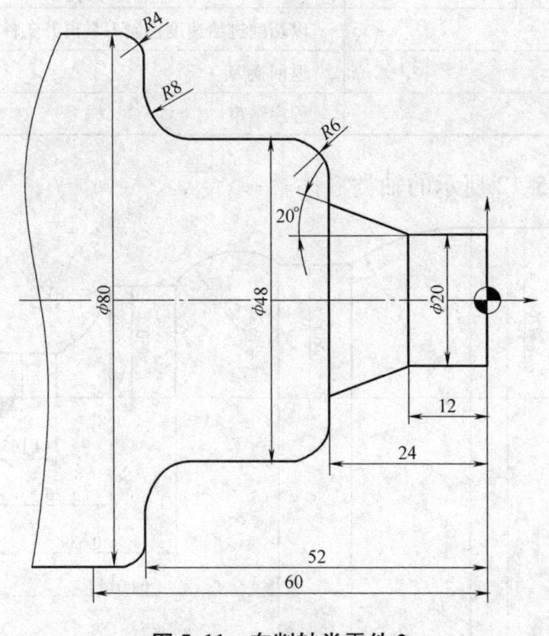

图5-11 车削轴类零件2

不考虑刀具半径补偿，假设在此步工序进行前，前序加工已经在工件表面留有0.5mm的精加工余量。

要求：车端面、精车外轮廓。

1）选定工件右端面中心点为工件坐标系原点，如图5-11所示。

2）选择刀尖角为55°的外轮廓精车刀T0101车端面及外轮廓。

3）程序单及程序说明见表5-2。

表5-2　例2程序单及程序说明

程　序　单	说　　明
N10 G54;	调用工件坐标系
N20 G50 S1500;	限制主轴最高转速为1500r/min
N30 G97 G99 F0.2 S150 M03;	设定主轴转速单位为r/min，进给速度单位为mm/r，主轴正转150r/min，进给速度0.2mm/r
N35 T0101;	调用1号外轮廓精车刀，刀补号为1号
N40 G00 X0 Z2 M07;	快速进刀，准备车端面，切削液开
N50 G01 X0 Z0;	以切削进给速度进刀至端面上（0，0）点
N60 X20;	车端面
N70 Z-12;	精车 ϕ20mm 外轮廓
N80 X28.736 Z-24;	精车20°圆锥面
N90 X48 Z-24 R6;	精车Z-24台阶面及 R6mm 圆角
N100 Z-52 R8;	精车 ϕ48mm 外轮廓及 R8mm 圆角
N110 X80 R4;	精车Z-52台阶面及 R4mm 圆角
N120 Z-62;	精车 ϕ80mm 外轮廓
N125 G01 X82;	以切削进给速度控制刀具离开工件轮廓
N130 G00 X100 Z100;	返回换刀点
N140 M30;	程序结束

例3　编程加工图5-12所示的轴类零件。

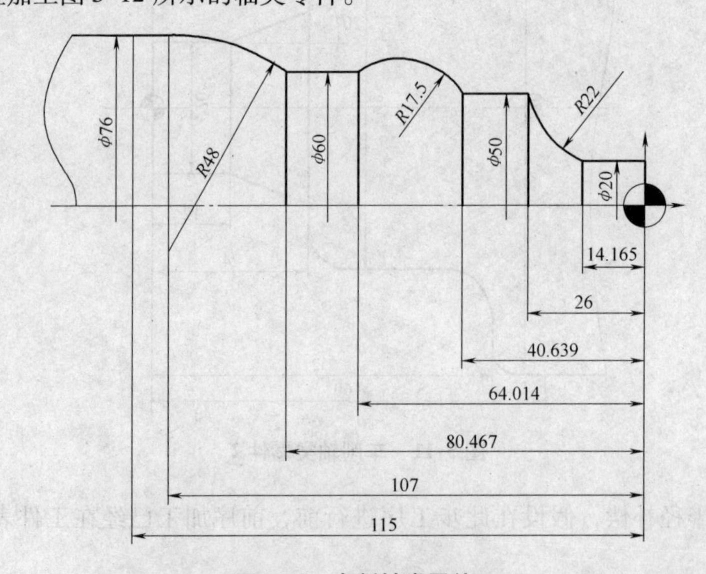

图5-12　车削轴类零件3

不考虑刀具半径补偿，假设在此步工序进行前，前序加工已经在工件表面留有0.5mm精加工余量。

要求：车端面、精车外轮廓。

1）选定工件右端面中心点为工件坐标系原点，如图5-12所示。

2）选择刀尖角为55°的外轮廓精车刀T0101车端面及外轮廓。

3）程序单及程序说明见表5-3。

表5-3 例3程序单及程序说明

程序单	说明
N10 G54;	调用工件坐标系
N20 G50 S1500;	限制主轴最高转速为1500r/min
N30 G97 G99 F0.2 S150 M03;	设定主轴转速单位为r/min，进给速度单位为mm/r，主轴正转150r/min，进给速度0.2mm/r
N35 T0101;	调用1号外轮廓精车刀，刀补号为1号
N40 G00 X0 Z2 M07;	快速进刀，准备车端面，切削液开
N50 G01 X0 Z0;	以切削进给速度进刀至端面上（0，0）点
N60 X20;	车端面
N70 Z-14.165;	精车ϕ20mm外轮廓
N80 G02 X50 Z-26 R22;	精车R22mm圆弧
N90 G01 Z-40.639;	精车ϕ50mm外轮廓
N100 G03 X60 Z-64.014 R17.5;	精车R17.5mm圆弧
N110 G01 Z-80.467;	精车ϕ60mm外轮廓
N120 G03 X76 Z-107 R48;	精车R48mm圆弧
N130 G01 Z-115;	精车ϕ76mm外轮廓
N140 X78;	退出工件
N150 G00 X100 Z100;	返回换刀点
N160 M30;	程序结束

例4 编程加工图5-13所示的轴类零件。

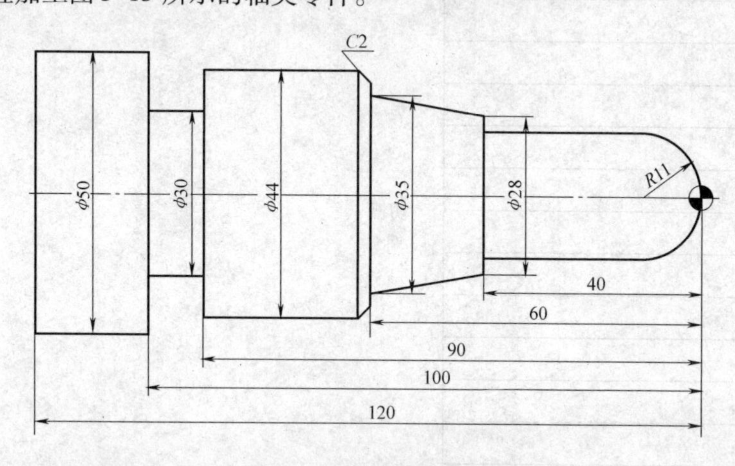

图5-13 车削轴类零件4

不考虑刀具半径补偿，假设在此步工序进行前，前序加工已经在工件表面留有0.5mm的精加工余量。

要求：精车外轮廓，并完成切槽。

1）选定工件右端面的中心点为工件坐标系原点，如图5-13所示。

2）选择刀尖角为55°的外轮廓精车刀T0101车外轮廓。T0202为切断刀，刀宽为3mm。

3）程序单及程序说明见表5-4。

表5-4　例4程序单及程序说明

程 序 单	说 明
N10 G54；	调用工件坐标系
N20 G50 S1500；	限制主轴最高转速为1500r/min
N30 G97 G99 F0.2 S150 M03；	设定主轴转速单位为r/min，进给速度单位为mm/r，主轴正转150r/min，进给速度0.2mm/r
N35 T0101；	调用1号外轮廓精车刀，刀补号为1号
N40 G00 X0 Z2 M07；	快速进刀，准备车端面，切削液开
N50 G01 X0 Z0；	以切削进给速度进刀至端面上（0，0）点
N60 G03 X22 Z－11 R11；	精车R11mm圆弧
N70 G01 Z－40；	精车ϕ22mm外轮廓
N80 X28；	精车ϕ28mm台阶面
N90 X35 Z－60；	精车ϕ28mm、ϕ35mm圆锥面
N100 X44 C2；	精车C2倒角及ϕ44mm台阶面
N110 Z－100；	精车ϕ44mm外轮廓
N120 X50；	精车ϕ50mm台阶面
N130 Z－120；	精车ϕ50mm外轮廓
N140 X51；	退出工件
N150 G00 X100 Z100；	返回换刀点
N160 T0202；	调用2号切槽刀，刀补号为2号
N170 G97 G99 S150 M03 M07；	主轴正转150r/min，切削液开
N180 G00 X46 Z－93；	切槽
N190 G01 X30 F0.05；	
N200 G00 X46；	
N210 Z－95.5；	
N220 G01 X30；	
N230 G00 X46；	
N240 Z－98；	
N250 G01 X30；	
N260 G00 X52；	
N270 Z－100；	
N280 G01 X30；	
N290 G04 P2000；	
N300 G01 Z－93；	
N310 G04 P2000；	
N320 G01 X46；	退出工件
N330 X100 Z100；	返回换刀点
N340 M30；	程序结束

例5　编程加工图5-14所示的轴类零件。

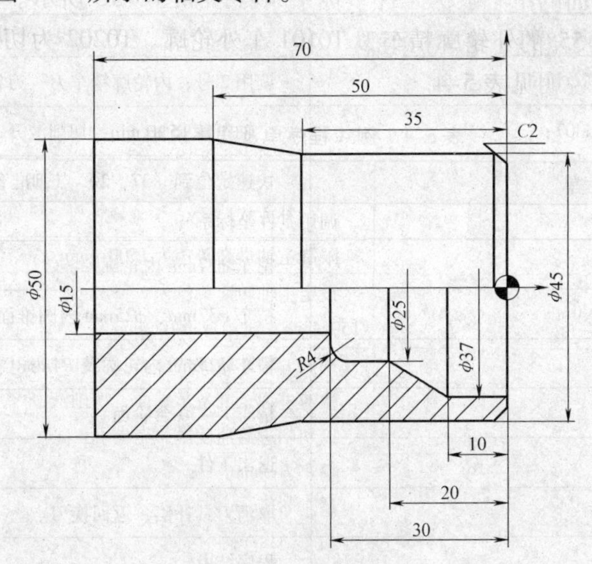

图5-14　车削轴类零件5

机床具有后置刀架。假设在此步工序进行前，前序加工已经在工件表面留有0.5mm精加工余量。

要求：车端面、精车外轮廓及内轮廓表面。

1）选定工件右端面的中心点为工件坐标系原点，如图5-14所示。

2）选择刀尖角为55°的外轮廓精车刀T0101车外轮廓。T0202为内轮廓精车刀。

3）程序单及程序说明见表5-5。

表5-5　例5程序单及程序说明

程　序　单	说　明
N10 G54；	调用工件坐标系
N20 G50 S1500；	限制主轴最高转速为1500r/min
N30 G97 G99 F0.2 S150 M03；	设定主轴转速单位为r/min，进给速度单位为mm/r，主轴正转150r/min，进给速度0.2mm/r
N35 T0101；	调用1号外轮廓精车刀，刀补号为1号
N40 G00 G42 X13 Z2 M07；	快速定位到（13，2）点，调用右刀补方式，准备车端面，切削液开
N50 G01 X13 Z0；	切入工件
N60 X45 C2；	精车端面及C2倒角
N70 Z－35；	精车ϕ45mm外轮廓
N80 X50 Z－50；	精车ϕ45mm、ϕ50mm圆锥面
N90 Z－70；	精车ϕ50mm外轮廓
N100 X52；	退出工件
N110 G40 G0 X100 Z100；	取消刀具补偿，返回换刀点

（续）

程 序 单	说 明
N120 T0202；	调用2号，内轮廓精车刀，刀补号为2号
N130 G97 G99 S150 M03 M07；	主轴正转150r/min，切削液开
N140 G00 G41 X37 Z2；	快速定位到（37，2）点，准备精车内轮廓，调用左刀补方式
N150 G01 Z-10 F0.2；	精车 ϕ37mm内轮廓
N160 X25 Z-20；	精车 ϕ37mm、ϕ25mm内圆锥面
N170 Z-30 R4；	精车 ϕ25mm内轮廓及 R4mm倒圆角
N180 X13；	精车Z-30台阶面
N190 Z2；	退出工件
N200 G40 G0 X100 Z100；	取消刀具补偿，返回换刀点
N210 M30；	程序结束

5.1.2 数控车削复杂零件的编程及加工

1. 车削加工复合循环指令

（1）粗加工循环G71

格式：G71 Pns Qnf UΔu WΔw DΔd F ____ S ____ T ____；

G71 EΔe；

说明：G71粗加工循环指令执行过程如图5-15所示。

ns~nf：描述工件轮廓程序的行号。

Δu：X向精加工余量（直径尺寸）。

Δw：Z向精加工余量。

Δd：X向每次进刀量（半径尺寸），无正负号。

F、S、T：粗加工适用的进给速度、主轴转速、刀具号。

粗加工过程中，行号ns~nf之间的任何F、S、T功能均被忽略。

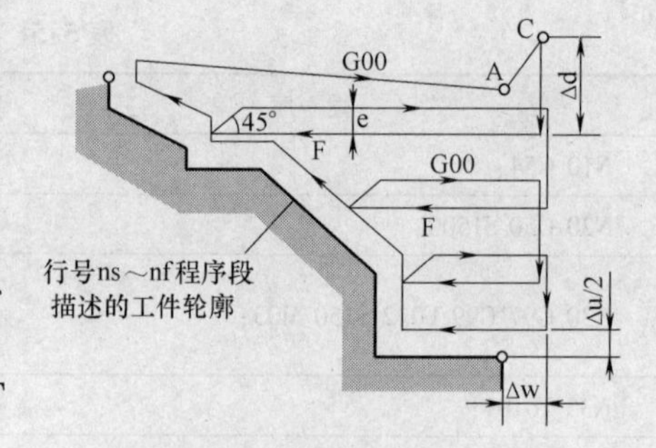

图5-15 粗加工循环指令G71

Δe：退刀量（半径尺寸），无正负号。

G71指令适用的退刀量可以从参数5133中设定，参数中的设定值根据程序指令而变化。

功能：既可以完成外轮廓粗加工，也可以完成内轮廓粗加工。

只需指定精加工轮廓、精加工余量以及每层进刀量等参数，系统会自动给出粗加工路线，从而大大简化了编程。

（2）端面粗加工循环G72

格式：G72 Pns Qnf UΔu WΔw DΔd F ____ S ____ T ____；

G72 EΔe；

说明：G72 粗加工循环指令执行过程如图 5-16 所示。

ns～nf：描述工件轮廓程序的行号。

Δu：X 向精加工余量（直径尺寸）。

Δw：Z 向精加工余量。

Δd：X 向每次进刀量（半径尺寸），无正负号。

F、S、T：粗加工适用的进给速度、主轴转速、刀具号。

Δe：退刀量（半径尺寸），无正负号。

功能：切削由平行于 X 轴的操作组成，其他功能与 G71 相同。

(3) 成型车削循环 G73

格式：G73 Pns Qnf UΔu WΔw F____S____T____;

说明：G73 粗加工循环指令执行过程如图 5-17 所示。

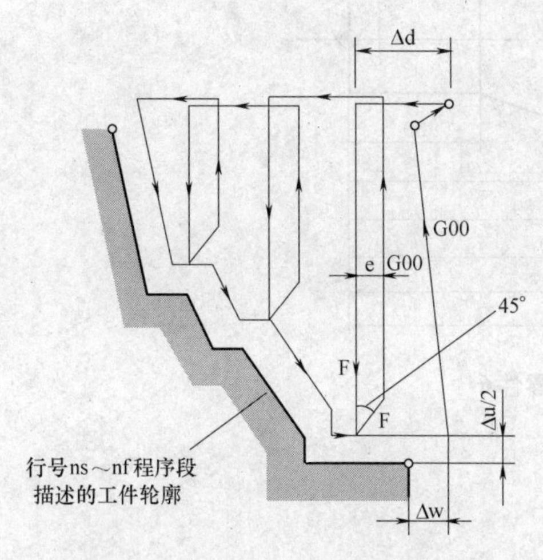

图 5-16　粗加工循环指令 G72

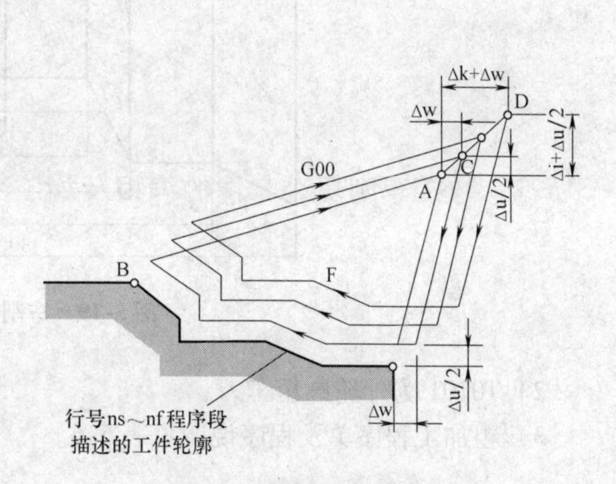

图 5-17　粗加工循环指令 G73

功能：有效地切削铸造成型、锻造成型的工件。

(4) 加工循环 G70

格式：G70 Pns Qnf;

说明：在粗加工完成后，可使用精加工循环指令，对工件进行精加工。

ns～nf：描述工件轮廓程序的行号。

ns～nf 之间规定的 F、S、T 有效，粗加工循环指令规定的 F、S、T 无效。

(5) 螺纹加工循环

直螺纹切削循环指令：G92 X(U)×× Z(W)×× F××;

说明：指令执行过程如图 5-18 所示。

L 为螺纹导程。在指令中，F 值即螺纹导程。

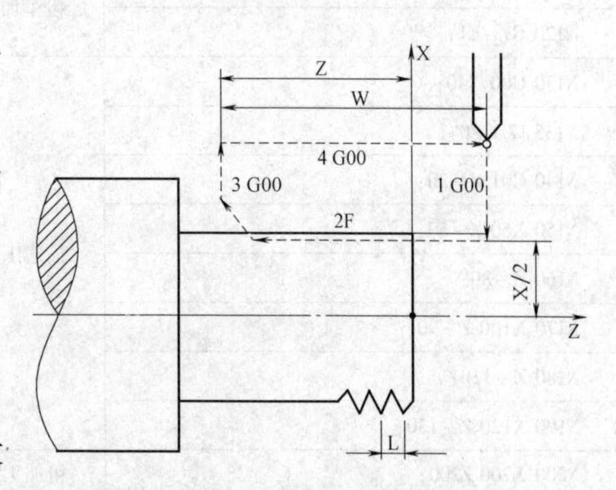

图 5-18　G92 直螺纹切削循环执行过程

2. 数控车削复杂零件编程实训课题

例1 已知毛坯为 ϕ120mm 的长棒料，要求编程加工图 5-19 所示的工件。

不考虑刀具补偿，只编写粗加工循环程序。

粗车每次背吃刀量为 2mm，退刀量为 1mm，X 向精加工余量为 1mm，Z 向精加工余量为 0.05mm。

1）选定工件右端面中心点为工件坐标系原点，如图 5-19 所示。

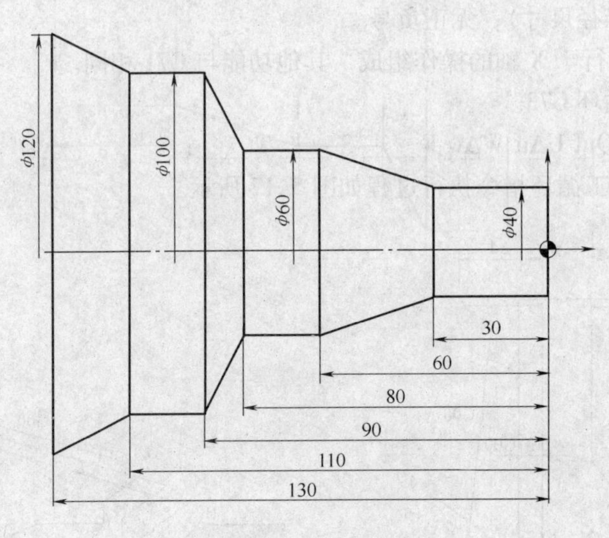

图 5-19 车削轴类零件 6

2）T0101 为外轮廓粗车刀。

3）粗加工程序单及程序说明见表 5-6。

表 5-6 粗加工程序单及程序说明

程序单	说明
N100 G00 X120 Z2;	将刀具定位在粗加工循环起点（120，2）
N110 G71 P130 Q190 U1 W0.05 D2 F0.3;	粗车加工循环的执行过程如图 5-20 所示
N120 G71 E1;	
N130 G00 X40;	描述工件轮廓形状
N135 G01 Z0;	
N140 G01 Z-30;	
N150 X60 Z-60;	
N160 Z-80;	
N170 X100 Z-90;	
N180 Z-110;	
N190 X120 Z-130;	
N200 X200 Z200;	粗加工结束，返回换刀点

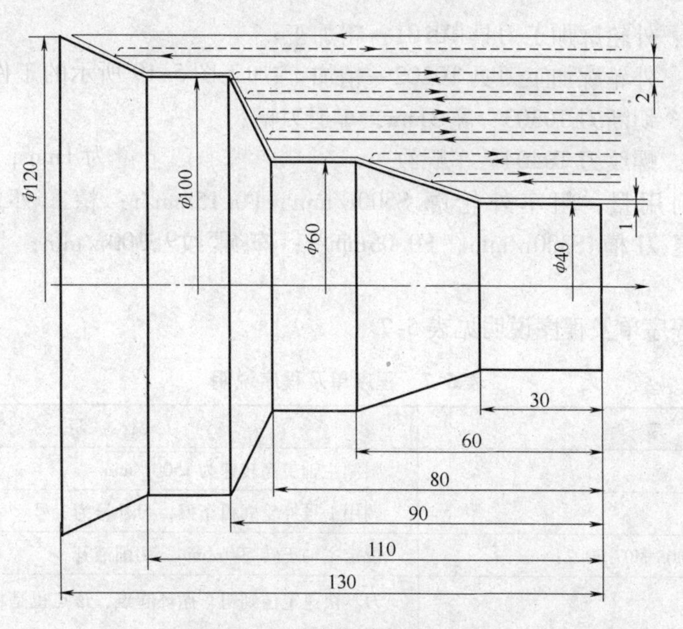

图 5-20　粗车轴类零件 6 过程

例 2　已知毛坯为 ϕ86mm 的长棒料，采用刀架后置式数控车床加工图 5-21 所示的工件。

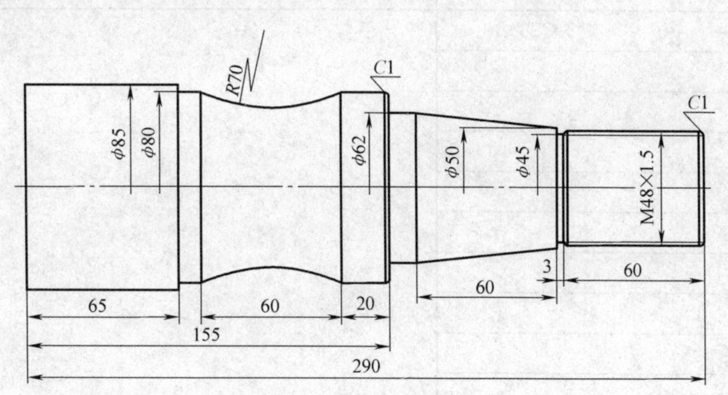

图 5-21　车削轴类零件 7

（1）工艺分析

1）以工件右端面的中心点为原点建立工件坐标系。

2）该零件的被加工面包括外轮廓、螺纹和槽。对于外轮廓，需要先进行粗加工，再进行精加工，接着车槽、车螺纹，最后车端面。注意退刀点的选择，应避免刀具撞上工件。

（2）制定工艺方案

1）从右至左粗加工外轮廓各面。

2）从右至左精加工外轮廓各面。

3）车螺纹退刀槽。

4）车螺纹。

（3）确定刀具及切削用量

1）选择刀具：外轮廓加工刀具 T0101—粗加工；
外轮廓加工刀具 T0202—精加工；
切断刀 T0303—宽 3mm，车退刀槽；
螺纹刀 T0404—车螺纹。

2）确定切削用量：粗车外轮廓 S500r/min、F0.15mm/r；精车外轮廓 S800r/min、F0.08mm/r；车退刀槽 S300r/min、F0.05mm/r；车螺纹 S300r/min；切断 S300r/min、F0.05mm/r。

（4）编程　程序单及程序说明见表 5-7。

表 5-7　程序单及程序说明

程　序　单	说　　明
N10 G50 S1500;	限制主轴最高转速为 1500r/min
N20 T0101;	调用 1 号外轮廓粗车刀，刀补号为 1 号
N30 G97 G99 S500 M03 M07 F0.2;	设定主轴正转 500r/min，切削液开
N40 G00 X87 Z2;	刀具快速定位到粗车循环起点，该点也是粗加工循环结束刀具返回点
N50 G71 P70 Q210 U1 W0.05 D1 F0.5;	粗加工：行号 70～210 之间的程序描述被加工工件的形状。精加工余量：X 向直径余量 1.0mm，Z 向余量 0.5mm。每次背吃刀量 1.0mm
N60 G71 E1;	
N70 G01 G42 X46;	工件轮廓
N80 G01 Z0;	
N90 X48 Z－1;	
N100 G01 Z－63;	
N110 X50;	
N120 X62 Z－123;	
N130 Z－135;	
N140 X78;	
N150 X80 Z－136;	
N160 Z－155;	
N170 G02 X80 Z－215 R70;	
N180 G01 Z－225;	
N190 X85;	
N200 Z－290;	
N210 G01 G40 X87;	
N220 G00 X100 Z100;	撤销刀具补偿，返回换刀点
N230 T0202;	调用 2 号外轮廓精车刀，刀补号为 2 号
N240 G97 G99 S700 M03 M07;	设定主轴正转 700r/min，切削液开
N250 G00 X87 Z2 F0.05;	刀具快速接近工件，刀具定位到精加工循环起点（87，2）
N260 G70 P70 Q210;	精加工
N270 G00 X100 Z100;	返回换刀点

（续）

程 序 单	说 明
N280 T0303;	调用3号切槽刀，刀补号为3号
N290 G97 G99 G40 S300 M03 M07;	设定主轴正转300r/min，切削液开
N300 G00 X51 Z-63;	定位在退刀槽附近，准备切槽
N310 G01 X45 F0.05;	切槽
N320 G04 P2000;	
N330 G01 X51;	切槽结束退刀
N340 G00 X100 Z100;	返回换刀点
N350 T0404;	调用4号螺纹刀，刀补号为4号
N360 G97 S300 M03 M07;	设定主轴正转300r/min，切削液开
N370 G00 X48 Z3;	快速定位到螺纹加工循环起点
N380 G92 X47.2 Z-61.5 F1.5;	螺纹加工循环
N390 X46.6;	
N400 X46.1;	
N410 X45.8;	
N420 G00 X100 Z100;	返回换刀点
N430 M30;	程序结束

例3 已知毛坯为ϕ50mm长棒料，编制加工图5-14所示（轴类零件5）零件的加工程序。

（1）工艺分析

1）以工件右端面中心点为原点建立工件坐标系。

2）该零件的外轮廓和内轮廓均需要先进行粗加工，再进行精加工。注意退刀时，应避免刀具撞上工件，所以内轮廓粗精加工退刀时，应该先从X方向退刀，再从Z方向退刀。

3）机床配备后置式刀架。

（2）制定工艺方案

1）从右至左粗加工外轮廓各面。

2）从右至左精加工外轮廓各面。

3）从右至左粗加工内轮廓各面。

4）从右至左精加工内轮廓各面。

（3）确定刀具及切削用量

1）选择刀具：外轮廓刀T0101—粗加工；
外轮廓刀T0303—精加工；
内轮廓刀T0202—粗加工；
内轮廓刀T0404—精加工；
切断刀T0606刀宽为3mm。

2）确定切削用量：粗车外轮廓S500r/min、F0.15mm/r；精车外轮廓S800r/min、F0.08mm/r；粗车内轮廓S400r/min、F0.15mm/r；精车内轮廓S500r/min、F0.1mm/r；切断

S300r/min、F0.05mm/r。

（4）编程　程序单及程序说明见表5-8。

表5-8　程序单及程序说明

程　序　单	说　　明
N10 G54；	调用工件坐标系
N20 G50 S1500；	限制主轴最高转速为1500r/min
N30 G97 G99 S400 T0101 M03 M07；	主轴正转400 r/min，调用1号外轮廓粗车刀，刀补号为1号，切削液开
N40 G00 X50 Z2；	刀具定位到粗车循环起点（50，2）
N50 G71 P70 Q120 U1 W0.05 D1 F0.15；	粗加工：行号70～120描述工件轮廓。精加工余量：X向直径余量1.0mm，Z向余量0.5mm。每次背吃刀量1.0mm，每次抬刀距离0.5mm
N60 G71 E0.5；	
N70 G42 X15 Z0；	描述工件外轮廓程序
N75 G01 Z0；	
N80 X45 C2；	
N90 Z-35；	
N100 X50 Z-50；	
N110 Z-70；	
N120 G01 G40 X51；	
N130 G00 X100 Z100；	返回换刀点
N140 T0303；	调用3号外轮廓精加工刀具，刀补号为3号
N150 G97 G99 S800 F0.08 M03 M07；	主轴正转800r/min，进给速度0.08mm/r，切削液开
N160 G00 X50 Z2；	刀具快速定位到外轮廓精加工循环起始点（50，2）
N170 G70 P70 Q120；	精加工
N180 G00 X100 Z100；	返回换刀点
N190 T0202；	调用2号内轮廓粗车刀，刀补号为2号
N200 G97 G99 S400 M03 M07；	主轴正转400r/min，以mm/r为单位给定进给速度，切削液开
N210 G00 G41 X13 Z2；	刀具定位在内轮廓粗加工循环起点（13，2），调用左刀补
N220 G71 P230 Q290 U-1 W0.05 D1 F0.15；	内轮廓粗加工：行号230～290描述工件内轮廓。精加工余量：X向直径余量1.0mm，Z向余量0.05mm
N230 G00 G41 X37 Z0；	工件内轮廓程序
N240 G01 Z0；	
N250 Z-10；	
N260 X25 Z-20；	
N270 Z-30 R4；	
N280 X15；	
N290 G01 G40 X13；	

（续）

程　序　单	说　　明
N300 G00 X100 Z100；	返回换刀点
N310 T0404；	调用4号内轮廓精车刀，刀补号为4号
N320 G97 G99 F0.1 S500 M03 M07；	主轴正转500r/min，进给速度0.1mm/r，切削液开
N330 G00 X13 Z2；	刀具定位在内轮廓精加工循环起点（13，2）
N340 G70 P230 Q290；	精加工内轮廓
N350 G00 X100 Z100；	返回换刀点
N360 M30；	程序结束

5.2　数控铣削编程及加工

5.2.1　数控铣削的基本编程及加工

1. 编程准备知识

（1）数控铣床工件坐标系的确定　理论上，工件坐标系的位置是由编程人员任意指定的，但实际编制数控铣床加工程序时，一般遵循下列原则建立工件坐标系。

1）工件坐标系的原点尽量选在零件图的尺寸基准上，这样便于坐标值的计算，以便减少计算和编程的错误。

2）对于形状对称的零件，工件坐标系的原点应设在对称中心上。

3）工件坐标系Z轴的原点一般设在工件上表面。

（2）加工路线的确定　确定加工路线时，应考虑以下几个方面：

1）尽量减少进、退刀时间和其他辅助时间。

2）为改善表面质量，精铣应尽量采用顺铣，即保证刀具与工件接触的切削点处，刀具旋转的切线方向与工件的进给方向相同，如图5-22所示。

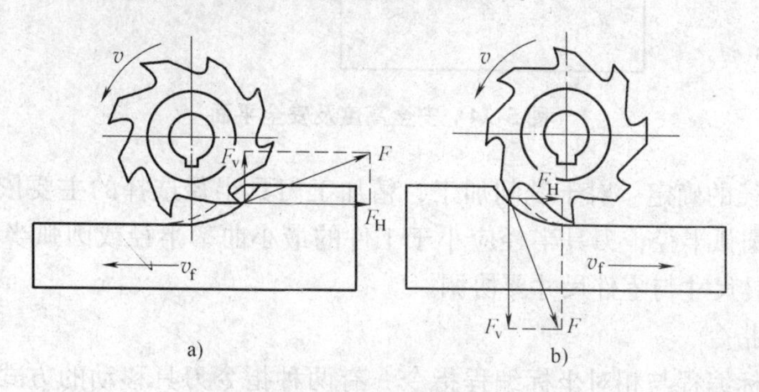

图5-22　顺铣和逆铣

a）逆铣　b）顺铣

3）对于二维轮廓的铣削加工，刀具切入工件的方式不仅影响加工质量，而且直接关系到加工的安全。一般要求进、退刀位置选在不太重要的位置，并且使刀具沿零件的切线方向进刀和退刀，尽量避免垂直进刀，以免产生刀痕，如图5-23所示。

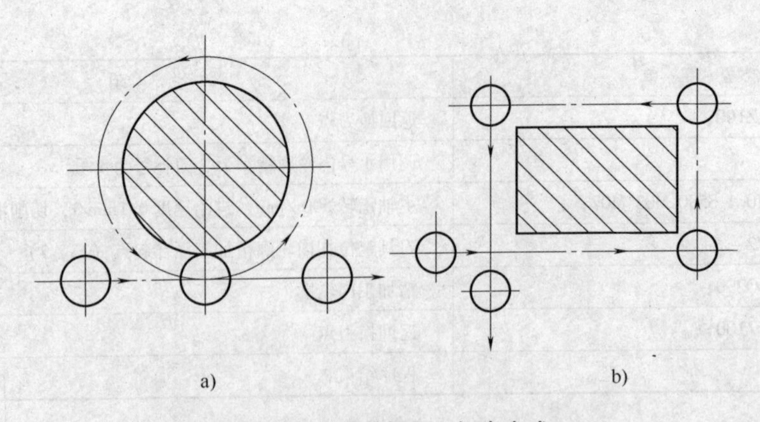

图5-23　刀具的切入、切出方式

a）铣曲线外轮廓　b）铣直线外轮廓

（3）安全高度的设定　控制刀具沿Z轴方向运动时，起刀点和退刀点必须离开工件上表面一个安全高度，以保证刀具不与零件和夹具发生碰撞。

安全高度及安全平面如图5-24所示。

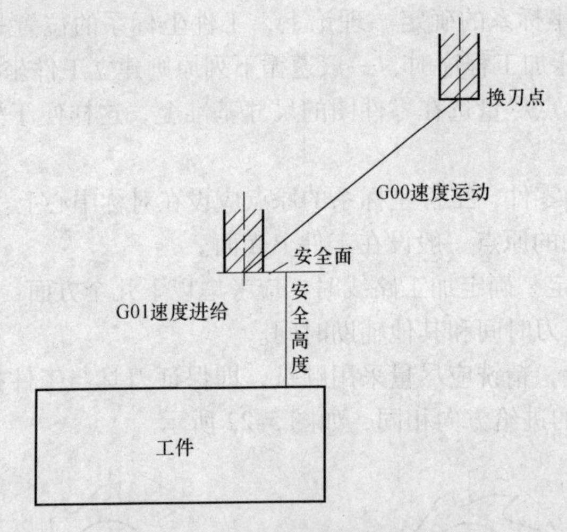

图5-24　安全高度及安全平面

（4）刀具半径的确定　对于铣削加工，精加工刀具半径选择的主要依据是零件轮廓的最小曲率半径或圆弧半径，刀具半径应小于工件的最小曲率半径或圆弧半径值，如图5-25所示。此外，刀具尺寸与零件尺寸要协调。

2. 准备功能指令

（1）绝对坐标编程与相对坐标编程指令　有两种指令刀具移动的方式：绝对坐标指令和相对坐标指令。

G90指令按绝对坐标输入坐标值，即移动指令的终点坐标值X、Y、Z都是以工件坐标系的原点为基准来计算的。

G91指令按相对坐标输入坐标值，即移动指令的终点坐标值X、Y、Z都是移动距离。以起始点为基准来计算，再根据终点相对于起始点的方向判断正负，与坐标轴正方向一致的取正号，相反的取负号。

例如，编制图5-26所示的直线插补运动程序。

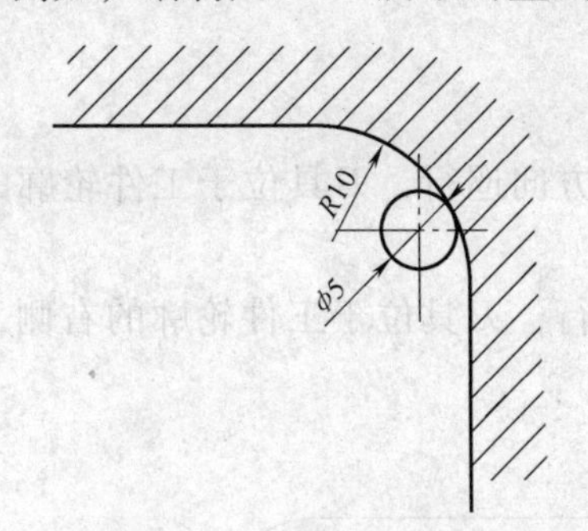

图5-25 刀具半径的确定

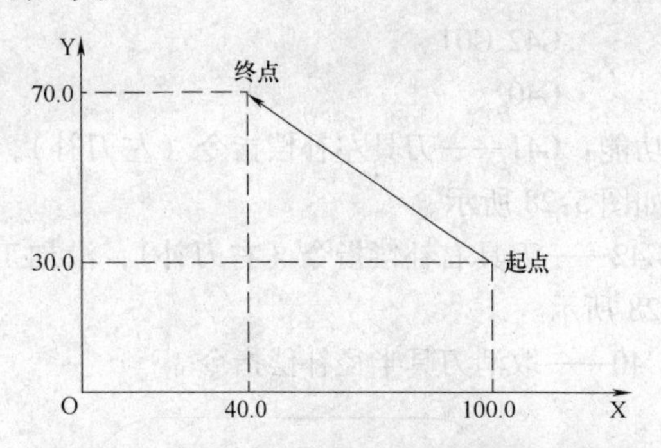

图5-26 G90、G91直线插补运动编程举例

程序：G90 G01 X40 Y70；

G91 G01 X-60 Y40；

（2）加工平面设定指令

G17：选择XY平面指令；

G18：选择ZX平面指令；

G19：选择YZ平面指令。

（3）圆弧插补指令

格式：XY平面上的圆弧 G17 G02 X××Y××I××J××F××；

G03 R××

XZ平面上的圆弧 G18 G02 X××Y××I××K××F××；

G03 R××

YZ平面上的圆弧 G19 G02 X××Y××J××K××F××；

G03 R××

说明：判断顺时针圆弧或逆时针圆弧的依据，如图5-27所示。

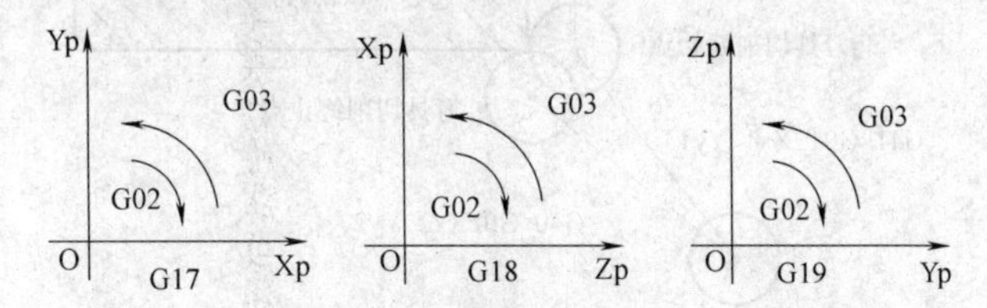

图5-27 判断顺时针圆弧或逆时针圆弧的依据

X、Y、Z为圆弧终点坐标。

I、J、K分别为圆弧圆心相对圆弧起点在X、Y、Z轴方向的坐标增量。

R为圆弧半径，R>0时圆弧圆心角小于180°；R<0时圆弧圆心角大于180°。

整圆编程时，不可以使用R编程。

（4）刀具半径补偿指令 尽管利用刀具半径补偿功能进行轮廓加工时，数控装置控制刀具的中心轨迹，但编程人员只需按零件轮廓编程。利用刀具半径补偿指令，并输入刀具半径值，数控系统可以自动计算出刀具中心的偏移量，控制刀具中心按偏移后的中心轨迹运动。

指令：G41 G00 X×× Y×× D××；
G42 G01
G40

功能：G41——刀具左补偿指令（左刀补），沿加工方向巡行，刀具位于工件轮廓的左侧，如图 5-28 所示。

G42——刀具右补偿指令（右刀补），沿加工方向巡行，刀具位于工件轮廓的右侧，如图 5-28 所示。

G40——取消刀具半径补偿指令。

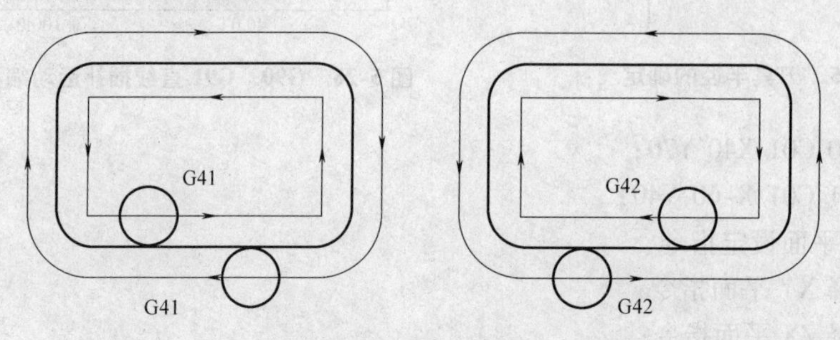

图 5-28　刀具半径补偿

说明：G41、G42、G40 为同组的模态代码。

建立和取消刀具半径补偿必须与 G01 、G00 指令组合来实现。如前文 G41、G42、G40 指令格式所述。X、Y 是 G01、G00 运动终点坐标。建立和取消刀具半径补偿的过程如图 5-29所示。

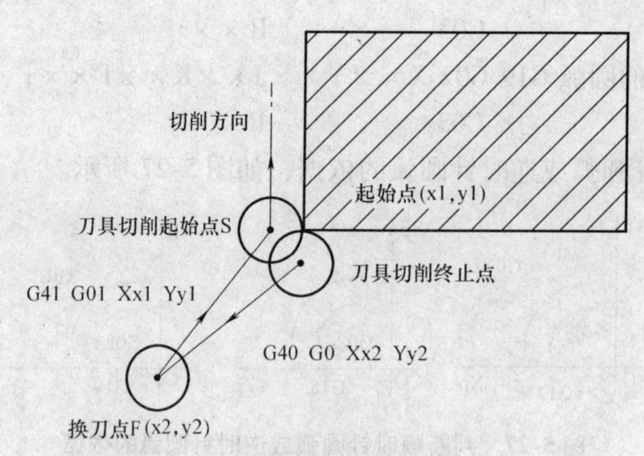

图 5-29　建立和取消刀具半径补偿的过程

建立刀具补偿的程序段中不得使用圆弧指令。

G41 或 G42 必须与 G40 成对使用。

D 为刀具补偿号。利用 OFFSET SETTING 功能键，进入“补正”界面设置每把刀具的半径补偿值，FANUC 0i-MB 系统刀具补偿值设定界面如图 5-30 所示。

在建立刀具补偿前，刀具应远离工件轮廓适当距离，以保证刀具半径补偿有效，如图 5-31所示。

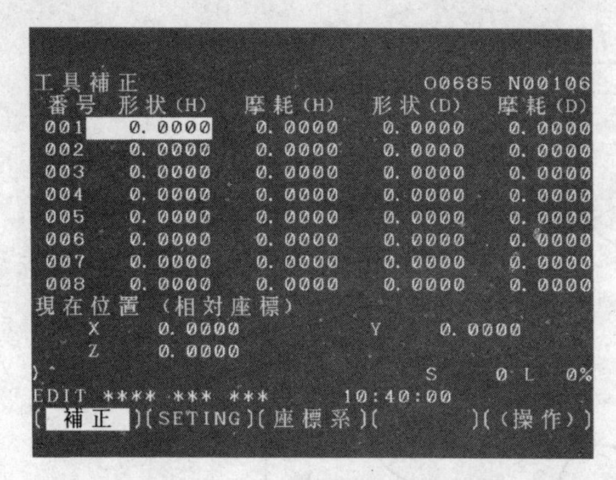

图5-30　FANUC 0i-MB系统刀具补偿量设定界面

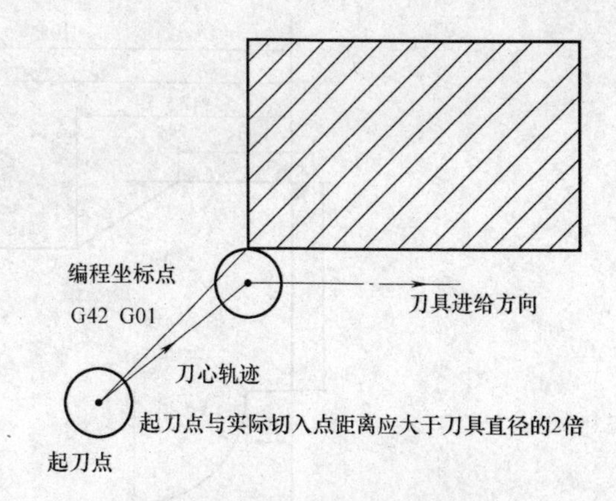

图5-31　建立刀补的合理方式

（5）刀具长度补偿指令　利用刀具长度补偿，编程者可以在不考虑刀具实际长度的情况下，按假定的标准刀具长度编程，所使用的刀具实际长度与标准刀具长度的差别通过调用长度补偿功能来进行补偿。

在加工过程中，如果刀具因磨损而产生了长度变化，也不必修改程序中的坐标值，仅需修改刀具参数库中的长度补偿值即可。

利用“OFFSET SETTING”功能键，进入“补正”界面，将刀具长度补偿量输入“形状（H）”项目中。

指令：G43 G00 Z×× H××；
　　　G44 G01
　　　G49

说明：G43、G44为建立刀具长度补偿指令。G43、G44长度的补偿方向如图5-32所示。

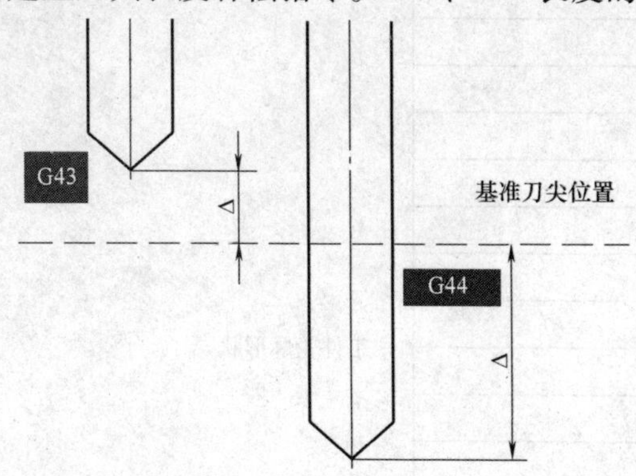

图5-32　G43、G44长度补偿方向

G49为撤销刀具长度补偿。

Z为进给运动刀尖终点坐标，H为长度补偿偏置号。

G43、G44、G49为同组模态代码。

3. 数控铣床编程实训课题

例1　精铣图5-33所示零件外轮廓面。

程序单及程序说明见表5-9。

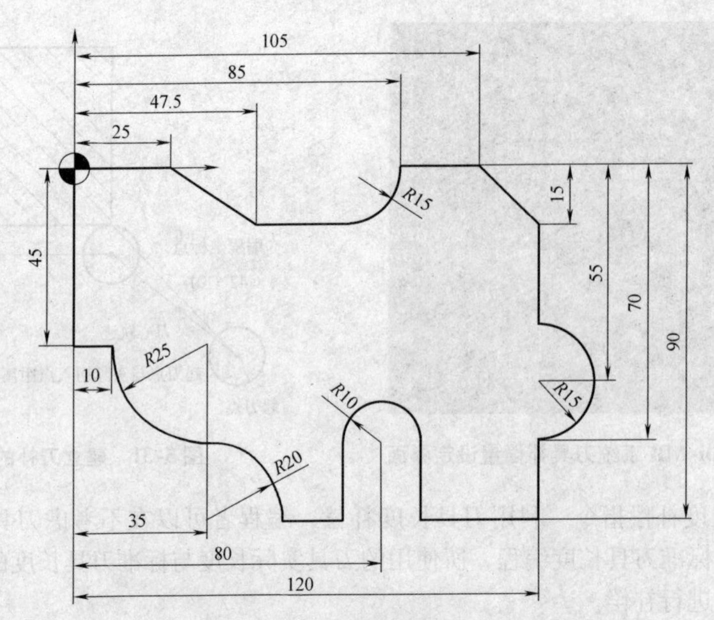

图 5-33 铣削零件 1

表 5-9 程序单及程序说明

程序单	说明
N10 G54;	调用工件坐标系
N20 T1D1 M06;	调用 1 号刀
N30 G90 G00 G41 X -5 Y0 S300 M03;	绝对坐标编程,主轴正转 300r/min,调用左刀补方式,快速定位于(-5,0)点
N40 G01 X25 F150;	工件轮廓形状
N50 X47.5 Y -15;	
N60 X70;	
N70 G03 X85 Y0 J15;	
N80 G01 X105;	
N90 X120 Y -15;	
N100 Y -40;	
N110 G02 X120 Y -70 J -15;	
N120 G01 Y -90;	
N130 X90;	
N140 Y -70;	
N150 G03 X70 Y -70 I -10;	
N160 G01 Y -90;	
N170 X55;	
N180 G03 X35 Y -70 I -20;	
N190 G02 X10 Y -45 J25;	
N200 G01 X0;	
N210 Y0;	
N220 G00 G40 X -100 Y100;	撤销刀具半径补偿,返回换刀点
N230 M30;	程序结束

例2　精铣图5-34所示工件的外轮廓面。

程序单及程序说明见表5-10。

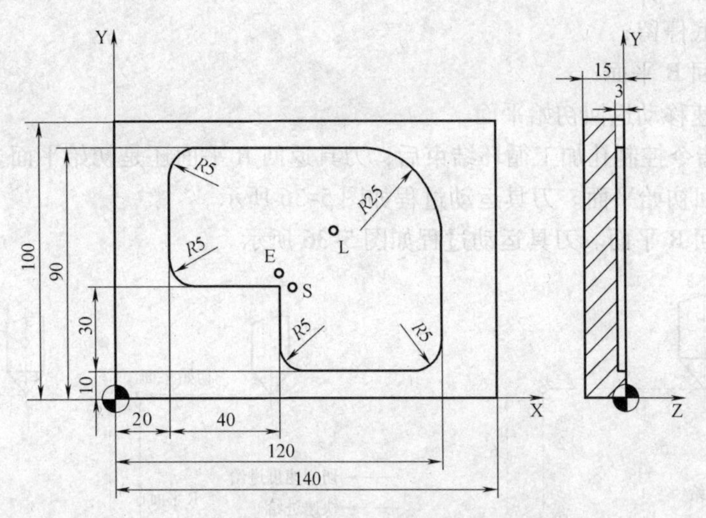

图5-34　铣削零件2

表5-10　程序单及程序说明

程　序　单	说　　明
N10 G54;	调用工件坐标系
N20 T1 D1 M06;	调用1号刀
N30 G90 G00 X80 Y60 Z2 S300 M03;	绝对坐标编程，主轴正转300r/min，快速定位于安全面下刀点(80,60,2)
N40 G01 Z-3 F150;	Z向进刀
N50 G42 G01 X65 Y40 F180;	工件轮廓形状
N60 X25;	
N70 G02 X20 Y45 J5;	
N80 G01 Y85;	
N90 G02 X25 Y90 I5;	
N100 G01 X95;	
N110 G02 X120 Y65 J-25;	
N120 G01 Y15;	
N130 G02 X115 Y10 I-5;	
N140 G01 X65;	
N150 G02 X60 Y15 J5;	
N160 G01 Y45;	
N170 G40 G01 X80 Y60;	直线运动到刀具轨迹终止点，撤销刀补
N180 G00 Z100;	返回换刀点
N190 X0 Y0;	
N200 M30;	程序结束

5.2.2　数控铣削加工循环指令

1. 钻孔加工循环

孔加工循环一般由以下六个动作组成，如图5-35所示。

动作1：X坐标和Y坐标定位；

动作 2：快速进给到 R 平面位置；

动作 3：孔加工；

动作 4：孔底停留；

动作 5：返回 R 平面；

动作 6：快速移动返回初始平面。

G98、G99 指令控制孔加工循环结束后，刀具返回 R 平面还是初始平面。

G98——返回初始平面。刀具运动过程如图 5-36 所示。

G99——返回 R 平面。刀具运动过程如图 5-36 所示。

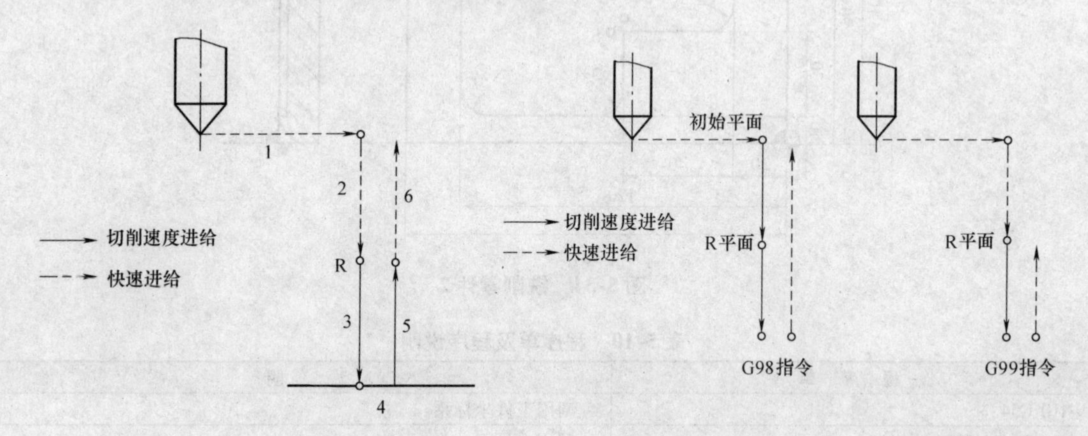

图 5-35　孔加工循环的六步动作　　图 5-36　G98、G99 指令动作示意图

(1) 无孔底停留钻孔循环

指令：G81　X××　Y××　Z××　R××　F××　K××

说明：X××　Y××——孔位置坐标；

Z××——从 R 平面到孔底的距离；

R××——从初始平面到 R 平面的距离；

F××——切削进给速度；

K××——需要重复钻孔操作时，重复次数。

G81 钻孔加工循环指令执行过程如图 5-37 所示。

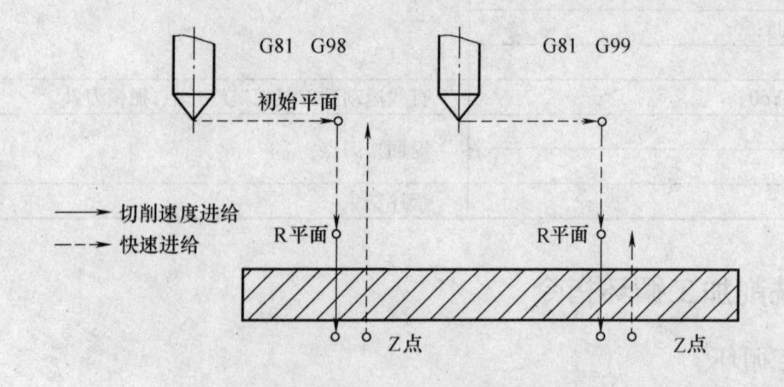

图 5-37　G81 钻孔加工循环执行过程

（2）孔底暂停钻孔循环

指令：G82　X××　Y××　Z××　R××　P××　F××　K××

说明：X××　Y××——孔位置坐标；

Z××——从R平面到孔底的距离；

R××——从初始平面到R平面的距离；

P××——孔底暂停时间；

F××——切削进给速度；

K××——需要重复钻孔操作时，重复次数。

G82钻孔加工循环的加工过程如图5-38所示。

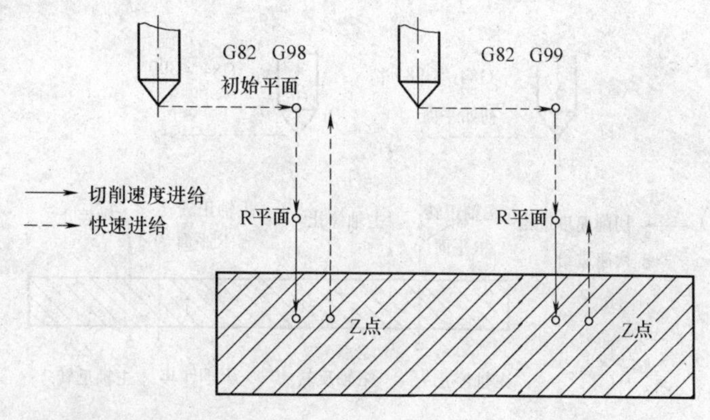

图5-38　G82钻孔加工循环的加工过程

（3）无孔底停留深孔钻循环

指令：G83　X××　Y××　Z××　R××　Q××　F××　K××

说明：由于是深孔加工，需要采取间歇进给方式，以便于排屑。每次进给的深度为Q，直至到达孔底位置为止。Q为每次进给的深度，必须用增量值来设置。

G83钻孔加工循环的加工过程如图5-39所示。

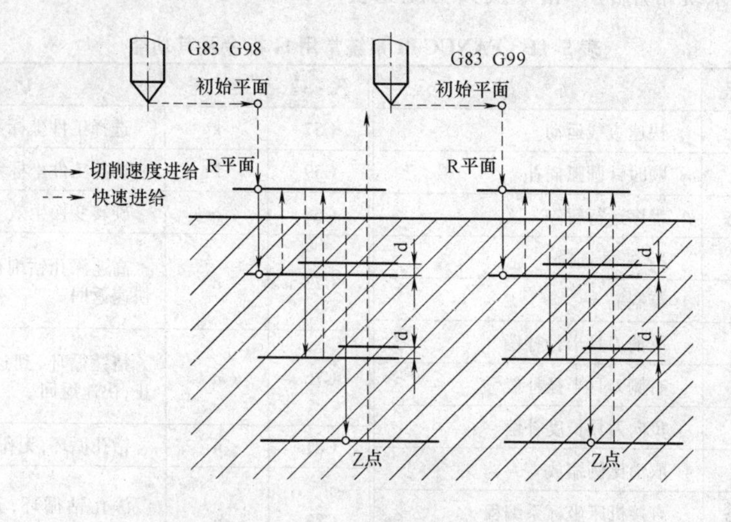

图5-39　G83钻孔加工循环的加工过程

2. 攻螺纹加工循环

（1）右旋攻螺纹加工循环

指令：G84 X× ×Y× ×Z× ×R× ×P× ×F× ×K× ×；

说明：攻螺纹进给时，主轴正转；退出时，主轴反转。

与钻孔加工不同的是，攻螺纹结束后的返回过程不是快速运动，而是以进给速度反转退出。

攻螺纹过程要求主轴转速与进给速度成严格的比例关系，因此，编程时要求根据主轴转速计算进给速度。

G84 右旋攻螺纹加工循环指令的执行过程，如图 5-40 所示。

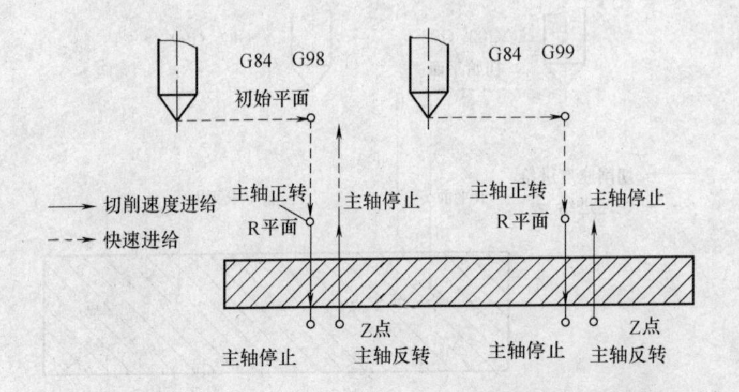

图 5-40 G84 右旋攻螺纹加工循环指令的执行过程

（2）左旋攻螺纹加工循环

指令：G74 X× ×Y× ×Z× ×R× ×P× ×F× ×K× ×；

说明：与 G84 的区别在于，执行 G74 指令时，刀具进给时，主轴反转；刀具退出时，主轴正转。

FANUC 0i 系统常用的 G 指令及其功能见表 5-11。

表 5-11 FANUC 0i 系统常用 G 指令及其功能

代　码	组　号	功　　能	代　码	组　号	功　　能
G00	a	快速直线运动	G57	k	选择工件坐标系 4
G02	a	顺时针圆弧插补	G59	k	选择工件坐标系 6
G04	非模态	程序运行暂停	G68	q	旋转变换生效
G18	c	XZ 平面选择	G73	n	高速深孔钻削循环，无孔底停留，快速返回
G20	e	英制输入			
G40	d	取消刀具半径补偿	G76	n	精镗循环，到达孔底主轴定向停止，快速返回
G42	d	右侧刀具半径补偿			
G44	g	负向刀具长度补偿	G81	n	钻孔循环，无孔底停留，快速返回
G50	h	取消比例缩放			
G53	非模态	直接机床坐标系编程	G83	n	深孔钻循环，无孔底停留，快速返回
G55	k	选择工件坐标系 2			

（续）

代　码	组　号	功　　能
G85	n	镗孔循环，无孔底停留，工进速度返回
G87	n	反镗循环，到达孔底主轴正转，快速返回
G89	n	精镗阶梯孔循环，孔底暂停，工进速度返回
G90	j	绝对值编程
G94	m	以 mm/min 给定进给速度 F
G98	q	固定循环返回到起始点
G01	a	直线插补
G03	a	逆时针圆弧插补
G17	c	XY 平面选择
G19	c	YZ 平面选择
G21	e	米制输入
G41	d	左侧刀具半径补偿
G43	g	正向刀具长度补偿
G49	g	取消刀具长度补偿
G51	h	比例缩放生效
G54	k	选择工件坐标系 1
G56	k	选择工件坐标系 3
G58	k	选择工件坐标系 5
G92	k	工件坐标系设定
G69	q	取消旋转变换
G74	n	左旋攻螺纹循环，到达孔底主轴正转，以攻螺纹进给速度返回
G80	n	取消固定加工循环
G82	n	钻孔（锪孔）循环，孔底暂停，快速返回
G84	n	右旋攻螺纹循环，到达孔底主轴反转，工进速度返回
G86	n	镗孔循环，到达孔底主轴停，快速返回
G88	n	镗孔循环，暂停-主轴停，手动操作返回
G91	j	增量值编程
G95	m	以 mm/r 给定进给速度 F
G99	q	固定循环返回到 R 平面

3. 数控铣削加工循环编程实训课题

例 1　加工图 5-41 所示的零件。毛坯为 80mm × 100mm × 15mm 的铝合金。要求粗精加工各表面。

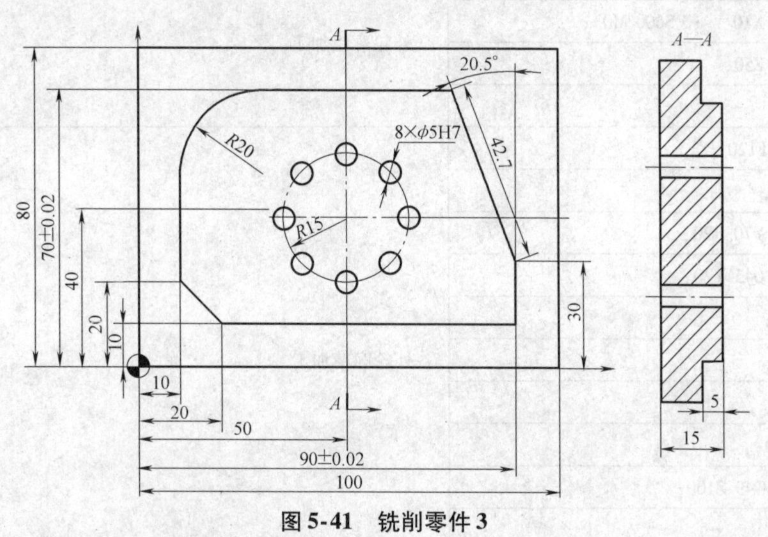

图 5-41　铣削零件 3

刀具及工艺参数见表 5-12。

表 5-12 刀具及工艺参数表

加 工 工序	刀具号	刀 具 名 称	刀具长度补偿	刀具半径补偿
打中心孔	T01	ϕ3mm 中心钻		
外轮廓粗加工	T02	ϕ16mm 立铣刀	H02	D02 = 8.2mm，留精加工余量 0.2mm
外轮廓精加工	T03	ϕ10mm 立铣刀	H03	D03 = 5mm
钻孔	T04	ϕ7.8mm 钻头	H04	
铰孔	T05	ϕ8H7 铰刀	H05	

程序单及程序说明见表 5-13。

表 5-13 程序单及程序说明

程 序 单	说 明
N1010 T01；	打中心孔
N1020 G90 G54 G00 X50 Y40 S850 M03；	
N1030 G43 Z50 H01；	
N1040 G81 X65 Y40 Z-3 R2 F85；	
N1050 X60.607 Y50.607；	
N1060 X50 Y55；	
N1070 X37.079 Y52.72；	
N1080 X35 Y40；	
N1090 X39.393 Y29.393；	
N1100 X50 Y25；	
N1110 X60.607 Y29.393；	
N1120 G80 G00 G49 Z100；	
N2010 T02 D02；	外轮廓粗加工
N2020 G00 G41 X10 Y-10 S600 M03；	
N2030 G43 H02 Z50；	
N2040 G00 Z2；	
N2050 G01 Z-5 F120；	外轮廓精加工
N2060 X10 Y50；	
N2070 G02 X30 Y70 R20；	
N2080 G01 X75.045 Y70；	
N2090 X90 Y30；	
N2100 X90 Y10；	
N2110 X20；	
N2120 X-10 Y40；	
N2130 G00 G40 G49 Z100；	
N3010 T03 D03；	
N3020 G00 G41 X30 Y0 S950 M03；	

（续）

程 序 单	说　明
N3030 G43 H03 Z50；	外轮廓精加工
N3040 G00 Z2；	
N3050 G01 Z-5 F76；	
N3060 X10 Y20；	
N3070 Y50；	
N3080 G02 X30 Y70 R20；	
N3090 G01 X75.045 Y70；	
N3100 X90 Y30；	
N3110 Y10；	
N3120 X0；	
N3130 G00 G40 G49 Z100；	
N4010 T4；	钻孔
N4020 G00 X50 Y40 S600 M03；	
N4030 G43 Z50 H04；	
N4040 G81 X65 Y40 Z-18 R2 F60；	
N4050 X60.607 Y50.607；	
N4060 X50 Y55；	
N4070 X37.079 Y52.72；	
N4080 X35 Y40；	
N4090 X39.393 Y29.393；	
N4100 X50 Y25；	
N4110 X60.607 Y29.393；	
N4120 G80 G00 G49 Z100；	
N5010 T05；	铰孔
N5020 G00 X50 Y40 S200 M03；	
N5030 G43 Z50 H05；	
N5040 G81 X65 Y40 Z-18 R2 F25；	
N5050 X60.607 Y50.607；	
N5060 X50 Y55；	
N5070 X37.079 Y52.72；	
N5080 X35 Y40；	
N5090 X39.393 Y29.393；	
N5100 X50 Y25；	
N5110 X60.607 Y29.393；	
N5120 G80 G00 G49 Z100；	
N5130 M30；	程序结束

5.3　编程模拟软件的使用

通过一个实例，说明利用“数控加工仿真系统”软件，模拟车削加工相关操作的过程。

1. 开机

进入“数控加工仿真系统”后，选择菜单栏“机床→选择机床”命令，进入 FANUC 0i 系统，标准机床，如图 5-42、图 5-43 所示。按下启动键，并松开急停按钮，伺服控制指示灯点亮，机床启动完成。

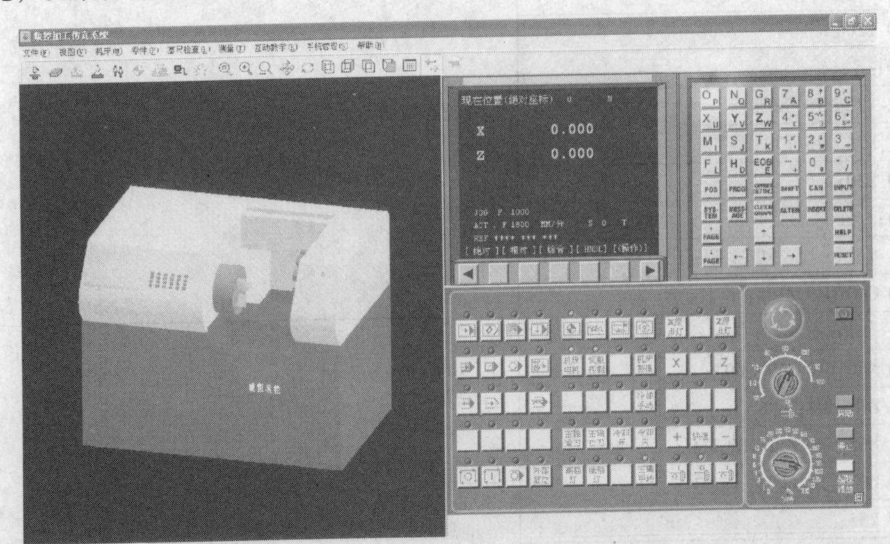

图 5-42　数控加工仿真系统软件操作界面

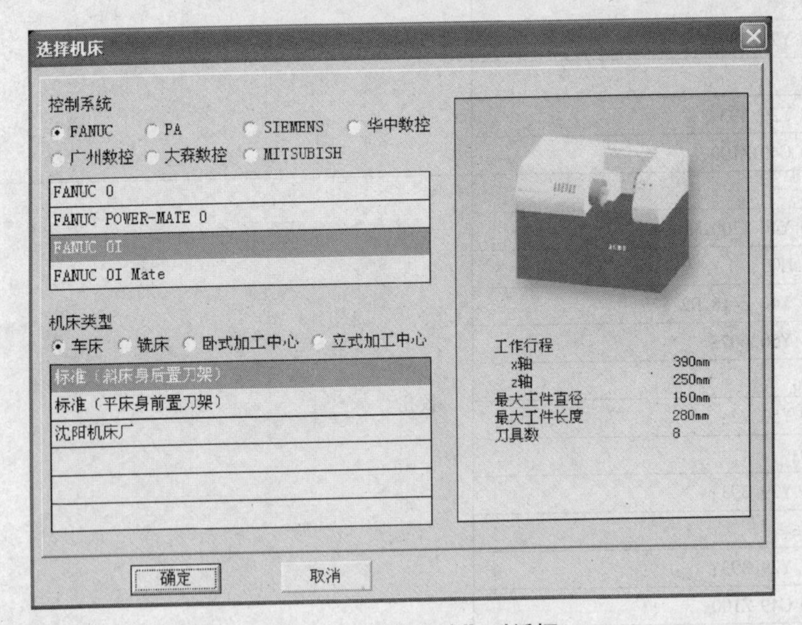

图 5-43　“选择机床”对话框

2. 回零

将机床运行模式切换到回零方式，按下 X 轴及正向运动键，系统向 X 轴正向运动返回参考点；按下 Z 轴及正向运动键，系统向 Z 轴正向运动返回参考点。返回参考点结束，指示机床当前处于参考点位置的指示灯点亮。

3. 编辑或调用程序

将机床运行模式切换成编辑方式，并按下 PROG 功能键，利用 MDI 面板的字母和数字键，编辑加工程序。

程序编辑完成后，按下【(操作)】软键，按向后翻页软键，选择【PUNCH】软键，给定加工程序文件存储路径，系统执行存盘操作，如图 5-44 所示。

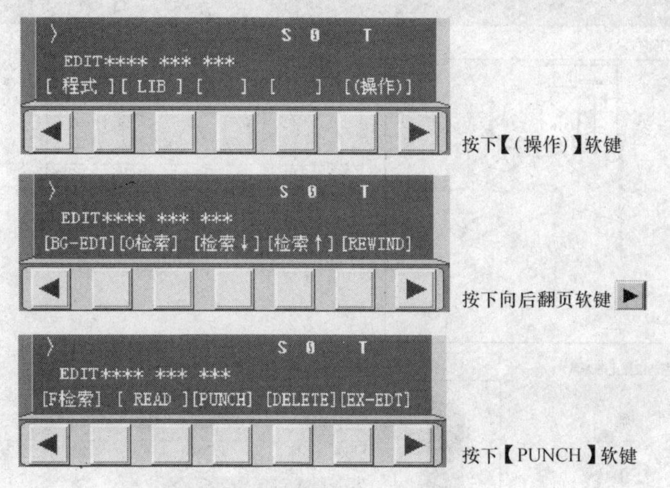

图 5-44　存储加工程序操作

4. 安装工件

选择菜单栏“零件→定义毛坯”命令，系统弹出“定义毛坯”对话框。在“定义毛坯”对话框中，设置毛坯的材料、形状及尺寸，如图 5-45 所示。

在定义了“毛坯 1”后，选择菜单栏“零件→放置零件”命令，绘图区显示工件被放置到夹盘上，同时系统弹出图 5-46 所示工件位置调整工具栏。

利用或键调整工件至合适的夹持位置后，单击“退出”按钮，完成工件放置操作。

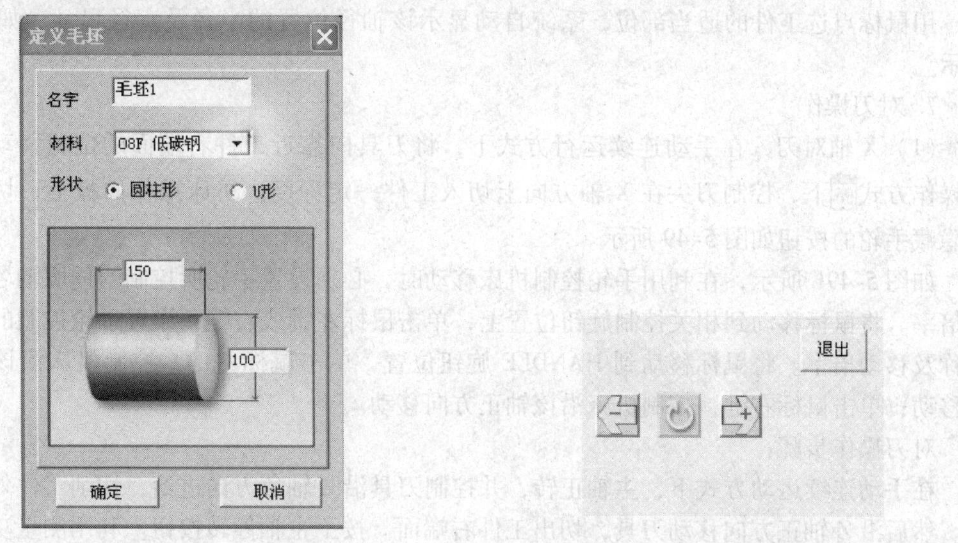

图 5-45　“定义毛坯”对话框　　　　图 5-46　工件位置调整工具栏

5. 安装刀具

选择菜单栏“机床→选择刀具”命令，系统弹出图5-47所示的“刀具选择”对话框。系统默认机床安装了8刀位的刀盘。根据加工程序，在相应位置上安装适当类型的刀片，选择适当的切削刃长度、刀尖圆角半径等参数，并根据机床为前置刀架或后置刀架选择合理的刀柄形式，如图5-47所示。

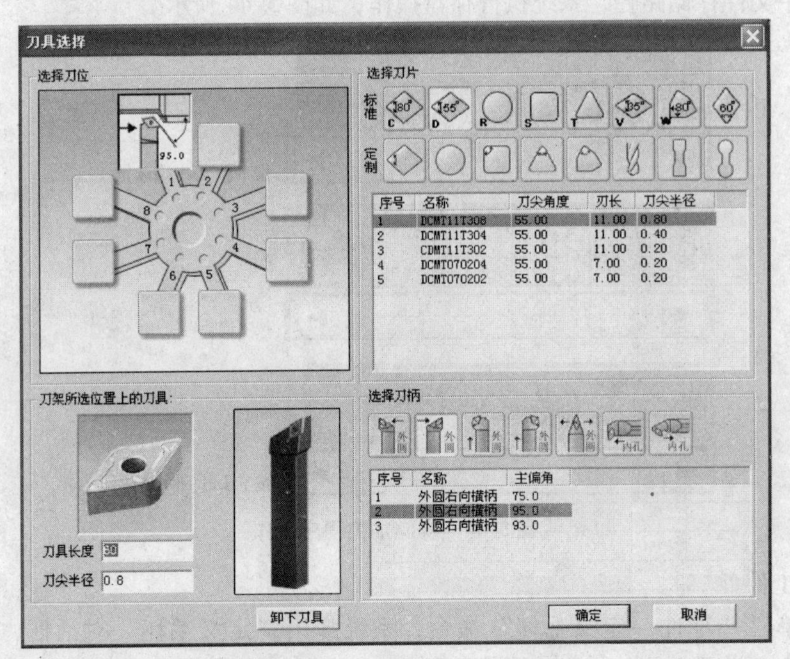

图5-47 “刀具选择”对话框

6. 测量

选择菜单栏“测量→剖面图测量”命令，系统弹出“车床工件测量”对话框，如图5-48所示。

用鼠标点选工件的适当部位，系统自动显示该轴径位置的半径及直径尺寸，如图5-48所示。

7. 对刀操作

(1) X轴对刀　在手动连续运行方式下，将刀具向靠近工件右端面的位置移动，在手轮操作方式下，控制刀尖在X轴方向上切入工件一定深度。机床操作面板上，切换显示或隐藏手轮的按钮如图5-49所示。

如图5-49b所示，在利用手轮控制机床移动时，必须设置手轮所控制的伺服轴名称及移动倍率。将鼠标移动到相关控制旋钮位置上，单击鼠标左键或右键，设置手轮控制的伺服轴名称及移动倍率。将鼠标移动到HANDLE旋钮位置，单击鼠标左键，控制机床沿该轴负方向移动；单击鼠标右键，控制机床沿该轴正方向移动。

对刀操作步骤：

在手动连续运动方式下，主轴正转，并控制刀具沿Z轴负方向进给，切削工件外圆周表面。然后沿Z轴正方向移动刀具，切出工件右端面。按下主轴停转按钮。利用测量功能测出已切削部分轴径，如图5-50所示。

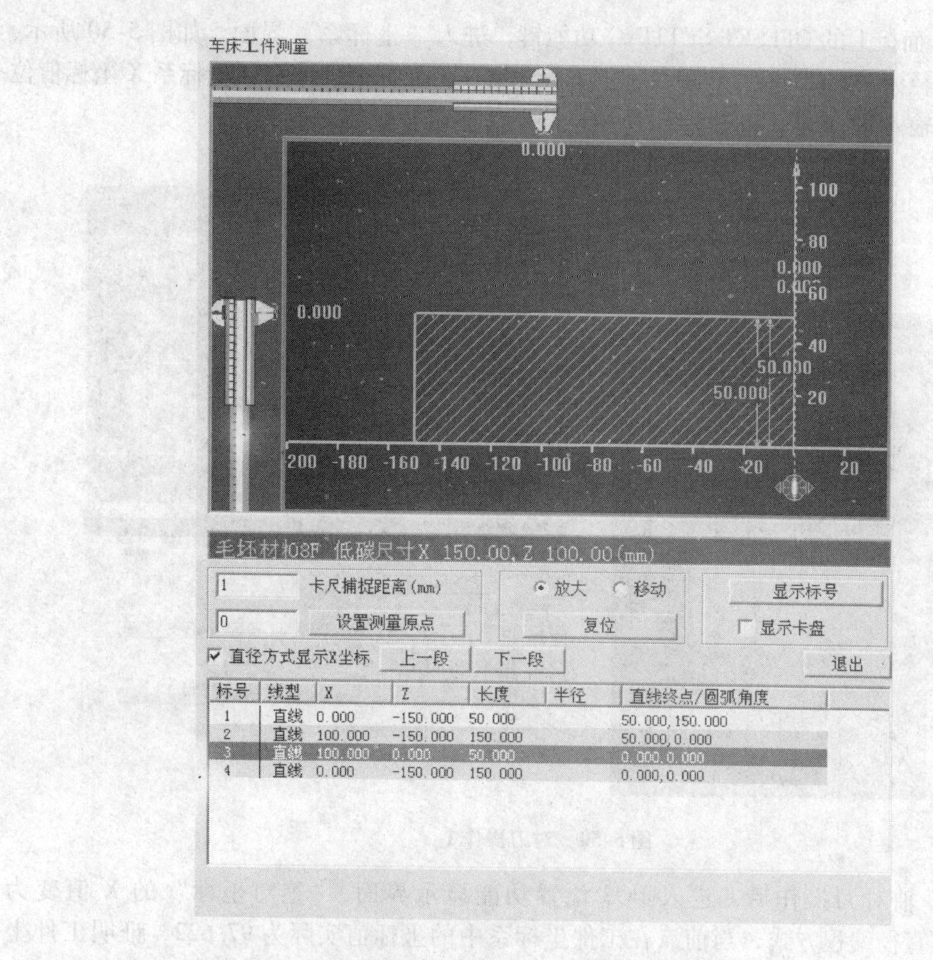

标号	线型	X	Z	长度	半径	直线终点/圆弧角度
1	直线	0.000	-150.000	50.000		50.000, 150.000
2	直线	100.000	-150.000	150.000		50.000, 0.000
3	直线	100.000	0.000	50.000		0.000, 0.000
4	直线	0.000	-150.000	150.000		0.000, 0.000

图5-48 “车床工件测量”对话框

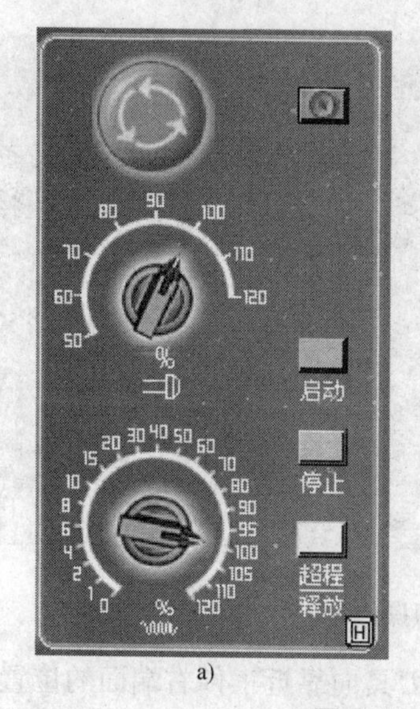

a)

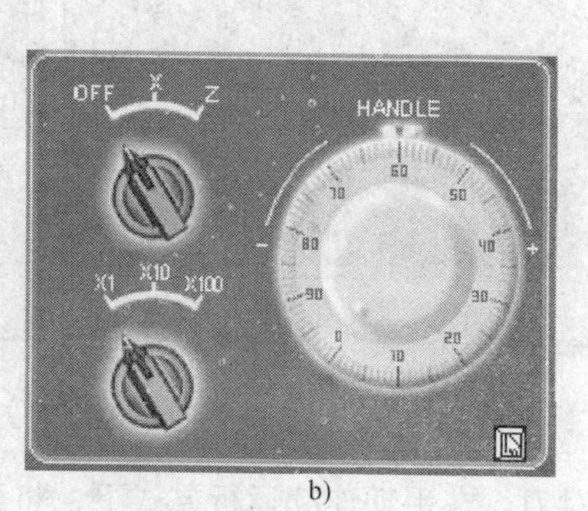

b)

图5-49 手轮显示按钮

按下 MDI 面板上的 OFFSET SETTING 功能键，进入“坐标系”界面。如图 5-50 所示，已加工部分轴径为 97.622mm，利用鼠标上下移动键，将光标定位在 G54 坐标系 X 坐标值位置，在输入行输入 97.622，如图 5-51 所示，按下【测量】软键。

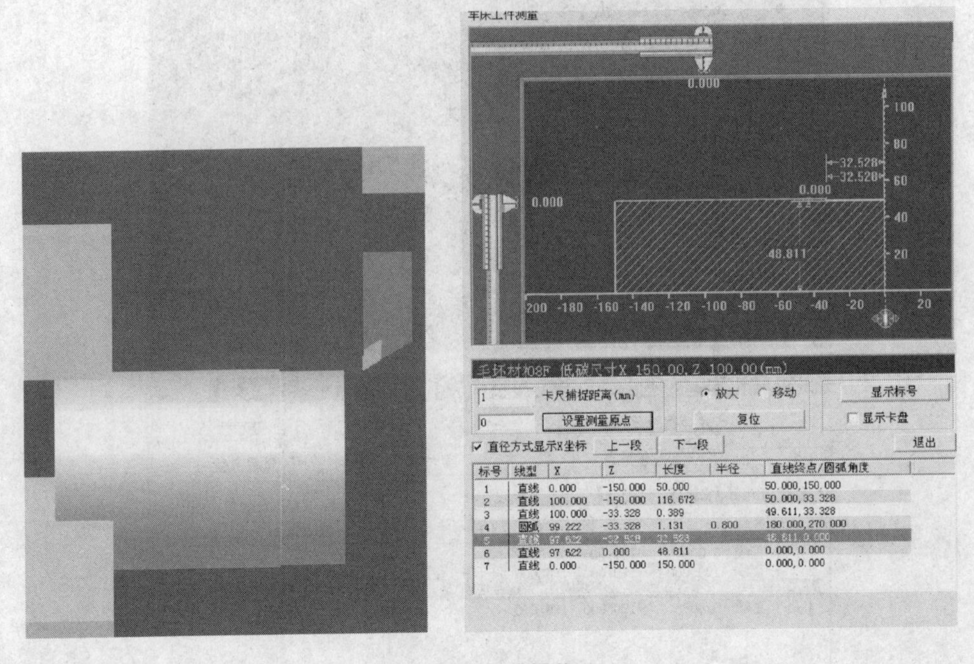

图 5-50　对刀操作 1

在完成 X 轴对刀操作后，进入 POS 位置功能显示界面，“绝对坐标”的 X 值变为 97.622，按照直径编程方式，当前点在工件坐标系中的坐标值实际为 97.622，证明工件坐标系 X 轴建立完成，如图 5-51 所示。

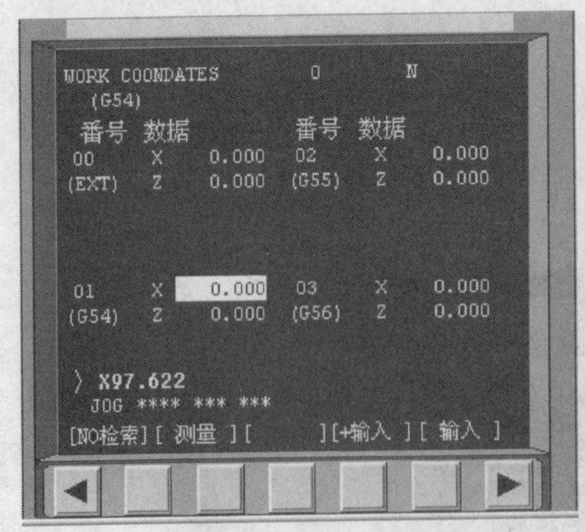

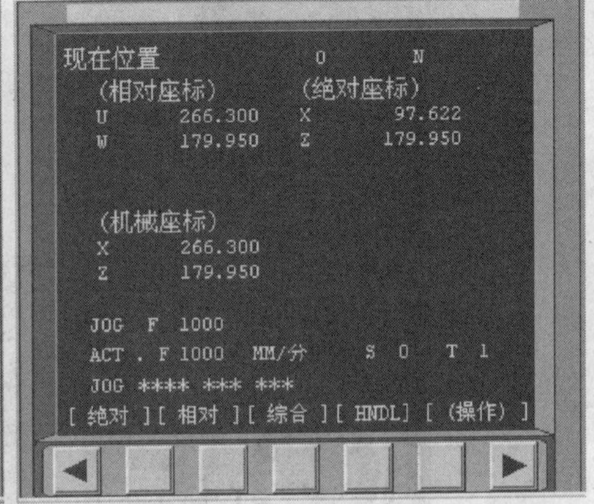

图 5-51　对刀操作 2

（2）Z 轴对刀　在手动连续运行方式下，将刀具向靠近工件右端面的位置移动，在手轮操作方式下，控制刀尖在 Z 轴方向上切入工件一定深度。

在手动连续运行方式下，控制刀具沿 X 轴负方向进给，切削工件右端面。然后沿 X 轴正向移动刀具，切出工件右端面，并按下主轴停转按钮。

按下 MDI 面板的 OFFSET SETTING 功能键，进入“坐标系”界面。利用鼠标上下移动键，将光标定位在 G54 坐标系 Z 坐标值位置，在输入行输入 0，按下【测量】软键。完成以工件右端面为 Z0 位置的 Z 轴对刀操作。

8. 自动运行加工程序

（1）选择加工程序　在编辑 EDIT 运行方式下，按下 MDI 面板的程序键，进入程序列表界面。输入以字母“O”开头的程序名，按下【O 检索】软键，进入指定加工程序。

（2）启动程序加工零件　在自动运行 AUTO 方式下，按下程序循环启动按钮，系统开始执行程序。

在自动运行方式下，可以设置机床试运行、单步运行等。

试运行时，虽然程序被执行，但机床和刀具不实际切削工件。机床操作面板的试运行按钮表示为。

单步运行，即每按下一次程序循环启动按钮，系统执行一个程序段。单步运行常用于检验程序。机床操作面板的单步运行按钮表示为。

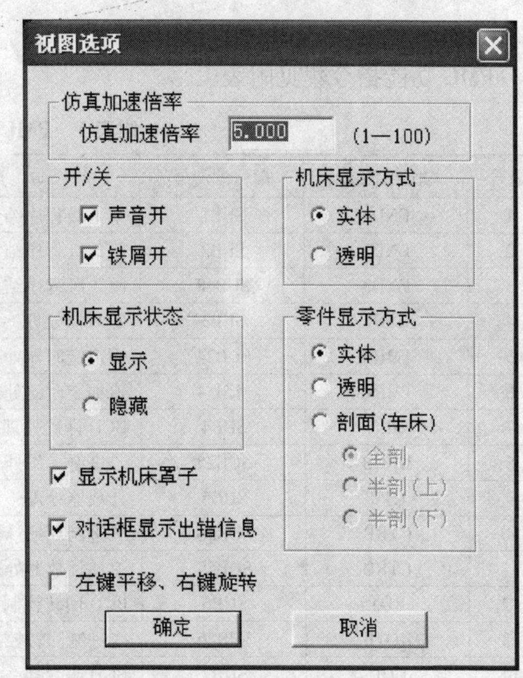

图 5-52　“视图选项”对话框

系统设置了一系列设置显示方式的工具。选择菜单栏“视图→选项”命令，系统显示“视图选项”对话框，如图 5-52 所示。系统允许用户通过“视图选项”对话框设置是否显示机床外罩、零件显示方式等，以方便用户的操作。

附 录

常用 PMC 功能指令

PMC 功能指令集见附表 1。

附表 1　PMC 功能指令表

编号	功能指令	指令号	处理内容	SA1	SA5/SB5～SB7
1	END1	SUB1	第 1 级程序结束	○	○
2	END2	SUB2	第 2 级程序结束	○	○
3	END3	SUB48	第 3 级程序结束	×	×
4	TMR	SUB3	定时器处理	○	○
5	TMRB	SUB24	固定定时器处理	○	○
6	TMRC	SUB54	追加定时器处理	○	○
7	DEC	SUB4	BCD 译码处理	○	○
8	DECB	SUB25	二进制译码处理	○	○
9	CTR	SUB5	计数器处理	○	○
10	CTRB	SUB56	二进制环形计数器处理	○	○
11	CTRC	SUB55	追加计数器处理	○	○
12	ROT	SUB6	BCD 回转控制	○	○
13	ROTB	SUB26	二进制回转控制	○	○
14	COD	SUB7	BCD 码变换	○	○
15	CODB	SUB27	二进制码变换	○	○
16	MOVE	SUB8	逻辑乘后数据转送	○	○
17	MOVOR	SUB28	逻辑加后数据转送	○	○
18	MOVB	SUB43	1 字节数据传送	×	○
19	MOVW	SUB44	2 字节数据传送	×	○
20	MOVN	SUB45	任意字节数据传送	×	○
21	COM	SUB9	公共线控制开始	○	○
22	COME	SUB29	公共线控制结束	○	○
23	JMP	SUB10	跳转	○	○
24	JMPE	SUB30	跳转结束	○	○
25	JMPB	SUB68	标号跳转 1	×	○
26	JMPC	SUB73	标号跳转 2	×	○
27	LBL	SUB69	标号	×	○
28	PARI	SUB11	奇偶校验	○	○
29	DCNV	SUB14	数据变换	○	○
30	DCNVB	SUB31	扩展数据变换	○	○
31	COMP	SUB15	BCD 大小比较	○	○
32	COMPB	SUB32	二进制大小比较	○	○

（续）

编号	功能指令	指　令　号	处理内容	SA1	SA5/SB5 ~ SB7
33	COIN	SUB16	BCD 一致判断	○	○
34	SFT	SUB33	移位寄存器	○	○
35	DSCH	SUB17	BCD 数据检索	○	○
36	DSCHB	SUB34	二进制数据检索	○	○
37	XMOV	SUB18	BCD 变址修改数据转送	○	○
38	XMOVB	SUB35	二进制变址修改数据转送	○	○
39	ADD	SUB19	BCD 加法运算	○	○
40	ADDB	SUB36	二进制加法运算	○	○
41	SUB	SUB20	BCD 减法运算	○	○
42	SUBB	SUB37	二进制减法运算	○	○
43	MUL	SUB21	BCD 乘法运算	○	○
44	MULB	SUB38	二进制乘法运算	○	○
45	DIV	SUB22	BCD 除法运算	○	○
46	DIVB	SUB39	二进制除法运算	○	○
47	NUME	SUB23	BCD 常数赋值	○	○
48	NUMEB	SUB40	二进制常数赋值	○	○
49	DISPB	SUB41	信息显示	○	○
50	EXIN	SUB42	外部数据输入	○	○
51	WINDR	SUB51	CNC 数据读取	○	○
52	WINDW	SUB52	CNC 数据写入	○	○
53	PSGNL	SUB50	位置信号输出	×	×
54	PSGN2	SUB63	位置信号输出 2	×	×
55	DIFU	SUB57	前沿检测	×	○
56	DIFD	SUB58	后沿检测	×	○
57	EOR	SUB59	异或	×	○
58	AND	SUB60	逻辑乘	×	○
59	OR	SUB61	逻辑和	×	○
60	NOT	SUB62	逻辑非	×	○
61	END	SUB64	程序结束	×	○
62	CALL	SUB65	有条件子程序调出	×	○
63	CALLU	SUB66	子程序调出	×	○
64	SP	SUB71	子程序开始	×	○
65	SPE	SUB72	子程序结束	×	○
66	AXCTL	SUB53	PMC 轴控制	○	○
67	NOP	SUB70	无操作	×	

注：○—可以使用，×—不能使用。

常用功能指令说明如下。

功能指令 1　一级程序结束 END1（SUB1）

1）功能：作为一级程序的结束信号。

2）符号：如附图 1 所示。

3）用法：在顺序程序中，该指令必须使用 1 次。

该指令放在一级程序的结束处或二级程序的开头。

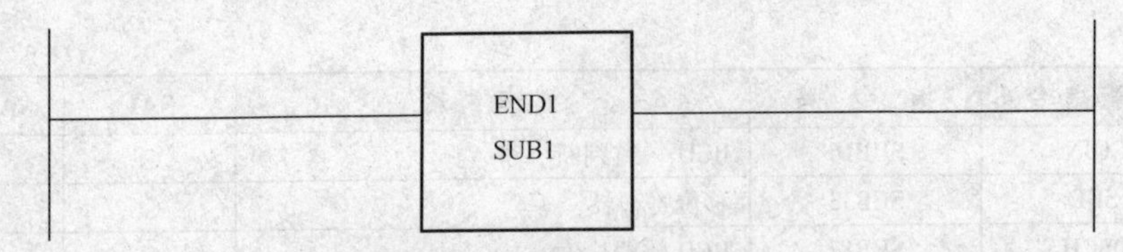

附图 1　功能指令 END1 格式

功能指令 2　二级程序结束 END2（SUB2）

1）功能：作为二级程序的结束信号。

2）符号：如附图 2 所示。

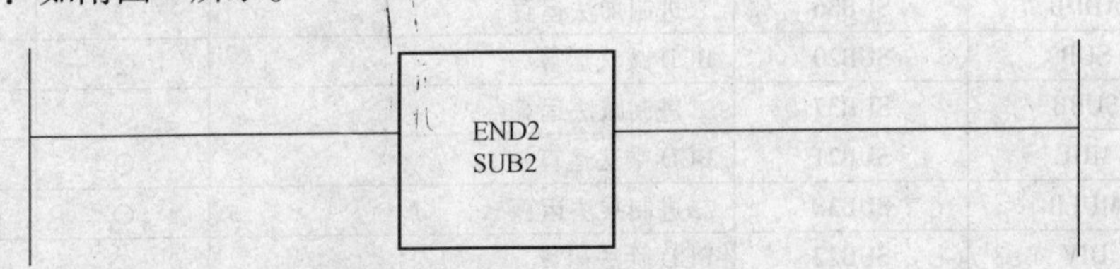

附图 2　功能指令 END2 格式

3）用法：在顺序程序中，该指令必须使用 1 次。

该指令放在二级程序的结束处，或三级程序的开头。

功能指令 3　三级程序结束 END3（SUB48）

1）功能：作为三级程序的结束信号。

2）符号：如附图 3 所示。

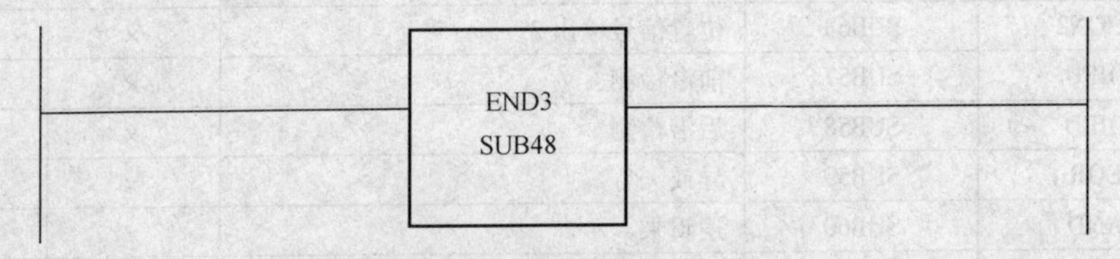

附图 3　功能指令 END3 格式

3）用法：在顺序程序中，该指令必须使用 1 次。

该指令放在三级程序的结束处。

功能指令 4　定时器 TMR（SUB4）

1）功能：延时导通定时器。

在 ACT = 1 时，设定的时间到达后，将输出信号置为 1。

2）符号：如附图 4 所示。

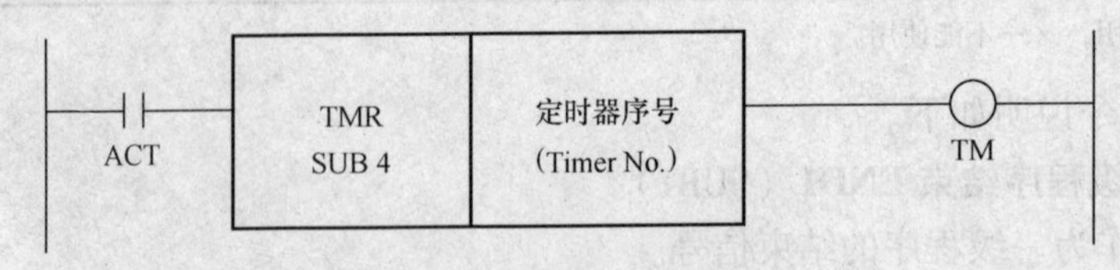

附图 4　功能指令 TMR 格式

3）用法：

ACT = 1：执行 TMR；

ACT＝0：关断定时器继电器（TM）。

定时器序号由 Timer No. 指定。

定时器 TMR 指令运行的信号时序图如附图 5 所示。

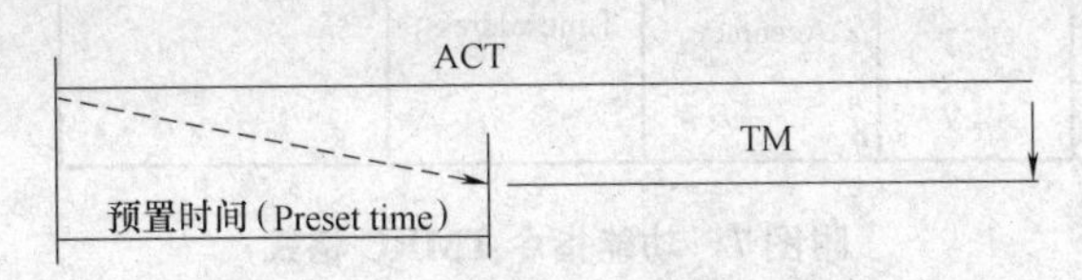

附图 5　功能指令 TMR 时序图

4）参数设定：

① 对于配备 SA1 型 PMC 的 FANUC 0i-C 系统：

定时器序号：1～8，允许设定的延时时间为 48ms×n。n 为 PMC 程序的分割数。

9～250，允许设定的延时时间为 8ms×n。n 为 PMC 程序的分割数。

② 对于配备 SB7 型 PMC 的 FANUC 0i-B 系统：

将延时时间按 ms 直接写入定时器序号中，如：延时 5s，由于参数数值的单位为 ms，故参数值设为 5000。

功能指令 5　固定定时器 TMRB（SUB24）

1）功能：延时闭合定时器。

延时的时间由 TMRB 设定时间。

2）符号：如附图 6 所示。

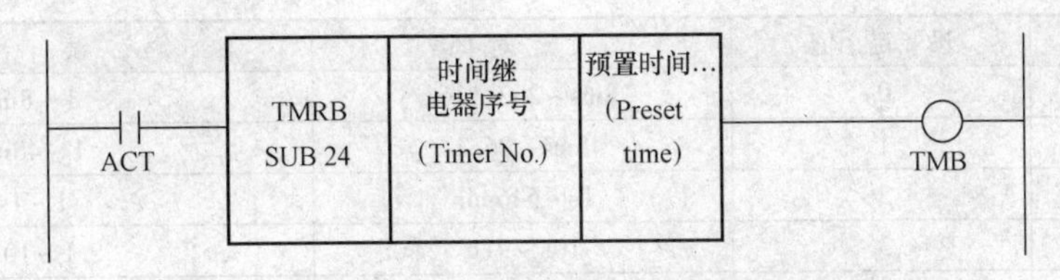

附图 6　功能指令 TMRB 格式

3）用法：

ACT＝1：执行 TMRB；

ACT＝0：关断时间继电器（TM）。

定时器序号由 Timer No. 指定。

定时器 TMR 指令运行的信号时序图如附图 5 所示。

4）参数设定：

① 时间继电器序号：1～100；

② 对于 PMC SB-7：1～500；

③ 延时时间按 ms 输入。

功能指令 6　延时导通定时器 TMRC（SUB54）

1）功能：定时器的设定时间可以在任意地址设定，地址的选择决定了定时器是可变时间定时器还是固定定时器。在指定的存储范围内，定时器的数量没有限制。

2）符号：如附图 7 所示。

3）用法：

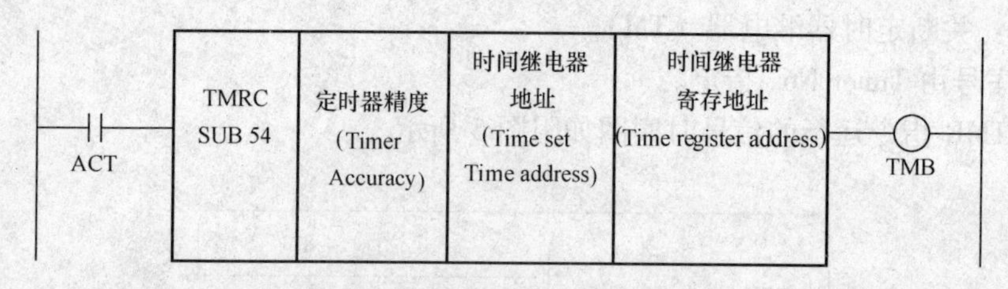

附图7　功能指令 TMRC 格式

设定时间地址 set Time address。

设定定时器区域的首地址（两个字节），一般采用 D 地址作为时间地址。

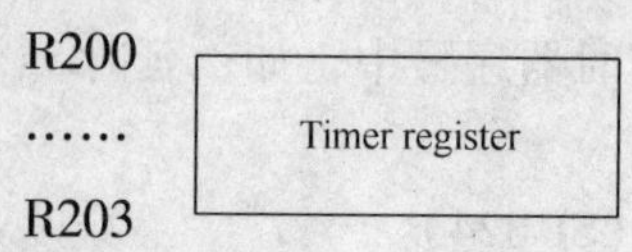

时间寄存地址 set Time register address

设定寄存器区域的首地址（四个字节），一般采用 R 地址作为时间地址。

R200
……
R203
Timer register

4）参数说明：

时间继电器精度 Timer Accuracy，见附表 2。

附表 2　时间继电器参数表

时间精度	设定值	设定时间	误差
8ms	0	8ms ~ 262.136s	1 ~ 8ms
48ms	1	48ms ~ 26.2s	1 ~ 48ms
1s	2	1s ~ 546min	1 ~ 1s
10s	3	10s ~ 91h	1 ~ 10s
1min	4	1min ~ 546h	1 ~ 1min

功能指令 7　BCD 译码（SUB4）

1）功能：BCD 码译码指令。

当译码信号的 BCD 码与指令的数据相同时，输出继电器为 1。

2）符号：如附图 8 所示。

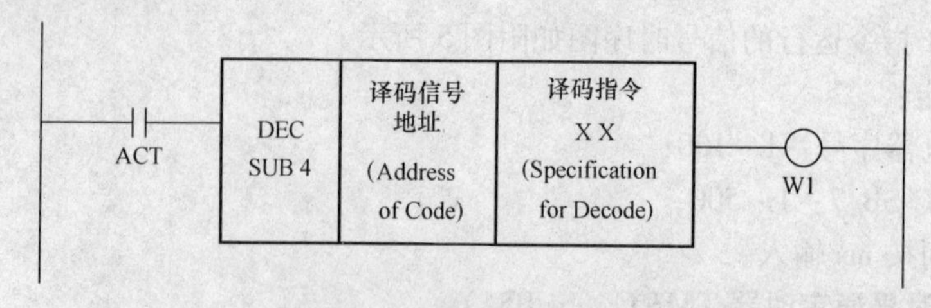

附图8　功能指令 DEC 格式

3）用法：

ACT = 1：执行译码指令；

ACT = 0：不执行译码指令。

4）参数说明：指定译码的位置。

① 01：BCD的低位译码；

② 10：BCD的高位译码；

③ 11：两位同时译码。

功能指令8　DECB译码（SUB25）

1）功能：可对1、2、4个字节的二进制代码译码，当指定的八位数据之一与被译码的代码数据相同时，输出为1，一般用于M/T代码译码。

2）符号：如附图9所示。

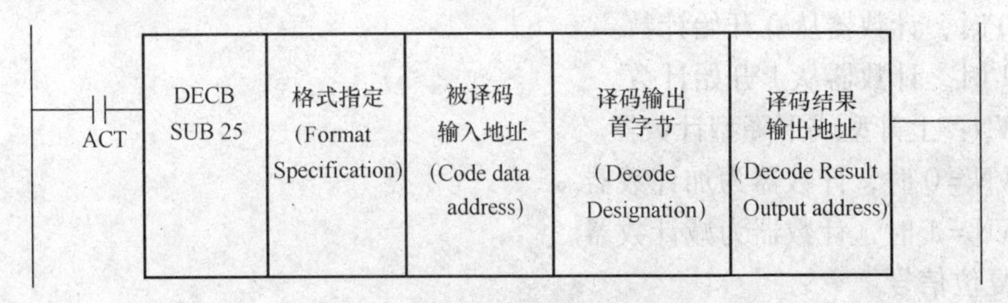

附图9　功能指令DECB格式

3）用法：

ACT＝1：执行译码指令；

ACT＝0：不执行译码指令。

格式指定0001：1个字节长二进制译码；

0002：2个字节长二进制译码；

0004：4个字节长二进制译码。

译码指令（二进制）：

M指令所对应的F信号地址见附表3。

附表3　M指令对应的F信号

F10	M07	M06	M05	M04	M03	M02	M01	M00
F11	M15	M14	M13	M12	M11	M10	M09	M08
F12	M23	M22	M21	M20	M19	M18	M17	M16
F13	M31	M30	M29	M28	M27	M26	M25	M24

4）说明：

“被译码输入地址”是指从CNC来的指令代码，作为PMC-SB7版本（FANUC 0i-B），M代码地址是F10～F13，T代码地址是F26～F29。

所谓“首地址”是指译码输出的首个字节，如：被译码地址＝F10，首字节＝8，说明对M代码译码，从M8开始译码输出。

功能指令9　CTR环形计数器（SUB5）

1）功能：进行加/减计数，当计数器的值到达设定值时，W1输出为1。

2）符号：如附图10所示。

3）参数说明：

CN0：指定初始值。允许设定值为0，1，2，3，…，*n*。

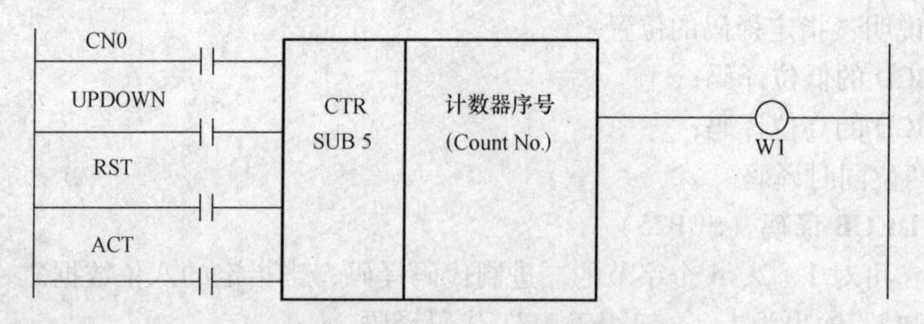

附图 10　功能指令 CTR 格式

CN0 = 0 时，计数器从 0 开始计数。

CN0 = 1 时，计数器从 1 开始计数。

UPDOWN：上升型或下降型计数器。

UPDOWN = 0 时，计数器为加计数器。

UPDOWN = 1 时，计数器为减计数器。

RST：复位信号。

RST = 0 时，不执行复位。

RST = 1 时，执行复位。

ACT：计数触发信号。

ACT = 0 时，不执行计数操作。

ACT = 1 时，计数。如附图 11 所示。

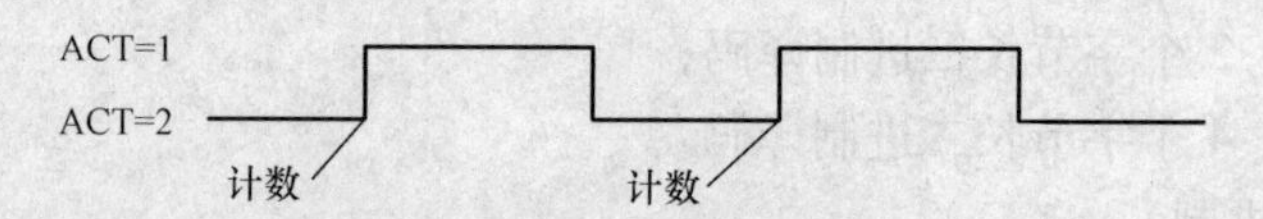

附图 11　CTR 指令的触发信号

计数器控制地址从 C000 起。

功能指令 10　CTRB 固定计数器（SUB56）

1）功能：进行加/减计数，当计数器的值到达设定值时，W1 输出为 1。

2）符号：如附图 12 所示。

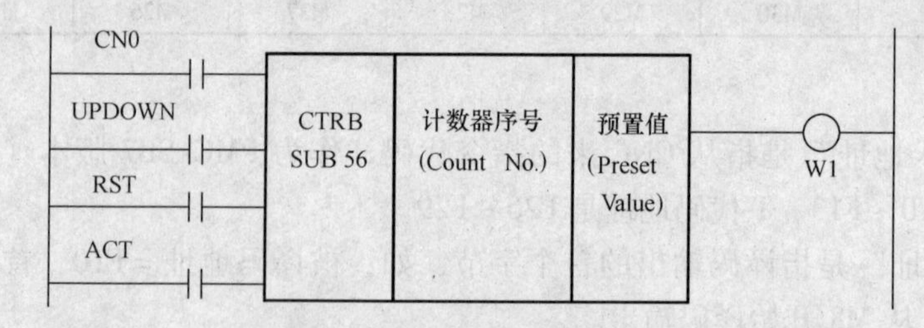

附图 12　功能指令 CTRB 格式

3）用法：

功能指令 CTRB 仅适用于 PMC-SB7，不适用于 PMC-SA1。

当计数器中的预置值 = 实际值时，输出信号 W1 = 1。

计数器容量通过预置设定，而 SUB5-CTR 指令通过在相应的计数器参数中设定预置值。

4）参数说明：

CN0：指定初始值。允许设定值为0，1，2，3，…，n。

CN0 =0 时，计数器从 0 开始计数。

CN0 =1 时，计数器从 1 开始计数。

UPDOWN：上升型或下降型计数器。

UPDOWN =0 时，计数器为加计数器。

UPDOWN =1 时，计数器为减计数器。

RST：复位信号。

RST =0 时，不执行复位。

RST =1 时，执行复位。

ACT：计数触发信号。

ACT =0 时，不执行计数操作。

ACT =1 时，计数。如附图 11 所示。

功能指令 11　CTRC 追加环形计数器（SUB55）

1）功能：进行加/减计数，当计数器的值到达设定值时，W1 输出为 1。

2）符号：如附图 13 所示。

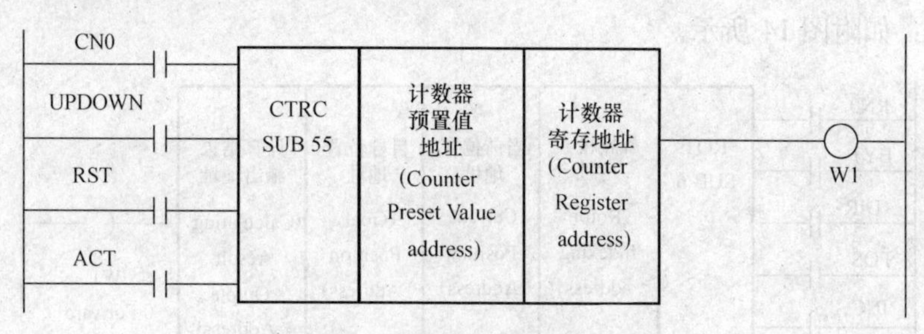

附图 13　功能指令 CTRC 格式

3）用法：

计数器预置值占用 2 字节的存储空间。

D200	b7	b6	b5	b4	b3	b2	b1	b0
D201	b7	b6	b5	b4	b3	b2	b1	b0

一般使用 D 地址作为预置数空间，计数器预置值占用 4 字节的存储空间。

D400	b7	b6	b5	b4	b3	b2	b1	b0
D401	b7	b6	b5	b4	b3	b2	b1	b0
D402	b7	b6	b5	b4	b3	b2	b1	b0
D403	b7	b6	b5	b4	b3	b2	b1	b0

当预置寄存器中的数值 = 实际寄存器中的数值时，输出信号。

4）参数说明：

CN0：指定初始值。允许设定值为0，1，2，3，…，n。

CN0 =0 时，计数器从 0 开始计数。

CN0 =1 时，计数器从 1 开始计数。

UPDOWN：上升型或下降型计数器。

UPDOWN =0 时，计数器为加计数器。

UPDOWN =1 时，计数器为减计数器。

RST：复位信号。

RST =0 时，不执行复位。

RST =1 时，执行复位。

ACT：计数触发信号。

ACT =0 时，不执行计数操作。

ACT =1 时，计数。如附图 11 所示。

功能指令 12　ROT 旋转指令（SUB6）

1）功能：

① 选择近路方向；

② 计算当前与目标位置的步数；

③ 计算目标位置的前一位置步数。

2）符号：如附图 14 所示。

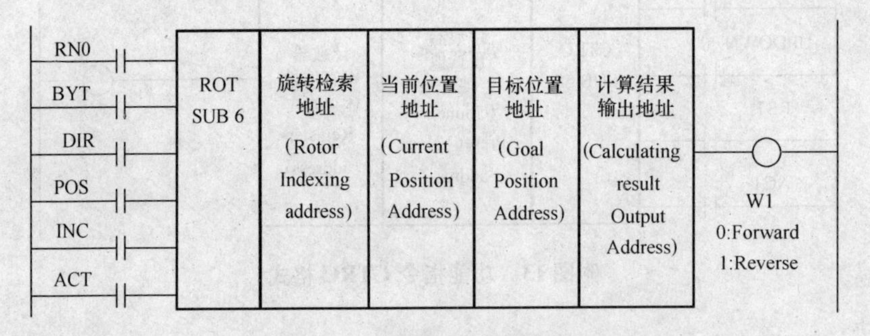

附图 14　功能指令 ROT 格式

3）用法：

旋转检索地址：指刀库容量。可直接用数字给出刀库容量值，也可将刀库容量值存在 R、C、D 地址中。

当前位置：刀具（在刀库）现在位置。

目标位置：CNC 输出时，用户在程序中指定的 T 代码，目标距离。

计算结果输出——目标位置到当前位置的步数，用 R 地址存放结果输出数据。

4）参数说明：

RN0 指定转台的起始位置：RN0 =0，转台位置从 0 开始计数。

RN0 =1，转台位置从 1 开始计数。

BYT 指定要处理数据的位数：BYT =0，被处理数据为 2 位 BCD 码。

BYT =1，被处理数据为 4 位 BCD 码。

DIR 是否以短路径原则选择旋转方向：DIR =0，不选择短路径，旋转方向始终为正向。

DIR =1，选择短路径方向为旋转方向。

POS 指定操作条件：POS =0，计数目标位置。

POS =1，计数目标位置前一位置。

INC 指定位置数或步数：INC =0，计数位置数。

INC =1，计数步数。

如果要计算目标位置的前一位置，设定 INC =0，POS =1。

如果要计算当前位置与目标位置之间的差距，设定 INC =1，POS =0。

ACT 指令执行触发信号：ACT =0，不执行 ROT 指令。

ACT =1，执行 ROT 指令。

功能指令 13　ROTB 旋转指令（SUB26）

1）功能：

① 选择近路方向；

② 计算当前与目标位置的步数；

③ 计算目标位置的前一位置步数。

2）符号：如附图 15 所示。

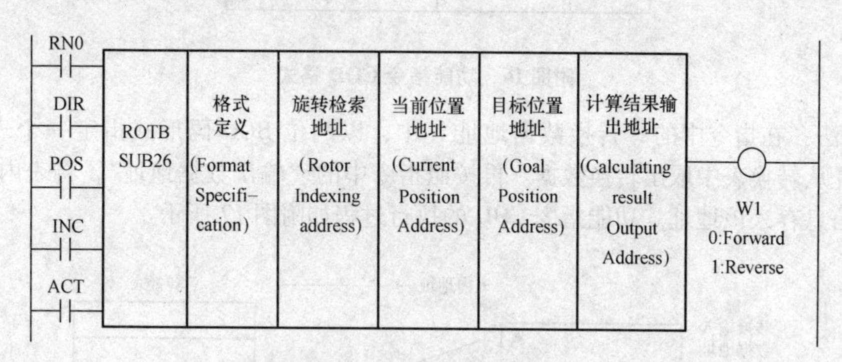

附图 15　功能指令 ROTB 格式

3）用法：

旋转检索地址：

格式定义：=1/2/4→1byte/2 byte/4byte；特指刀库容量可存在 R、C、D 地址中。

① 现在位置：刀具（在刀库）现在位置；

② 目标位置：CNC 输出时，用户程序中指定的 T 代码，即为目标位置。

③ 计算结果输出：= 目标位置 - 现在位置；

4）参数说明：

RN0 指定转台的起始位置：RN0 =0，转台位置从 0 开始计数。

RN0 =1，转台位置从 1 开始计数。

BYT 指定要处理数据的位数：BYT =0，被处理数据为 2 位 BCD 码。

BYT =1，被处理数据为 4 位 BCD 码。

DIR 是否以短路径原则选择旋转方向：DIR =0，不选择短路径，旋转方向始终为正向。

DIR =1，选择短路径方向为旋转方向。

POS 指定操作条件：POS =0，计数目标位置。

POS＝1，计数目标位置前一位置。

INC 指定位置数或步数：INC＝0，计数位置数。

INC＝1，计数步数。

如果要计算目标位置的前一位置，设定 INC＝0，POS＝1。

如果要计算当前位置与目标位置之间的差距，设定 INC＝1，POS＝0。

ACT 指令执行触发信号：ACT＝0，不执行 ROT 指令。

ACT＝1，执行 ROT 指令。

功能指令 14　COD 代码转换（SUB7）

1）功能：将一组 BCD 码转换成另一组任意的 2/4 位的 BCD 码。

2）符号：如附图 16 所示。

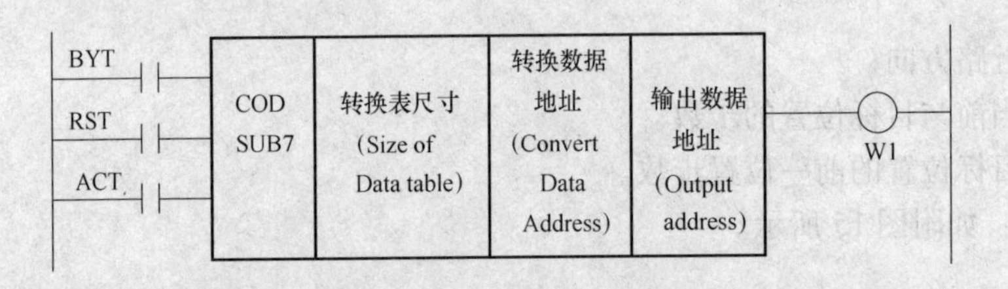

附图 16　功能指令 COD 格式

3）用法：在指令中的“转换数据地址”中，以两位 BCD 码形式指定一个表内地址，根据该地址从转换表中取出转换数据。再按照指令中的“输出数据地址”，将表内指定地址中存储的信息存入该地址。功能指令 COD 的执行过程如附图 17 所示。

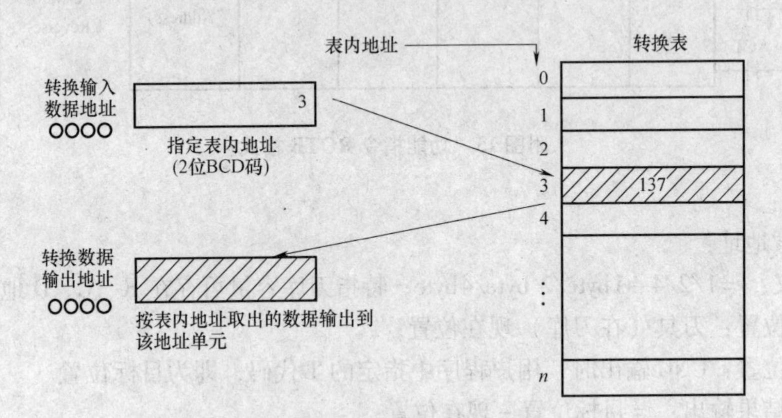

附图 17　功能指令 COD 的执行过程

4）参数说明：

BYT 指定数据形式：BYT＝0，转换表内数据均为 2 位 BCD 码。

BYT＝1，转换表内数据为 4 位 BCD 码。

RST 复位信号：RST＝0，不执行复位操作。

RST＝1，执行复位操作，输出信号 W＝0。

ACT 触发信号：ACT＝0，执行 COD 指令。

ACT＝1，不执行 COD 指令。

功能指令 15　CODB 二进制代码转换（SUB27）

1）功能：用 2 位的二进制码指定变换数据表内的号，将与输入的表内号对应的 1、2、4 字节的数值输出。

2）符号：如附图 18 所示。

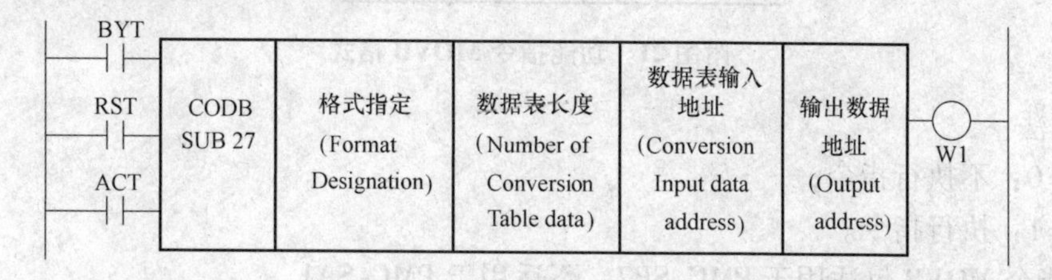

附图 18　功能指令 CODB 格式

功能指令 16　MOVE 逻辑传输指令（SUB8）

1）功能：将要处理的数据与比较的数据进行与运算后将结果送到指定地址。

2）符号：如附图 19 所示。

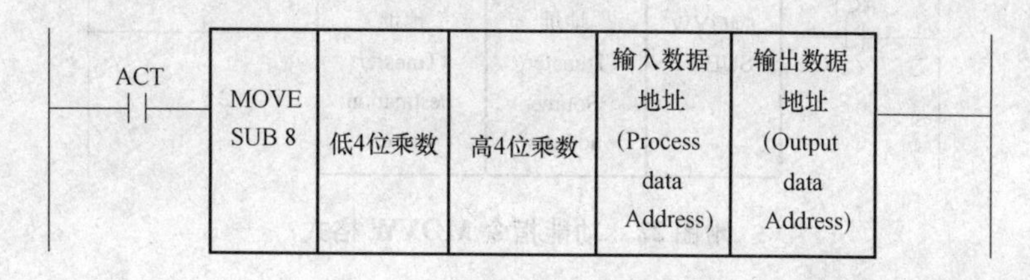

附图 19　功能指令 MOVE 格式

3）用法：

ACT =0：不执行指令；

=1：执行指令。

功能指令 17　MOVOR 逻辑或传输指令（SUB28）

1）功能：将要处理的数据与比较数据进行或运算后将结果送到指定地址。

2）符号：如附图 20 所示。

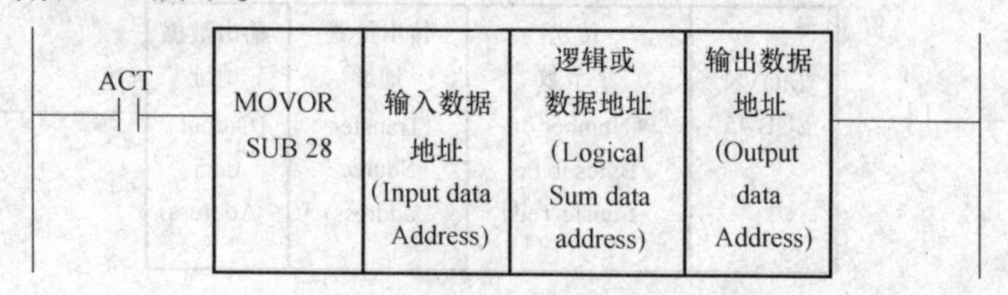

附图 20　功能指令 MOVOR 格式

3）用法：

ACT =0：不操作；

ACT =1：执行指令。

功能指令 18　MOVB 一字节数据传送（SUB43）

1）功能：把一字节的数据从被指令的传出位置地址传送到传入位置地址。

2）符号：如附图 21 所示。

附图 21　功能指令 MOVB 格式

3）用法：

ACT＝0：不执行指令；

ACT＝1：执行指令。

功能指令 MOVB 仅适用于 PMC-SB7，不适用于 PMC-SA1。

功能指令 19　MOVW 二字节数据传送（SUB44）

1）功能：把二字节的数据从被指令的传出位置地址传送到传入位置地址。

2）符号：如附图 22 所示。

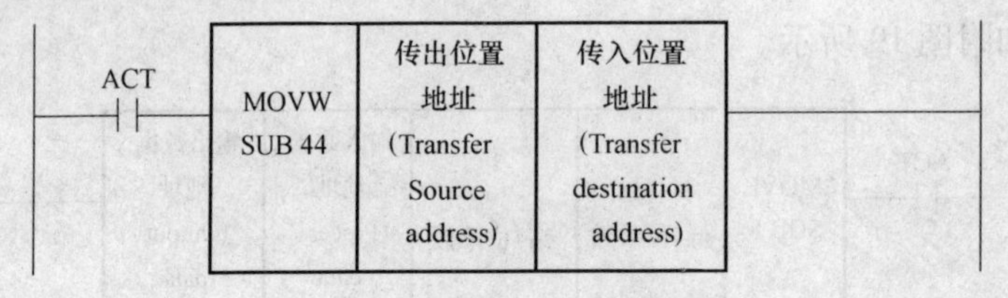

附图 22　功能指令 MOVW 格式

3）用法：

ACT＝0：不执行指令；

ACT＝1：执行指令。

功能指令 MOVW 仅适用于 PMC-SB7，不适用于 PMC-SA1。

功能指令 20　MOVN 任意字节数据传输（SUB45）

1）功能：把 N 字节的数据从被指令的传出位置地址传送到传入位置地址。

2）符号：如附图 23 所示。

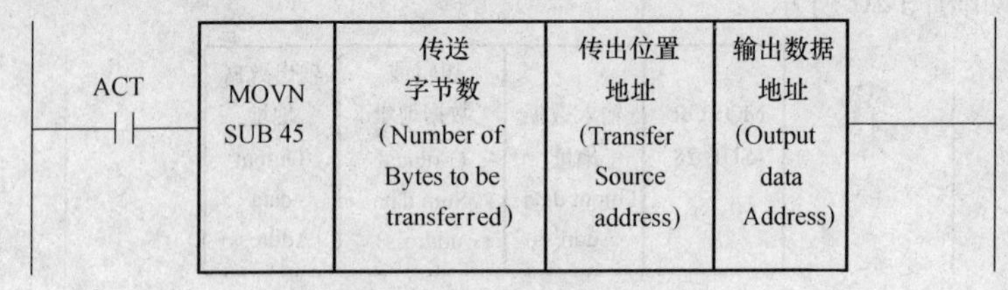

附图 23　功能指令 MOVN 格式

3）用法：

ACT＝0：不操作；

ACT＝1：执行指令。

功能指令 MOVW 仅适用于 PMC-SB7，不适用于 PMC-SA1。

功能指令 21/22　公用线控制开始 COM（SUB9/SUB29）

1）功能：断开 COME（结束指令）之前的线圈。

2）符号：如附图 24 所示。

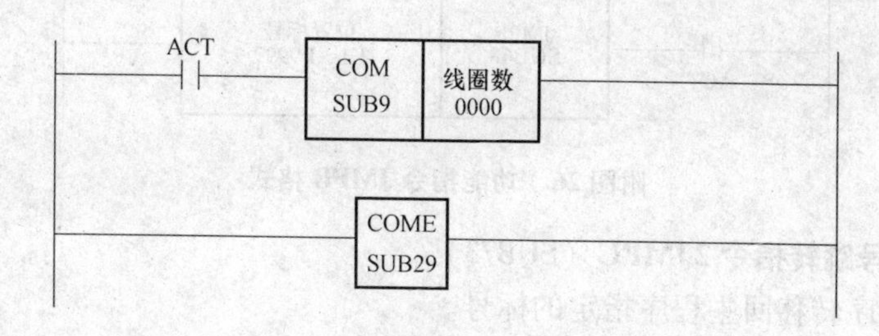

附图 24　功能指令 COM 指令格式

3）用法：

ACT＝1：保持原状态；

ACT＝0：断开 COME 之前的线圈。

0000，指定线圈数。

功能指令 23/24　跳转指令 JMP/JMPE（SUB10/SUB30）

1）功能：跳过 JMPE 命令前的区间。

2）符号：如附图 25 所示。

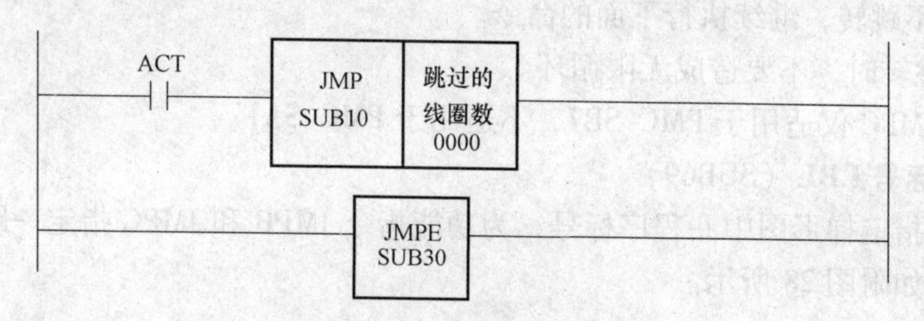

附图 25　功能指令 JMP 格式

3）用法：

ACT＝1：跳过指定区间；

ACT＝0：不跳转，继续执行下面的命令。

当 JMP 指令中跳过的线圈数为 0 时，系统将不执行 JMP 与 JMPE 之间的所有逻辑指令，也就是说，系统以 JMPE 为依据，分辨跳转指令的执行范围。

编程时应注意，使用 JMP 和 JMPE 所导致的跳转，不应跳至或跳转自 COM 和 COME 之间的程序，否则梯形图程序可能不能正常执行。

功能指令 25　标号跳转指令 1JMPB（SUB68）

1）功能：程序转移到被指定标号。

2）符号：如附图 26 所示。

3）用法：

ACT ＝1：跳到被指定的标号位置；

ACT＝0：不跳转，继续执行下面的命令。

指定向前跳转时，不要造成无限循环。

功能指令 JMPB 仅适用于 PMC-SB7，不适用于 PMC-SA1。

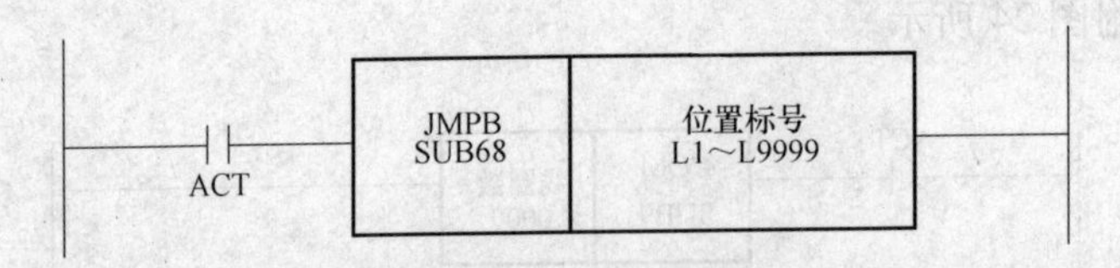

附图 26　功能指令 JMPB 格式

功能指令 26　标号跳转指令 2JMPC（SUB73）

1）功能：程序转移回主程序指定的标号。

2）符号：如附图 27 所示。

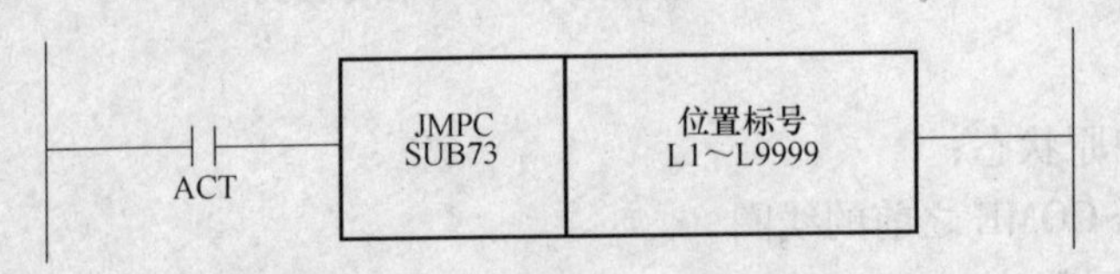

附图 27　功能指令 JMPC 格式

3）用法：

ACT =1：跳到被指定的标号位置；

ACT =0：不跳转，继续执行下面的命令。

指定向前跳转时，不要造成无限循环。

功能指令 JMPC 仅适用于 PMC-SB7，不适用于 PMC-SA1。

功能指令 27　标号 LBL（SUB69）

1）功能：指定梯形图中一程序标号，为功能指令 JMPB 和 JMPC 指定一跳转目标。

2）符号：如附图 28 所示。

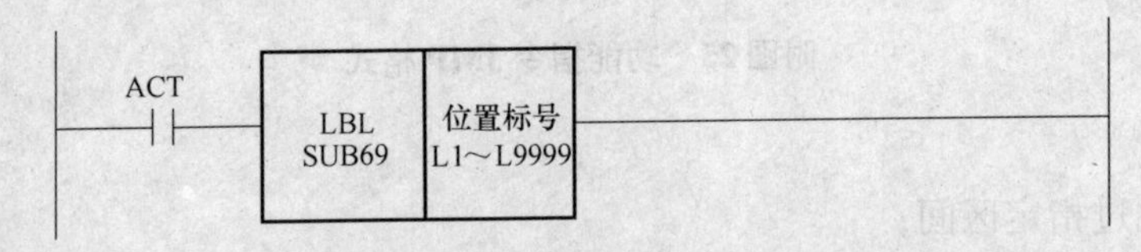

附图 28　功能指令 LBL 格式

3）用法：

主程序、子程序可以使用相同的标号。

ACT =1：跳到被指定的标号位置；

ACT =0：不跳转，继续执行下面的命令。

功能指令 LBL 仅适用于 PMC-SB7，不适用于 PMC-SA1。

功能指令 28　奇偶校验 PARI（SUB11）

1）功能：对被指定的地址进行奇偶校验，如不正常时，输出错误报警。

2）符号：如附图 29 所示。

3）参数：

O. E =0：进行偶数校验；

O. E =1：进行奇数校验。

RST =1：将 W1 复位。

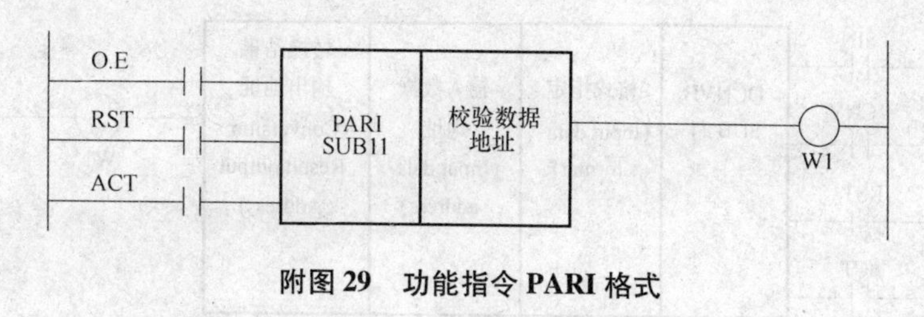

附图 29　功能指令 PARI 格式

ACT =1：执行奇偶校验命令。

W1 =1：在奇偶校验中发生错误时变为接通。

功能指令 29　数据变换 DCNV（SUB14）

1）功能：将二进制代码转换为 BCD 代码或 BCD 代码转换为二进制代码。

2）符号：如附图 30 所示。

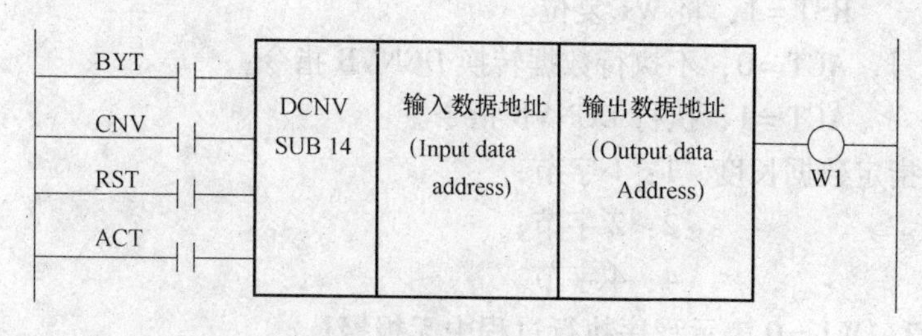

附图 30　功能指令 DCNV 格式

3）参数：

BYT 指定数据长度：BYT =0，被处理数据为 1 字节数据；

BYT =1，被处理数据为 2 字节数据。

CNV 指定数据转换类型：CNV =0，将二进制代码转换成 BCD 码；

CNV =1，将 BCD 码转换成二进制代码。

复位信号 RST：RST =0，不执行复位；

RST =1，对 W1 信号进行复位处理。

触发信号 ACT：ACT =0，不执行 DCNV 指令；

ACT =1，执行 DCNV 指令。

输出信号 W1：W1 =0，无报警；

W1 =1，DCNV 执行过程中出错。

W1 报警产生原因包括，输入数据应为 BCD 码的地方，如果是二进制码，则输出报警；或者，从二进制码变换成 BCD 码时超过指定字节长，输出报警。

功能指令 30　扩展数据变换 DCNVB（SUB31）

1）功能：将二进制代码转换为 BCD 代码或 BCD 代码转换为二进制。

2）符号：如附图 31 所示。

3）参数：

SIN 被转换的 BCD 数据的符号，此参数仅在将 BCD 码转换为二进制数时有意义；当需要将二进制数转换为 BCD 码时，此数据无意义。

SIN =0，被转换的 BCD 码为正；SIN =1，被转换的 BCD 码为负。

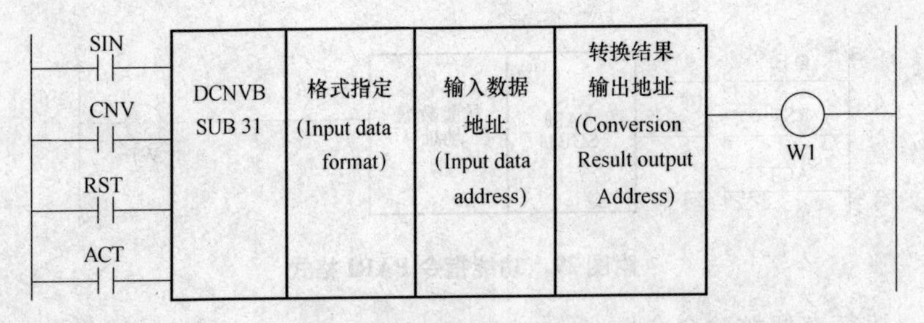

附图 31　功能指令 DCNVB 格式

CNV 指定数据转换的类型，CNV =0，二进制码转换成 BCD 码；

CNV =1，BCD 码转换成二进制码。

RST 复位信号，RST =0，不执行复位操作；

RST =1，将 W1 复位。

ACT 触发信号，ACT =0，不执行数据转换 DCNVB 指令；

ACT =1，执行 DCNVB 指令。

格式指定，指定数据长度。1：1 字节；

2：2 字节；

4：4 字节。

输出信号 W1，W1 =0 表示程序执行过程中无报警；

W1 =1 报警输出。

W1 报警产生原因包括，输入数据应为 BCD 码，但却输入提供了二进制码，则输出报警；或者，从二进制码变换成 BCD 码时超过指定字节长，则输出报警。

系统使用“运算输出寄存器 R9000”表示，从二进制码变换后 BCD 码的符号。

R9000 各位的含义：

	#7	#6	#5	#4	#3	#2	#1	#0
R9000			功能指令运算结果溢出				功能指令运算结果为负值	功能指令运算结果为 0

功能指令 31　BCD 大小比较 COMP（SUB15）

1）功能：比较 2 位或 4 位 BCD 的数值，把比较结果输出到 W1，比较参考数据是否≥比较数据。

2）符号：如附图 32 所示。

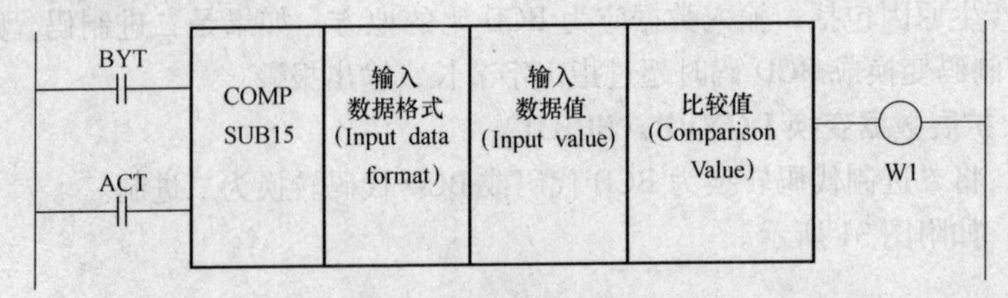

附图 32　功能指令 COMP 格式

3）用法：

指定输入数据，并与比较值（参考值）比较。

4）参数：

BYT 指定数据格式：BYT = 0，被处理数据（比较值和输入值）为 2 位 BCD 码；

BYT = 1，被处理数据（比较值和输入值）为 4 位 BCD 码。

ACT 触发信号：ACT = 0，不执行 COMP 指令，W1 状态保持不变；

ACT = 1，执行 COMP 指令，比较结果输出到 W1。

W1 比较结果输出：W1 = 0，输入数据 > 比较数据；

W1 = 1，输入数据≤比较数据。

输入数据格式：0：输入数据为常数；

1：输入数据为地址指定。

功能指令 32　二进制大小比较 COMPB（SUB32）

1）功能：对 1、2、4 字节的二进制形式数据进行比较，比较参考数据是否≥比较数据，比较结果输出到 R9000。

2）符号：如附图 33 所示。

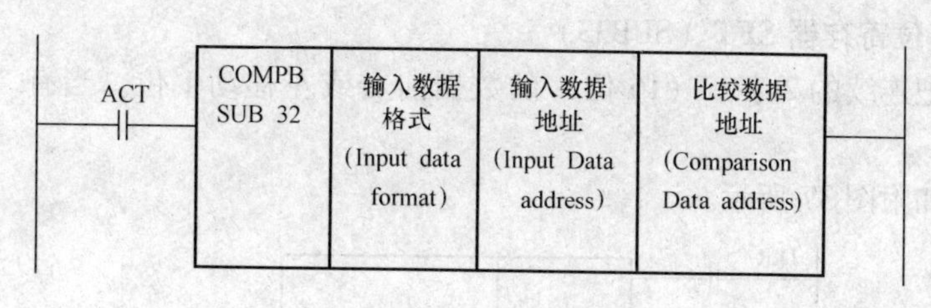

附图 33　功能指令 COMPB 指令格式

3）参数说明：

ACT = 0：不操作；

ACT = 1：执行比较操作。

输入数据格式：以四位二进制形式的数表示数据格式。数据格式含义如附图 34 所示。

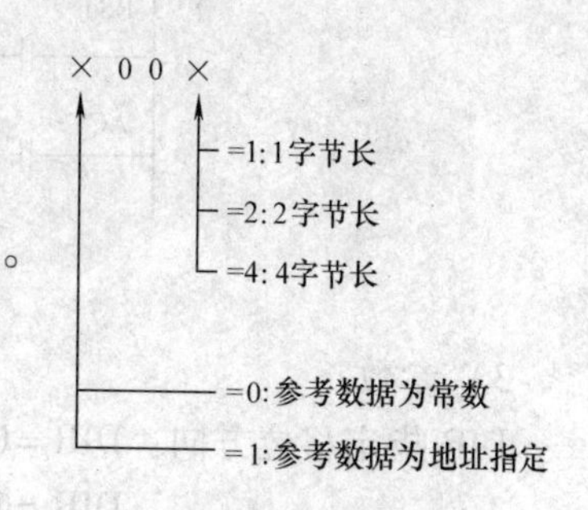

附图 34　输入数据格式

比较结果输出至 R9000，如附图 35 所示。

R9000.0 = 1：输入数据 = 比较数据

R9000.1 = 1：输入数据 < 比较数据

R9000.5 = 1：输入数据 > 比较数据

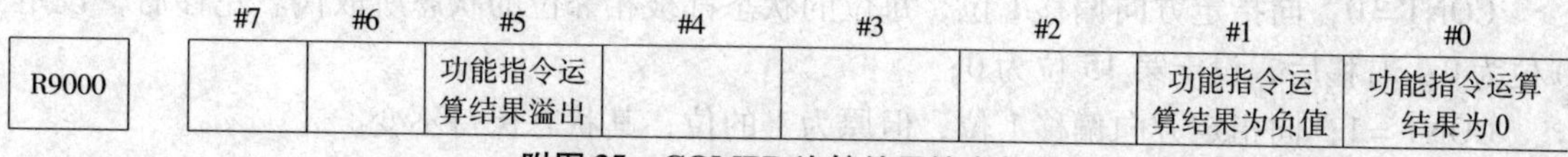

	#7	#6	#5	#4	#3	#2	#1	#0
R9000			功能指令运算结果溢出				功能指令运算结果为负值	功能指令运算结果为0

附图 35　COMPB 比较结果输出状态

功能指令 33　BCD 一致判断 COIN（SUB16）

1）功能：比较 BCD 形式的数据，判断是否相同。

2）符号：如附图 36 所示。

3）参数：

BYT 指定数据长度：BYT = 0，输入数据及比较数据均为 2 位 BCD 码；

BYT = 1，输入数据及比较数据均为 4 位 BCD 码。

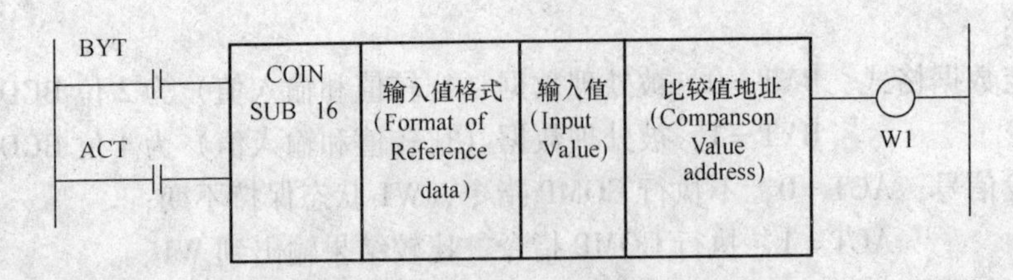

附图 36　功能指令 COIN 指令格式

ACT 触发信号：ACT = 0，不执行 COIN 指令；

ACT = 1，执行 COIN 指令，并将结果输出到 W1。

输入数据格式：0，参考数据为常数；

1，参考数据为地址指定。

指令输出结果 W1：W1 = 0，输入数据≠比较数据；

W1 = 1，输入数据 = 比较数据。

功能指令 34　移位寄存器 SFT（SUB33）

1）功能：把连续的 2 字节（16 位）的数据向右或左移动 1 位。当有“1”被移出时，W1 接通。

2）符号：如附图 37 所示。

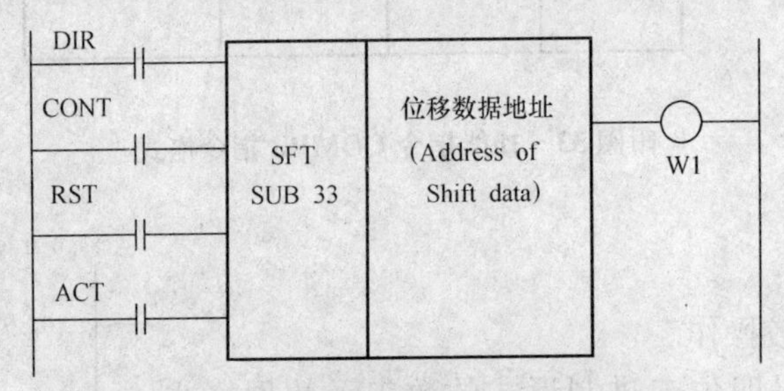

附图 37　功能指令 SFT 指令格式

3）参数：

DIR 指定移位方向：DIR = 0，数据左移；

DIR = 1，数据右移。

CONT 指定状态：

CONT = 0，向指定方向偏移 1 位，每位的状态都被相邻位的状态所取代。左移后，设定 0 位为 0；右移后，设定第 15 位为 0；

CONT = 1，向指定方向偏移 1 位，但原为 1 的位，其状态保持不变。

RST 复位信号：RST = 0，W1 不复位；

RST = 1，W1 复位为 0。

ACT 触发信号：ACT = 0，不执行移位指令；

ACT = 1，执行移位指令。

功能指令 35　BCD 数据检索 DSCH（SUB17）

1）功能：检索指定的数据是否存在于数据表内，并输出表内号数。

2）符号：如附图 38 所示。

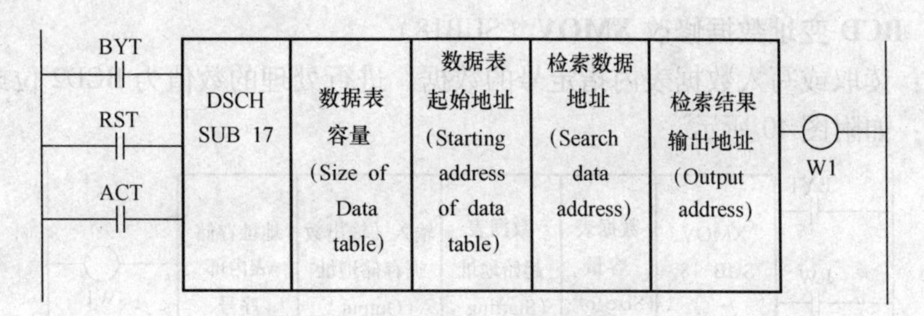

附图 38　功能指令 DSCH 指令格式

3）参数：

BYT 指定表内数据长度：BYT＝0，数据表内存储数据为 2 位 BCD 码；
BYT＝1，数据表内存储数据为 4 位 BCD 码。

RST 复位信号：RST＝0，不执行复位；
RST＝1，对 W1 信号进行复位，W1＝0。

ACT 触发信号：ACT＝0，不执行 DSCH 指令；
ACT＝1，将指定数据的表内地址输出。

W1 检索数据是否存在标志位：W1＝0，检索数据存在；
W1＝1，检索数据不存在。

功能指令 36　二进制数据检索 DSCHB（SUB34）

1）功能：与 DSCH 命令的不同点是进行处理的数值必须是二进制形式，而且为了能使用地址指定数据表的数据个数即使在 ROM 制作完成后，仍可调整表的容量。

2）符号：如附图 39 所示。

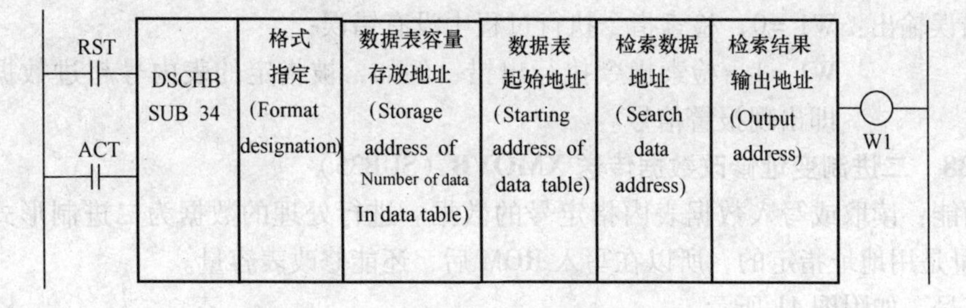

附图 39　功能指令 DSCHB 指令格式

3）参数：

RST 复位信号：RST＝0，不执行复位；
RST＝1，对 W1 执行复位操作。

ACT 触发信号：ACT＝0，不执行数据检索 DSCHB 指令；
ACT＝1，执行数据检索指令。

格式指定：1，数据 1 字节长；
2，数据 2 字节长；
4，数据 4 字节长。

W1 检索输出：W1＝0，检索数据存在；
W1＝1，检索数据不存在。

功能指令 37　BCD 变址数据修改 XMOV（SUB18）

1）功能：读取或写入数据表内指定号的数据。进行处理的数值为 BCD2 位或 BCD4 位。

2）符号：如附图 40 所示。

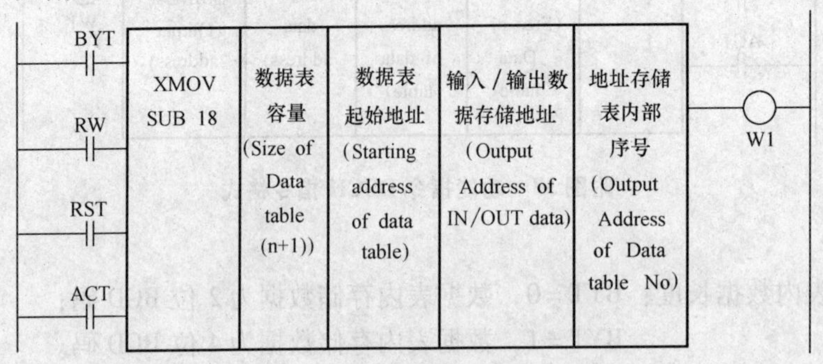

附图 40　功能指令 XMOV 指令格式

3）参数：

BYT 指定数据位数：BYT＝0，数据表中数据为 2 位 BCD 码；
BYT＝1，数据表中数据为 4 位 BCD 码。

RW 指定读写操作：RW＝0，从数据表中读出数据；
RW＝1，向数据表中写入数据。

RST 复位信号：RST＝0，不执行复位；
RST＝1，执行复位操作 W1＝0。

ACT 触发信号：ACT＝0，不执行数据检索；
ACT＝1，执行数据检索指令。

W1 错误输出：W1＝0，检索指令执行过程中没有错误；
W1＝1，检索指令执行出错，例如，被指定的表内号超过数据表容量，即出现报警信号。

功能指令 38　二进制变址修改数据传送 XMOVB（SUB35）

1）功能：读取或写入数据表内指定号的数据。进行处理的数据为二进制形式。另外，因为表容量是用地址指定的，所以在写入 ROM 后，还能修改表容量。

2）符号：如附图 41 所示。

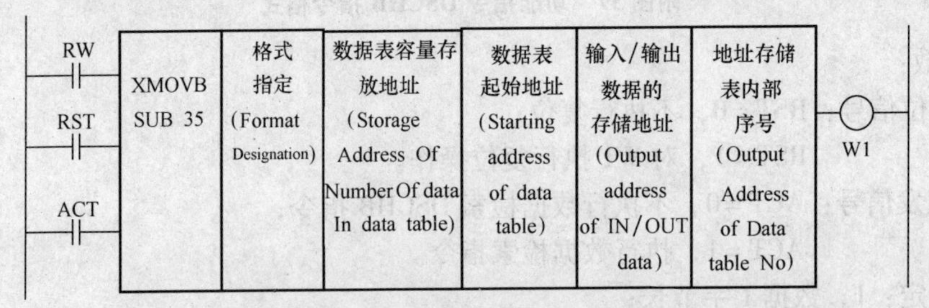

附图 41　功能指令 XMOVB 指令格式

3）参数：

RW 读写方式设定：RW＝0，从数据表中读取数据；
RW＝1，把数据写入数据表。

RST 复位信号：RST＝0，不执行复位操作；

RST＝1，执行复位 W1＝0。

ACT 触发信号：ACT＝0，不执行 XMOVB 指令；

ACT＝1，执行 XMOVB 指令。

W1 错误输出：W1＝0，指令执行过程中无错误；

W1＝1，指令执行过程中有错误，例如，被指定的表内号超过数据表容量。

格式指定：1，数据 1 字节长；

2，数据 2 字节长；

4，数据 4 字节长。

功能指令 39　BCD 加法运算 ADD（SUB19）

1）功能：进行 BCD2 位数或 4 位数加法。

2）符号：如附图 42 所示。

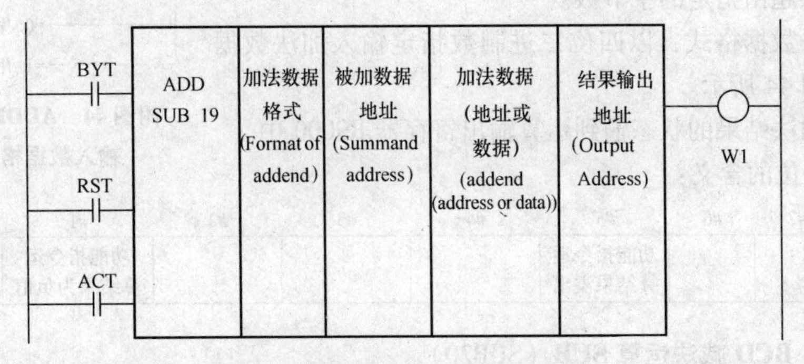

附图 42　功能指令 ADD 指令格式

3）参数：

BYT 指定数据位数：BYT＝0，被处理数据为 2 位 BCD 码；

BYT＝1，被处理数据为 4 位 BCD 码。

RST 复位信号：RST＝0，不执行复位；

RST＝1，执行复位，W1＝0。

ACT 触发信号：ACT＝0，不执行 ADD 指令；

ACT＝1，执行 ADD 指令。

W1 错误结果输出：W1＝0，程序执行过程中无错误；

W1＝1，程序执行过程中出错，例如，加法结果超出指定的字节数。

加法数据格式设定：0，用常数数值指定加法数据；

1，用地址指定加法数据。

功能指令 40　二进制加法运算 ADDB（SUB36）

1）功能：进行 1、2、4 字节长的二进制形式的加法运算。

2）符号：如附图 43 所示。

3）参数：

RST 复位信号：RST＝0，不执行复位。

RST＝1，执行复位，W1＝0。

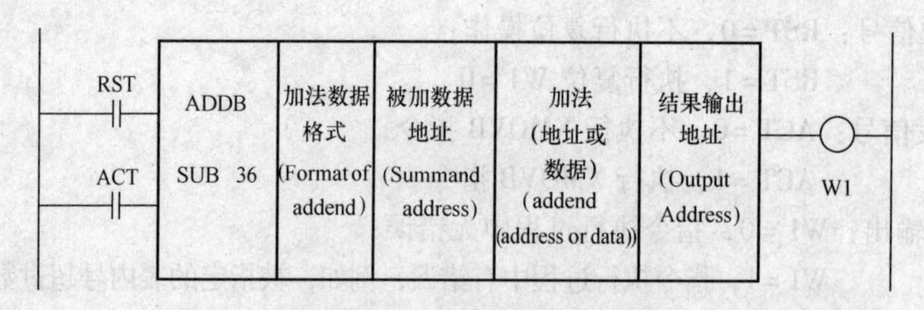

附图 43　功能指令 ADDB 格式

ACT 触发信号：ACT =0，不执行 ADDB 指令。

ACT =1，执行 ADDB 指令

W1 错误结果输出：W1 =0，程序执行过程中无错误。

W1 = 1，程序执行过程中出错，例如，加法结果超出指定的字节数。

输入加法数据格式：以四位二进制数指定输入加法数据格式，如附图 44 所示。

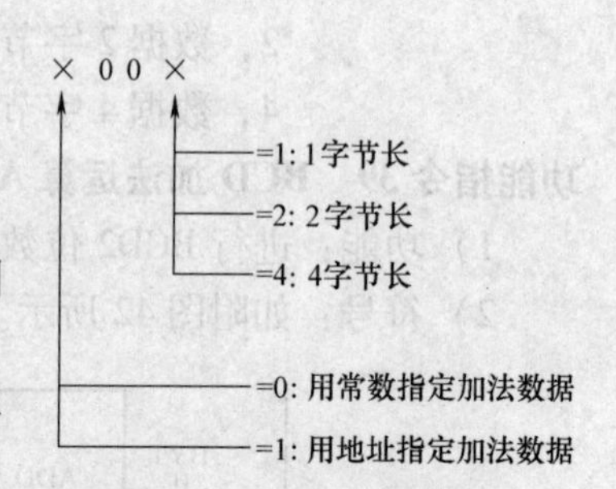

附图 44　ADDB 功能指令输入数据格式设定

二进制加法结果的状态输到运算输出寄存器 R9000 中。

R9000 各位的含义：

	#7	#6	#5	#4	#3	#2	#1	#0
R9000			功能指令运算结果溢出				功能指令运算结果为负值	功能指令运算结果为0

功能指令 41　BCD 减法运算 SUB（SUB20）

1）功能：进行 BCD2 位或 4 位的减法运算。

2）符号：如附图 45 所示。

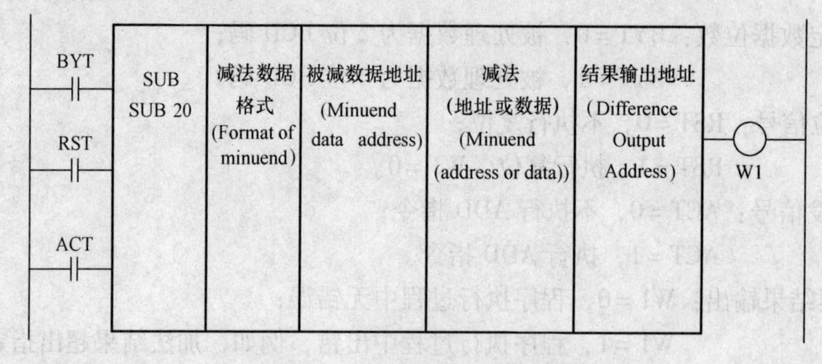

附图 45　功能指令 SUB 格式

3）参数：

BYT 指定数据位数：BYT =0，被处理数据为 2 位 BCD 码；

BYT =1，被处理数据为 4 位 BCD 码。

RST 复位信号：RST =0，不执行复位；

RST =1，执行复位，W1 =0。

ACT 触发信号：ACT =0，不执行 SUB 指令；

ACT =1，执行 SUB 指令

W1 错误结果输出：W1 =0，程序执行过程中无错误；

W1 =1，程序执行过程中出错，例如，减法结果超出指定的字节数。

减法数据格式设定：0，用常数数值指定减法数据；

1，用地址指定减法数据。

功能指令 42　二进制减法运算 SUBB（SUB37）

1）功能：进行 1、2、4 字节长的二进制形式的减法运算。

2）符号：如附图 46 所示。

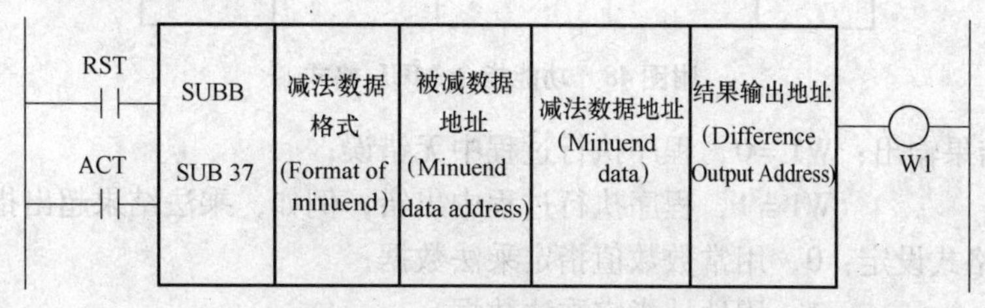

附图 46　功能指令 SUBB 格式

3）参数：

RST 复位信号：RST =0，不执行复位。

RST =1，执行复位，W1 =0。

ACT 触发信号：ACT =0，不执行 SUBB 指令。

ACT =1，执行 SUBB 指令

W1 错误结果输出：W1 =0，程序执行过程中无错误。

W1 =1，程序执行过程中出错，例如，减法结果超出指定的字节数。

输入减法数据格式：以四位二进制数指定输入减法数据格式，如附图 47 所示。

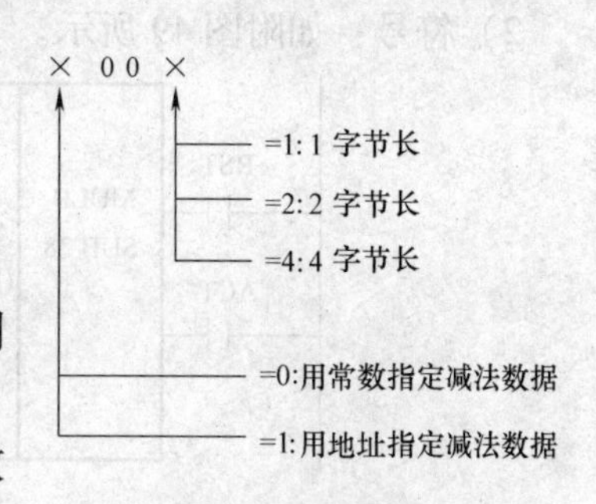

附图 47　SUBB 功能指令输入数据格式设定

二进制减法结果的状态输入到运算输出寄存器 R9000 中。

R9000 各位的含义：

	#7	#6	#5	#4	#3	#2	#1	#0
R9000			功能指令运算结果溢出				功能指令运算结果为负值	功能指令运算结果为0

功能指令 43　BCD 乘法运算 MUL（SUB21）

1）功能：进行 BCD2 位或 4 位的乘法运算。

2）符号：如附图 48 所示。

3）参数：

BYT 指定数据位数：BYT =0，被处理数据为 2 位 BCD 码；

BYT =1，被处理数据为 4 位 BCD 码。

RST 复位信号：RST =0，不执行复位；

RST =1，执行复位，W1 =0。

ACT 触发信号：ACT =0，不执行 MUL 指令；

ACT =1，执行 MUL 指令。

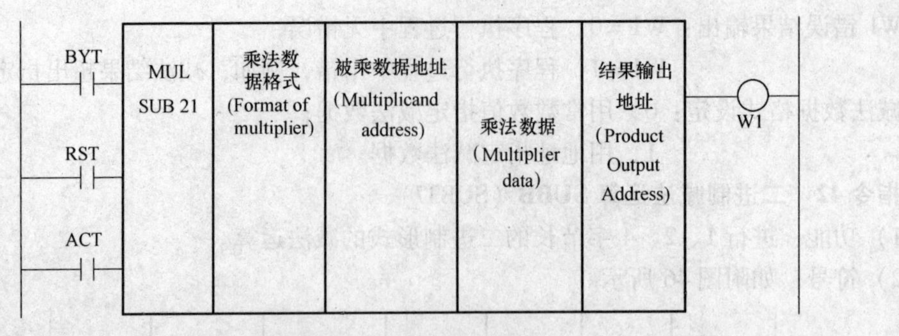

附图 48　功能指令 MUL 格式

W1 错误结果输出：W1 =0，程序执行过程中无错误；

W1 =1，程序执行过程中出错，例如，乘法结果超出指定的字节数。

乘法数据格式设定：0，用常数数值指定乘法数据；

1，用地址指定乘法数据。

功能指令 44　二进制乘法运算 MULB（SUB38）

1）功能：进行 1、2、4 字节长的二进制形式的乘法运算。

2）符号：如附图 49 所示。

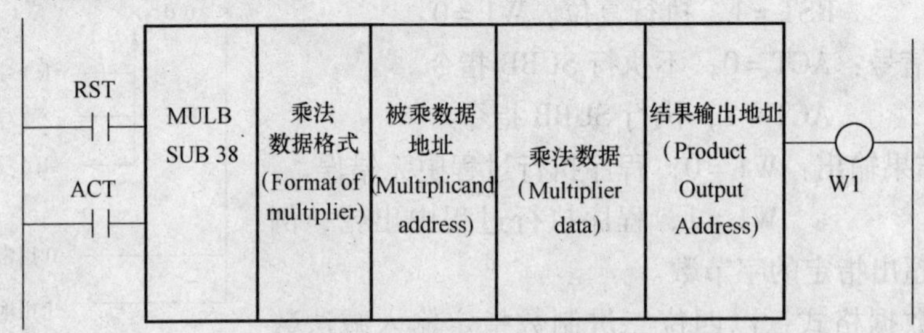

附图 49　功能指令 MULB 格式

3）参数：

RST 复位信号：RST =0，不执行复位。

RST =1，执行复位，W1 =0。

ACT 触发信号：ACT =0，不执行 MULB 指令。

ACT =1，执行 MULB 指令

W1 错误结果输出：W1 =0，程序执行过程中无错误。

W1 =1，程序执行过程中出错，例如，乘法结果超出指定的字节数。

输入乘法数据格式：以四位二进制数指定输入乘法数据格式，如附图 50 所示。

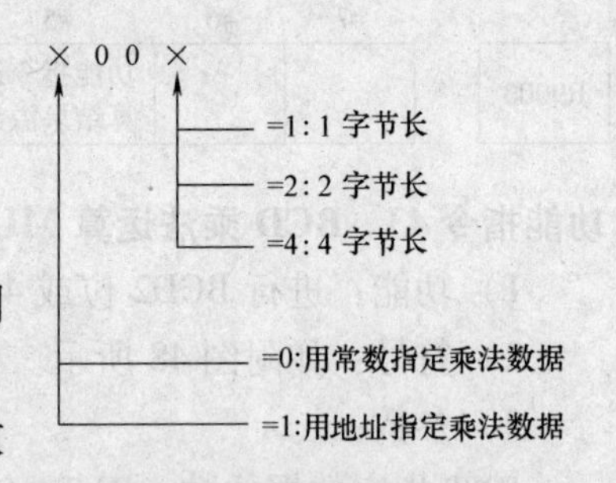

附图 50　MULB 功能指令输入数据格式设定

二进制乘法结果的状态输到运算输出寄存器 R9000 中。

R9000 各位的含义

	#7	#6	#5	#4	#3	#2	#1	#0
R9000			功能指令运算结果溢出				功能指令运算结果为负值	功能指令运算结果为0

功能指令 45　BCD 除法运算 DIV（SUB22）

1）功能：进行 BCD2 位或 4 位的除法运算。

2）符号：如附图 51 所示。

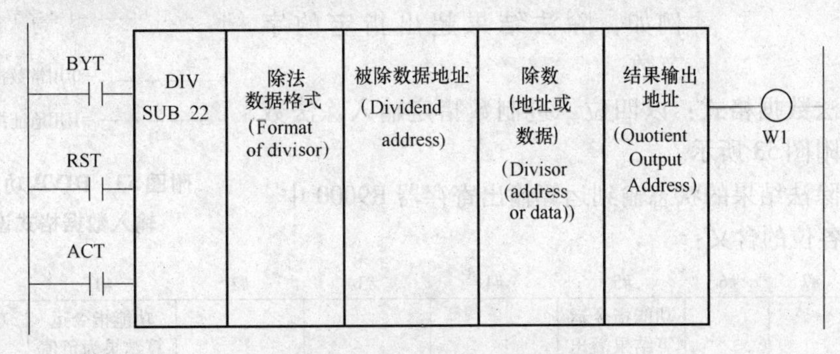

附图 51　功能指令 DIV 格式

3）参数：

BYT 指定数据位数：BYT＝0，被处理数据为 2 位 BCD 码；
　　　　　　　　　BYT＝1，被处理数据为 4 位 BCD 码。

RST 复位信号：RST＝0，不执行复位；
　　　　　　　RST＝1，执行复位，W1＝0。

ACT 触发信号：ACT＝0，不执行 DIV 指令；
　　　　　　　ACT＝1，执行 DIV 指令。

W1 错误结果输出：W1＝0，程序执行过程中无错误；
　　　　　　　　W1＝1，程序执行过程中出错，例如，除法结果超出指定的字节数。

除法数据格式设定：0，用常数数值指定除法数据；
　　　　　　　　　1，用地址指定除法数据。

功能指令 46　二进制除法运算 DIVB（SUB39）

1）功能：进行 1、2、4 字节长的二进制形式的除法运算。

2）符号：如附图 52 所示。

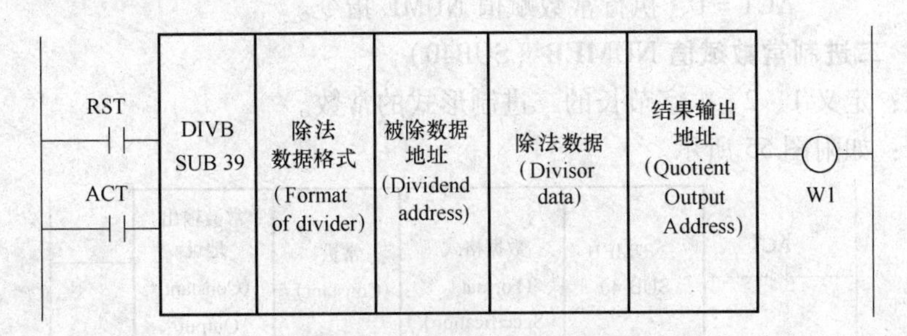

附图 52　功能指令 DIVB 格式

3）参数：

RST 复位信号：RST＝0，不执行复位；
　　　　　　　RST＝1，执行复位，W1＝0。

ACT 触发信号：ACT＝0，不执行 DIVB 指令；

ACT＝1，执行 DIVB 指令。

W1 错误结果输出：W1＝0，程序执行过程中无错误；

W1＝1，程序执行过程中出错，例如，除法结果超出指定的字节数。

输入除法数据格式：以四位二进制数指定输入除法数据格式，如附图 53 所示。

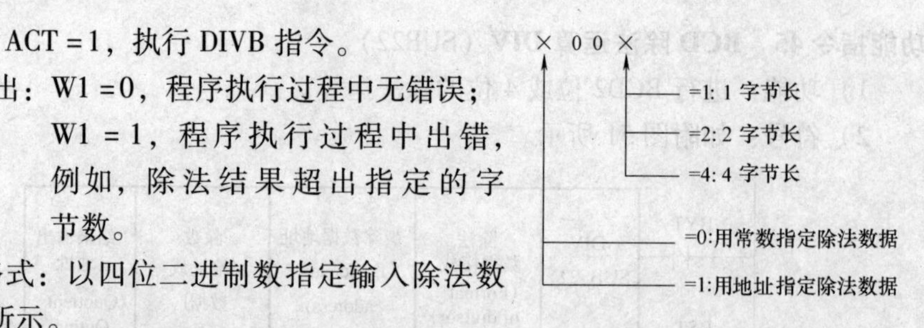

附图 53　DIVB 功能指令输入数据格式设定

二进制除法结果的状态输到运算输出寄存器 R9000 中。

R9000 各位的含义：

	#7	#6	#5	#4	#3	#2	#1	#0
R9000			功能指令运算结果溢出				功能指令运算结果为负值	功能指令运算结果为0

功能指令 47　BCD 常数赋值 NUME（SUB23）

1）功能：

定义 BCD2 位或 4 位的常数。

2）符号：如附图 54 所示。

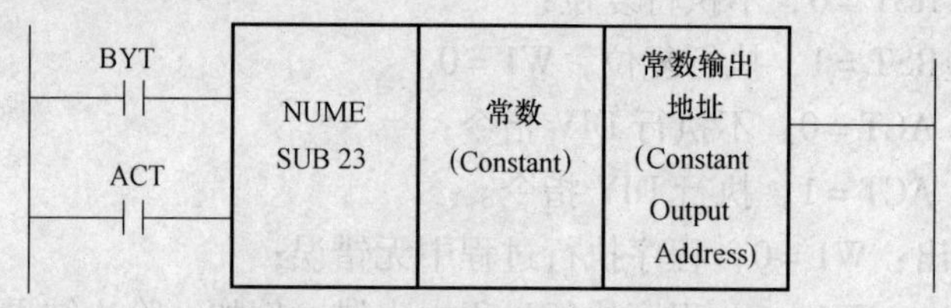

附图 54　功能指令 NUME 格式

3）参数：

BYT 指定数据位数：BYT＝0，被处理数据为 2 位 BCD 码；

BYT＝1，被处理数据为 4 位 BCD 码。

ACT 触发信号：ACT＝0，不执行常数赋值 NUME 指令；

ACT＝1，执行常数赋值 NUME 指令。

功能指令 48　二进制常数赋值 NUMEB（SUB40）

1）功能：定义 1、2、4 字节长的二进制形式的常数。

2）符号：如附图 55 所示。

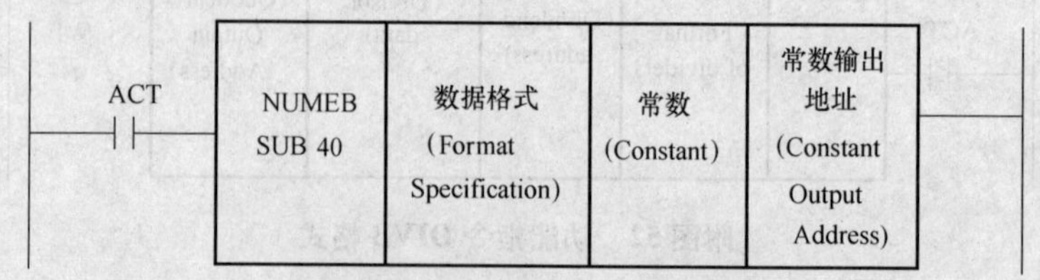

附图 55　功能指令 NUMEB 格式

3）参数：

数据格式：1，1 个字节；

2，2 个字节；

4，4 个字节。

功能指令 49　信息显示 DISPB（SUB41）

1）功能：将梯形图报警显示到控制系统 CRT 或 LCD 屏幕上。

2）符号：如附图 56 所示。

附图 56　功能指令 DISPB 格式

3）参数：ACT = 1 执行信息显示。

信息数表示屏幕下面显示的信息或报警条数。

功能指令 50　外部数据输入 EXIN（SUB42）

1）功能：外部数据输入——进行外部数据输入（外部刀具补偿、外部信息功能、外部程序号检索、外部工件坐标偏移、外部机械原点偏移）。

2）符号：如附图 57 所示。

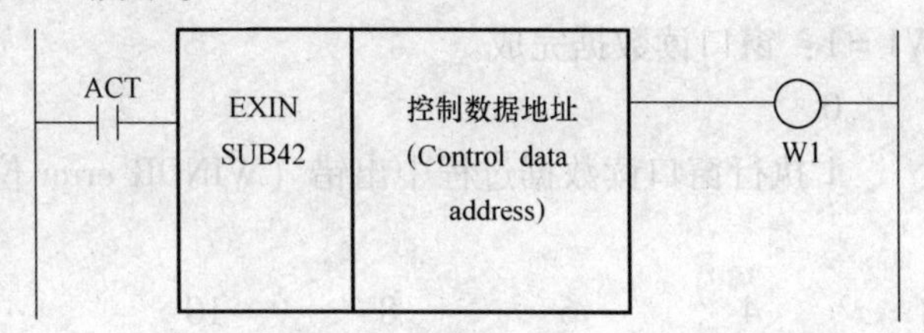

附图 57　功能指令 EXIN 格式

3）参数及地址分配：

控制数据格式如附图 58 所示。

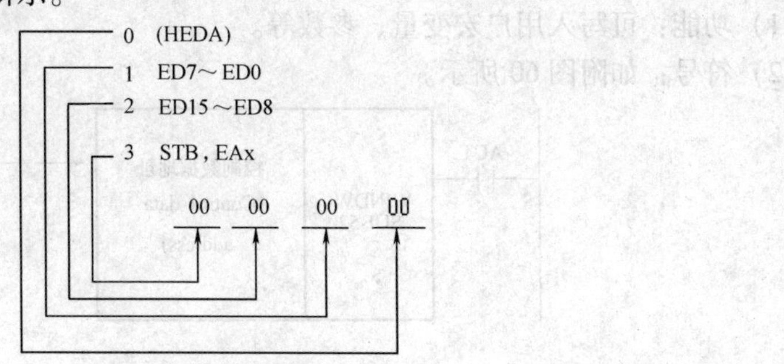

附图 58　控制数据格式

控制数据与传输内容的对应关系见附表 4。

附表 4　控制数据与传输内容对照表

功　能	STB，EAx	ED15 ~ ED0
外部程序号检索	1000　xxxx	程序号（BCD4）
外部刀具补偿	1001　xxxx	补偿量（带符号 BCD4 位）
外部工件坐标偏移	1010　　轴	偏移量（带符号 BCD4 位）
外部机床坐标偏移	1011　　轴	偏移量（BIN0 ~ +/ -9999）
置入所需零件数	1110　0000	所要数量（BCD4 位）
置入加工零件数	1110　0001	加工数量（BCD4 位）

功能指令 51　CNC 数据读取 WINDR（SUB51）

1）功能：窗口数据读入——可读取机床位置、报警状态、刀具寿命数据等。

2）符号：如附图 59 所示。

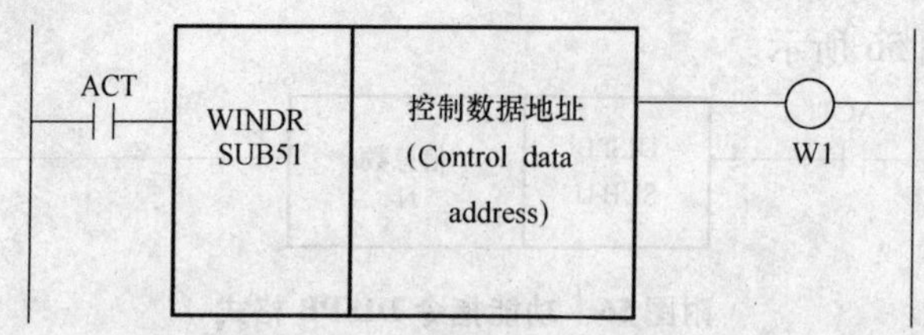

附图 59　功能指令 WINDR 格式

3）参数及地址分配：

ACT 触发信号：ACT＝0：窗口读数据无效；

ACT＝1：窗口读数据执行。

W1 输出结果：W1＝0：窗口读数据复位，表明 WINDR 没有执行或没有执行完成；

W1＝1：窗口读数据完成。

R9000　bit 0　　0

操作输出寄存器　　1 执行窗口读数据过程中出错（WINDR error 位输出）

CTL 控制字

0	2	4	6	8	10	…	*n*
功能码	完成码	数据长度	数据号	数据属性	读数据		

功能指令 52　CNC 数据写入 WINDW（SUB52）

1）功能：可写入用户宏变量、参数等。

2）符号：如附图 60 所示。

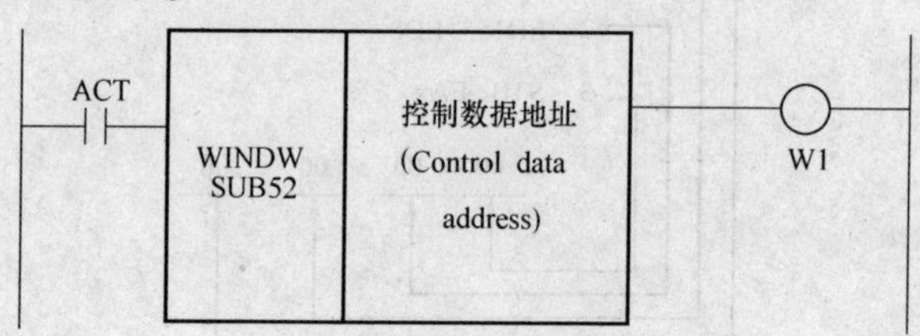

附图 60　功能指令 WINDW 格式

3）参数及地址分配：

ACT 触发信号：ACT＝0：窗口写数据无效；

ACT＝1：窗口写数据执行。

W1 输出结果：W1＝0：窗口写数据复位，表明 WINDR 没有执行或没有执行完成；

W1＝1：窗口写数据完成。

R9000　bit 0　　0

操作输出寄存器　　1 执行窗口写数据过程中出错（WINDR error 位输出）

CTL 控制字

0	2	4	6	8	10	…	n
功能码	完成码	数据长度	数据号	数据属性	写数据		

功能指令 53　上升沿检测 DIFU（SUB57）

1）功能：读取输入信号的前沿，扫到 1 后，输出即为“1”。

2）符号：如附图 61 所示。

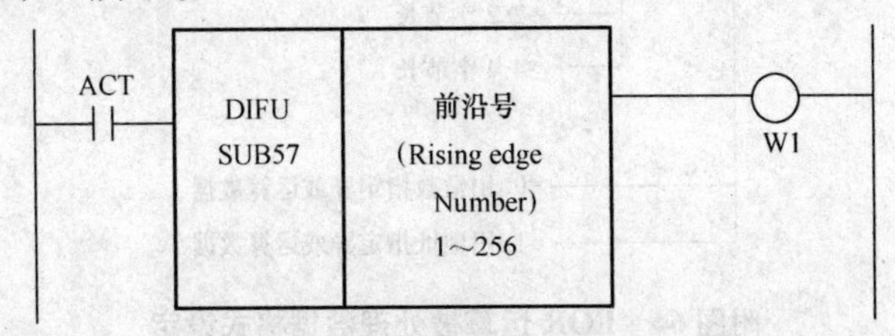

附图 61　功能指令 DIFU 格式

3）参数说明：

前沿号 1 ~ 256：指定进行前沿检测的作业区号。

其他前沿/后沿检测信号重复时，就不能进行正确检测。

功能指令 54　下降沿检测 DIFD（SUB58）

1）功能：读取输入信号的后沿，扫到 1 后输出即为“1”。

2）符号：如附图 62 所示。

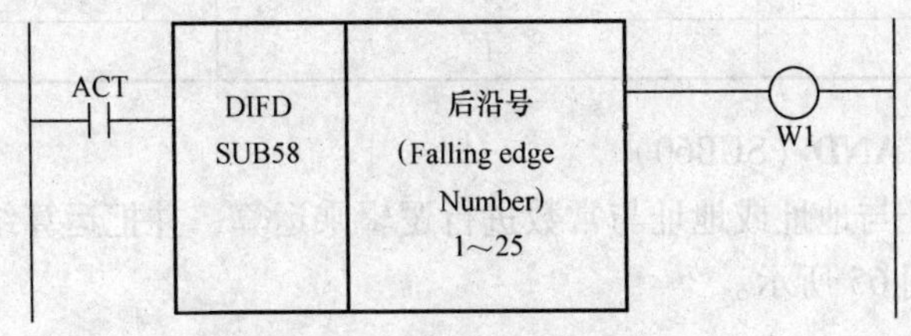

附图 62　功能指令 DIFD 格式

3）参数说明：

后沿号 1 ~ 256：指定进行后沿检测的作业区号。

其他前沿/后沿检测信号重复时，就不能进行正确检测。

功能指令 55　异或 EOR（SUB59）

1）功能：对地址与地址或地址与常数进行异或运算，并把运算结果写入输出地址。

2）符号：如附图 63 所示。

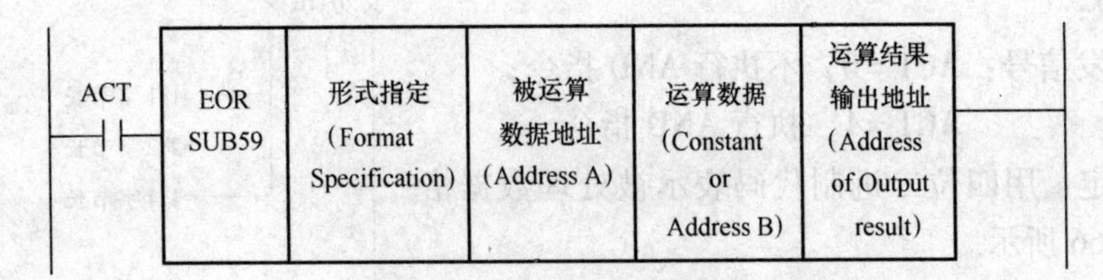

附图 63　功能指令 EOR 格式

3）参数：

ACT 触发信号：ACT＝0，不执行 EOR 指令；

ACT＝1，执行 EOR 指令。

形式指定：用四位二进制代码表示被处理数据格式，如附图 64 所示。

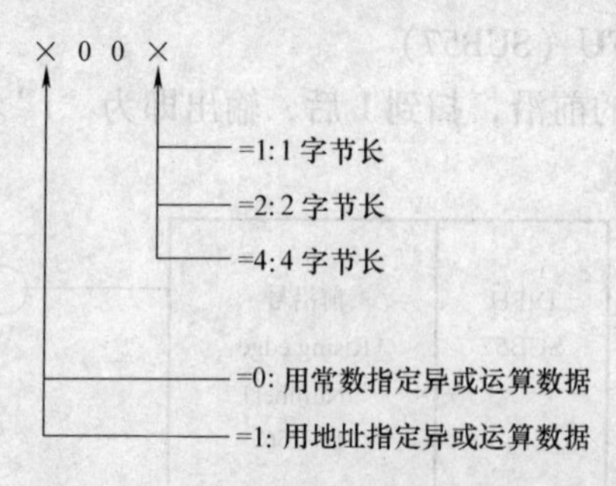

附图 64　EOR 运算被处理数据格式设定

功能指令 EOR 仅适用于 PMC-SB7，不适用于 PMC-SA1。

4）真值表：EOR 运算逻辑真值表见附表 5。

附表 5　EOR 运算逻辑真值表

A	B	EOR
0	0	0
0	1	1
1	0	1
1	1	0

功能指令 56　逻辑乘 AND（SUB60）

1）功能：对地址与地址或地址与常数进行逻辑乘运算，并把运算结果写入输出地址。

2）符号：如附图 65 所示。

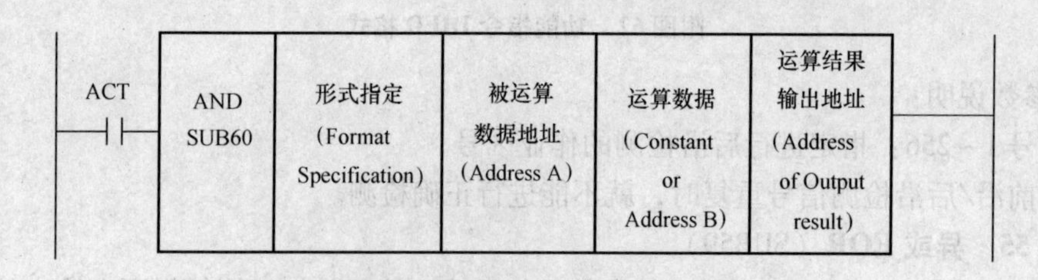

附图 65　功能指令 AND 格式

3）参数：

ACT 触发信号：ACT＝0，不执行 AND 指令；

ACT＝1，执行 AND 指令。

形式指定：用四位二进制代码表示被处理数据格式，如附图 66 所示。

功能指令 AND 仅适用于 PMC-SB7，不适用于 PMC-SA1。

4）真值表：AND 运算逻辑真值表见附表 6。

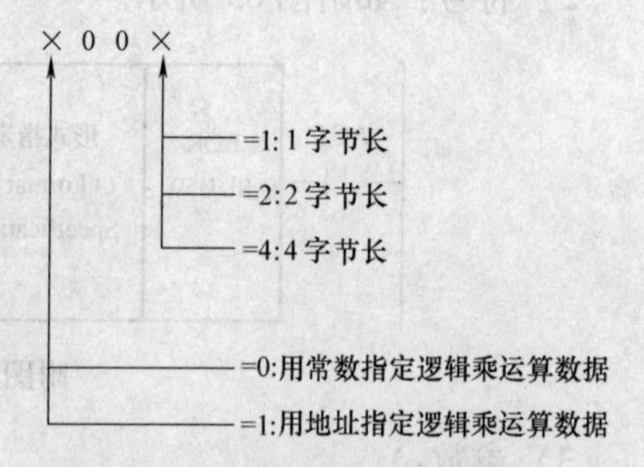

附图 66　AND 运算被处理数据格式设定

附表 6　AND 运算逻辑真值表

A	B	AND
0	0	0
0	1	0
1	0	0
1	1	1

功能指令 57　逻辑和 OR（SUB61）

1）功能：对地址与地址或地址与常数进行逻辑和运算，并把运算结果写入输出地址。

2）符号：如附图 67 所示。

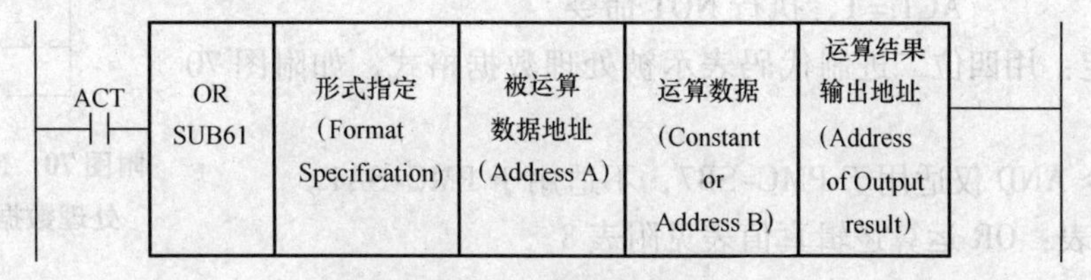

附图 67　功能指令 OR 格式

3）参数：

ACT 触发信号，ACT = 0，不执行 OR 命令；

ACT = 1，执行 OR 命令。

形式指定：用四位二进制代码表示被处理数据格式，如附图 68 所示。

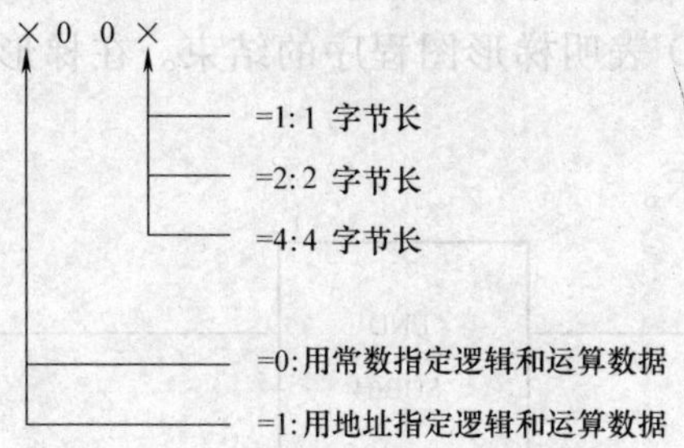

附图 68　OR 运算被处理数据格式设定

功能指令 AND 仅适用于 PMC-SB7，不适用于 PMC-SA1。

4）真值表：OR 运算逻辑真值表见附表 7。

附表 7　OR 运算逻辑真值表

A	B	OR
0	0	0
0	1	1
1	0	1
1	1	1

功能指令 58　逻辑非 NOT（SUB62）

1）功能：对被指定地址的二进制数据进行逻辑非运算（把 0 或 1 翻转），并把运算结果写入输出地址。

2）符号：如附图 69 所示。

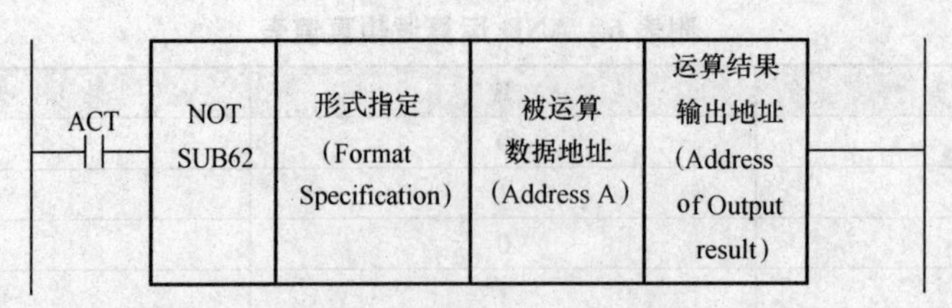

附图 69 功能指令 NOT 格式

3）参数：

ACT 触发信号，ACT = 0，不执行 NOT 命令；

ACT = 1，执行 NOT 命令。

形式指定：用四位二进制代码表示被处理数据格式，如附图 70 所示。

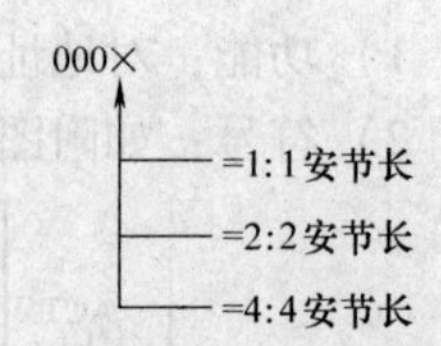

附图 70 NOT 运算被处理数据格式设定

功能指令 AND 仅适用于 PMC-SB7，不适用于 PMC-SA1。

4）真值表：OR 运算逻辑真值表见附表 8。

附表 8 NOT 运算逻辑真值表

A	NOT
0	1
1	0

功能指令 59 程序结束 END（SUB64）

1）功能：功能指令 END 表明梯形图程序的结束。在梯形图程序的最后必须写 END 指令。

2）符号：如附图 71 所示。

附图 71 功能指令 END 格式

功能指令 60 有条件子程序调用 CALL（SUB65）

1）功能：ACT = 1 时，转移到被指定的子程序号。

2）符号：如附图 72 所示。

附图 72 功能指令 CALL 格式

3）参数：

ACT = 1：调出被指定的子程序。

不同的系统，允许被调出的子程序号码范围有所不同：

对于 PMC-RA3/RB3/RC3——P1 ~ P512。

对于 PMC-RB4/RB6/RC4——P1 ~ P2000。

功能指令 61　子程序无条件调用 CALLU（SUB66）

1）功能：无条件转移到指定的子程序号。

2）符号：如附图 73 所示。

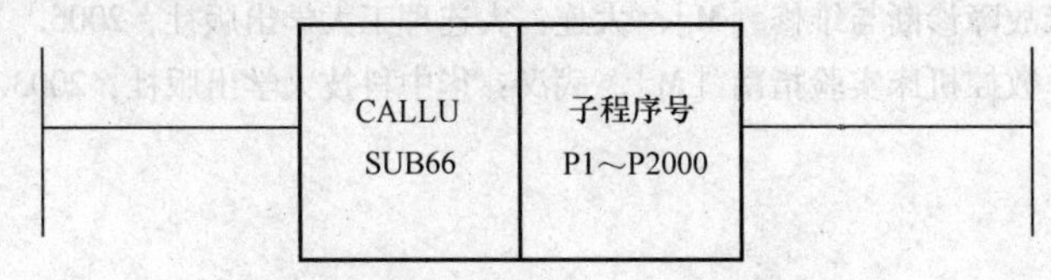

附图 73　功能指令 CALLU 格式

3）参数：

不同的系统，允许被调出的子程序号码范围有所不同：

对于 PMC-RA3/RB3/RC3——P1 ~ P512。

对于 PMC-RB4/RB6/RC4——P1 ~ P2000。

功能指令 62　子程序开始 SP（SUB71）

1）功能：指示子程序的开始。

2）符号：如附图 74 所示。

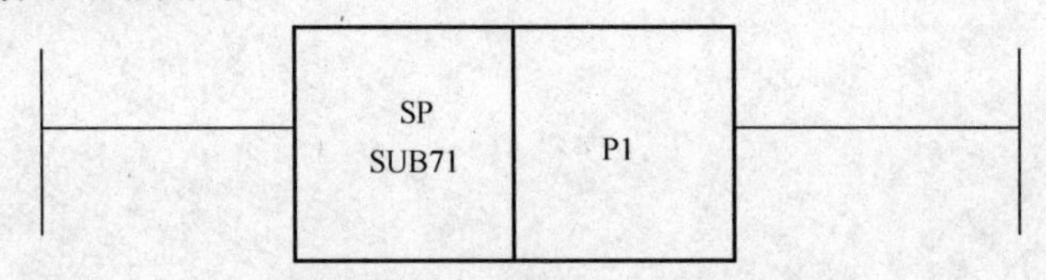

附图 74　功能指令 SP 格式

子程序开始指令 SUB71，必须与子程序结束指令与 SUB72 组合使用。不同的系统，有效子程序号范围有所不同：

对于 PMC-RA3/RB3/RC3——P1 ~ P512。

对于 PMC-RB4/RB6/RC4——P1 ~ P2000。

功能指令 63　子程序结束 SPE（SUB72）

1）功能：指示子程序的结束。

2）符号：如附图 75 所示。

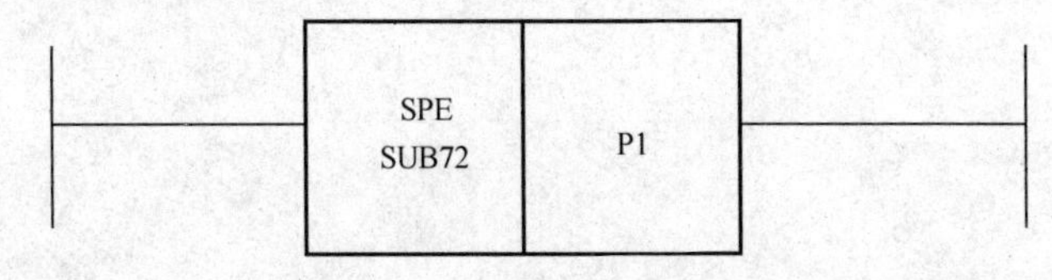

附图 75　功能指令 SPE 格式

子程序结束指令 SUB72，必须与子程序开始指令 SUB71 组合使用。不同的系统，有效子程序号范围有所不同：

对于 PMC-RA3/RB3/RC3——P1 ~ P512。

对于 PMC-RB4/RB6/RC4——P1 ~ P2000。

参考文献

[1] 宋松．FANUC 0i 数控系统维修诊断与实践［M］．沈阳：辽宁科学技术出版社，2008.

[2] 罗友兰，周虹．FANUC 0i 系列数控系统编程与操作［M］．北京：化学工业出版社，2004.

[3] 叶晖．图解 NC 数控系统——FANUC 0i 系统维修技巧［M］．北京：机械工业出版社，2004.

[4] 杨中力．数控机床故障诊断与维修［M］．大连：大连理工大学出版社，2006.

[5] 陈吉红，杨克冲．数控机床实验指南［M］．武汉：华中科技大学出版社，2003.